くもんの小学ドリル

# がんばり3年生
# 学習記ろく表

名前

| 1 | 2 | 3 | 4 | 5 | | | 8 |
| 9 | 10 | 11 | 12 | 13 | 14 | 15 | 16 |
| 17 | 18 | 19 | 20 | 21 | 22 | 23 | 24 |
| 25 | 26 | 27 | 28 | 29 | 30 | 31 | 32 |
| 33 | 34 | 35 | 36 | 37 |

1さつぜんぶ終わったら、
ここに大きなシールを
はりましょう。

あなたは
「くもんの小学ドリル　国語　3年生漢字の書き方」を、
さいごまでやりとげました。
すばらしいです！
これからもがんばってください。

©くもん出版

# 1

書き方

字を書くしせい、えんぴつのもち方

名前

月　日

時　分～時　分

とく点

／100点

● 上の絵のように、よいしせいで書きましょう。 （50点）

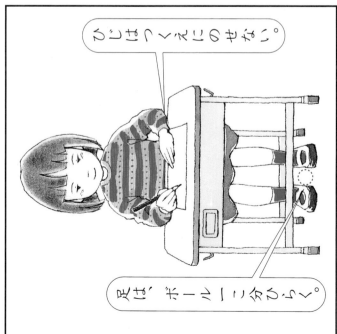

1 左の見本と同じように、右に書きましょう。

〈見本〉

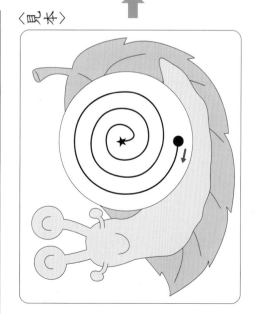

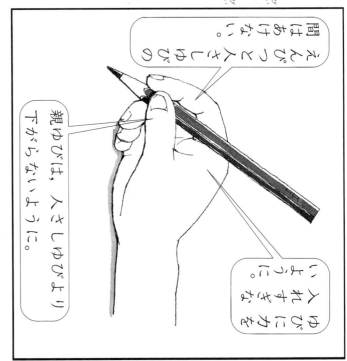

えんぴつはBか2Bをつかいましょう。

えんぴつのしんの中ほどをもつ。間はあけない。

親ゆびは、人さしゆびより下がらないように。

中ゆびにのせるように。人さしゆびで力を入れるように。

しせいをよくして、体の前にあるように書きましょう。

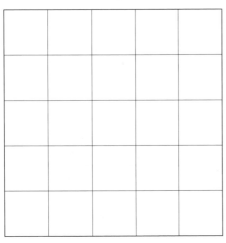

〈見本〉

| ○ | △ | × | △ | ○ |
| × | △ | × | ○ | △ |
| △ | × | ○ | × | △ |
| × | ○ | ○ | △ | × |
| ○ | △ | × | ○ | ○ |

| | | | | |
|---|---|---|---|---|
| | | | | |
| | | | | |
| | | | | |
| | | | | |
| | | | | |

2 左の見本と同じように、右に書きましょう。

上の絵のように、えんぴつのもちかたで書きましょう。

いざ、えんぴつ！えんぴつのもちかたを書いてみましょう。

©くもん出版

# 漢字の運筆

名前

月　日

時　分〜時　分

とく点

100点

©くもん出版

1 「とめ」、「はね」、「はらい」(◯)に注意して書きましょう。

(漢字を五回書いて10点)

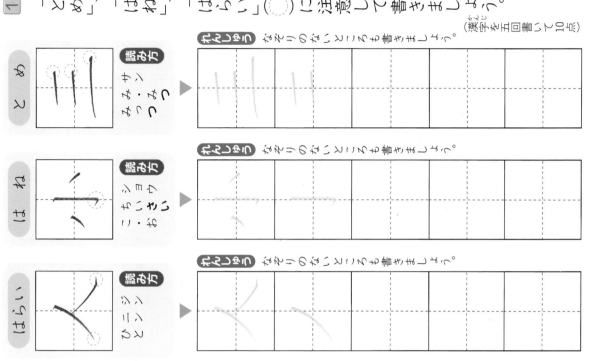

れんしゅう　なぞりのないところにも書きましょう。

川

読み方　セン・かわ

れんしゅう　なぞりのないところにも書きましょう。

千

読み方　セン・ち

れんしゅう　なぞりのないところにも書きましょう。

人

読み方　ジン・ニン・ひと

2 「とめ」、「はね」、「はらい」に注意して、ていねいに書きましょう。

(全部書いて20点)

土

読み方　ド・ト・つち

月

読み方　ゲツ・ガツ・つき

文

読み方　ブン・モン・ふみ

— 3 —

漢字を書いたあとは、線のむきを「はね」、「とめ」、「はらい」、「おれ」に気をつけて書きましょう。

©くもん出版

**4** 「おれ」、「まがり」、「そり」、「はね」に注意して、ていねいに書きましょう。（全部書いて20点）

読み方　フウ・フ・かぜ・かざ

風

読み方　カ・はな

花

読み方　ニチ・ジツ・ひ・か

日

ー 4 ー

**3** 「おれ」、「まがり」、「そり」、「はね」に注意して書きましょう。（漢字を五回書いて10点）

そり　読み方　ス・ミ
　なぞりのつづきをなぞって書きましょう。

まがり　読み方　クウ・キ・そら
　なぞりのつづきをなぞって書きましょう。

おれ　読み方　サン・やま
　なぞりのつづきをなぞって書きましょう。

名前

月　日

時　分〜時　分

100点

©くもん出版

1　書きじゅんに注意して書きましょう。　（全部書いて30点）

上の部分から書く

読み方　まめ・ズ・トウ

れんしゅう　うすいところをなぞりましょう。

一 → 戸 → 豆 → 豆

読み方　カク・キャク

れんしゅう　うすいところをなぞりましょう。

ウ → 交 → 客

読み方　イ

れんしゅう　うすいところをなぞりましょう。

立 → 音 → 意

— 5 —

2　書きじゅんに注意して、ていねいに書きましょう。　（全部書いて20点）

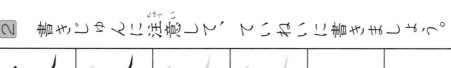

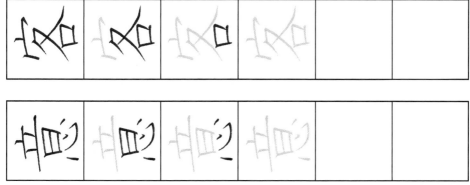

© くもん出版

上の漢字は左の部分から、右の漢字は上の部分から書きます。

④ 書きじゅんに注意して、なぞり書きにつづけて書きましょう。

（全部書いて20点）

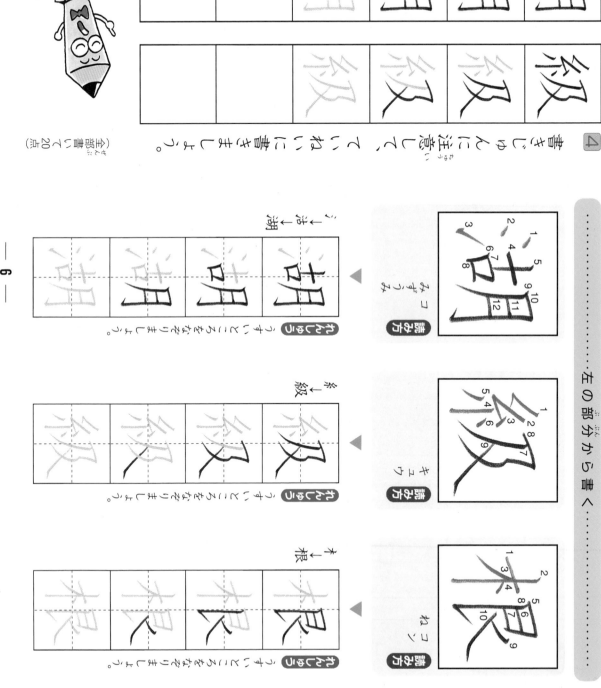

── 6 ──

…………左の部分から書く…………

③

読み方　コ　みずうみ
→注
→湖

読み方　キュウ
→糸
→級

読み方　コン　ね
→木
→根

れんしゅう　つづけてなぞりましょう。

書きじゅんに注意して書きましょう。

（全部書いて30点）

# 4 書き方 漢字(かんじ)の書きじゅん②

月　日　名前　時　分～　時　分　とく点　100点

1 書きじゅんに注意(ちゅうい)して書きましょう。（全部(ぜんぶ)書いて30点）

……外がわを先に書く……

**問**

読み方：モン　と**う**　と**い**　とん

れんしゅう　うすいところをなぞりましょう。

門→門→問

**国**

読み方：コク　くに

れんしゅう　うすいところをなぞりましょう。

冂→国→国

**開**

読み方：カイ　ひら**く**　ひら**ける**　あ**く**　あ**ける**

れんしゅう　うすいところをなぞりましょう。

門→門→開

2 書きじゅんに注意(ちゅうい)して、ていねいに書きましょう。（全部(ぜんぶ)書いて20点）

国　国　国　国

開　開　開　開

©くもん出版

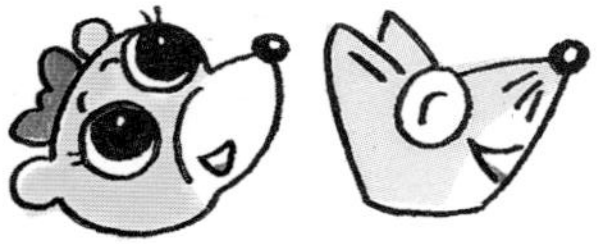

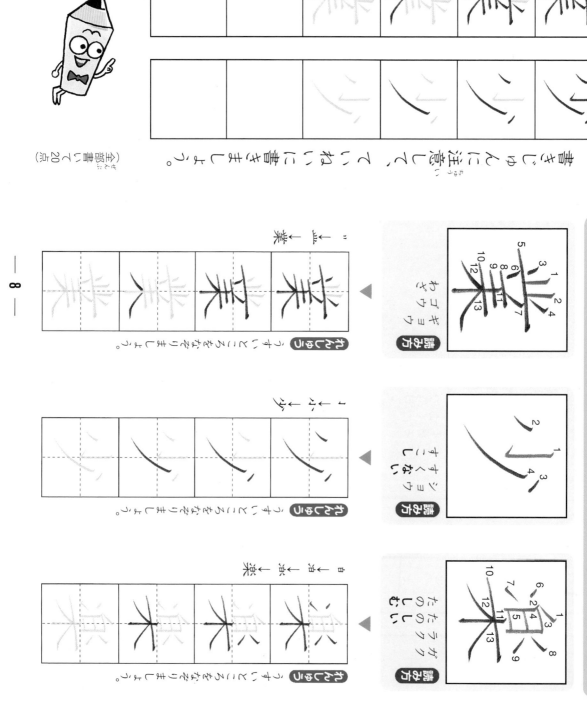

名前

月 日

時 分 〜 時 分

とく点

100点

© くもん出版

1 書きじゅんに注意して書きましょう。

（全部書いて40点）

「しんにょう」は後に書く……

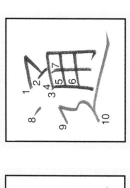

読み方
かよう
かよ（う）
とおる
とおす
かよわす

かんしゅう うすいところをなぞりましょう。

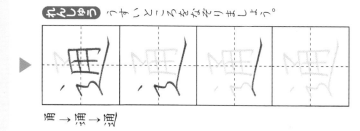

甬 → 通 → 通

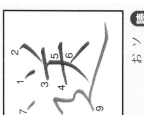 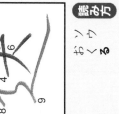

読み方
ソウ
おく（る）

かんしゅう うすいところをなぞりましょう。

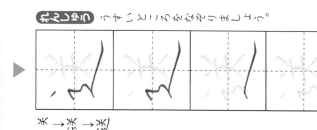

关 → 送 → 送

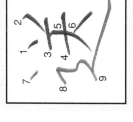 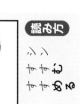

読み方
シン
すす（む）
すす（める）

かんしゅう うすいところをなぞりましょう。

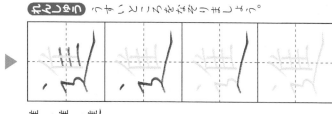

隹 → 進 → 進

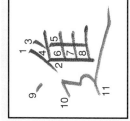 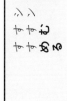

読み方
ユウ
ユ
あそ（ぶ）

かんしゅう うすいところをなぞりましょう。

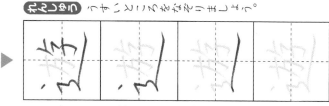

扩 → 游 → 遊 → 遊

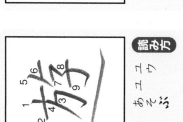

近・遠・週・通・道・返・送・追・速・進・運・遊
などは、みな「しんにょう」を後に書きます。

— 9 —

「しんにょう」は、三画で書くのがふつうです。また、「しんにょう」は後から書くものがあります。

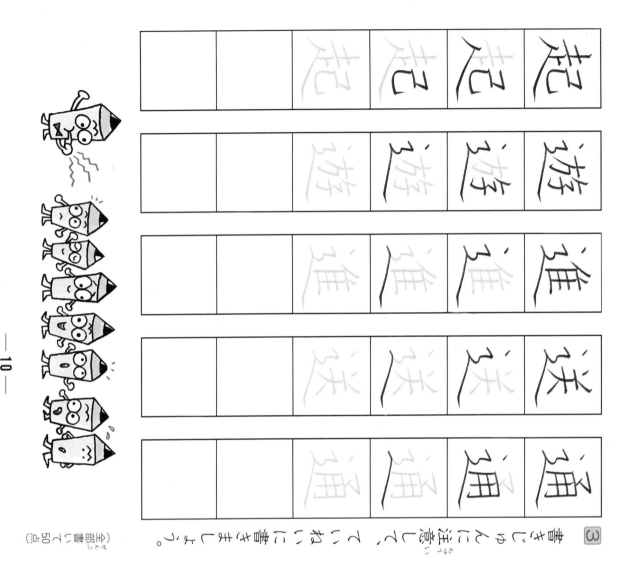

**③** 書きじゅんに注意して、ていねいに書きましょう。 （全部書いて50点）

起　遊　進　迷　通

---

**②** 「そうにょう」は先に書く

読み方　おこる　おこす　おきる

※「しんにょう」は後に書きますよ。

書きじゅんに注意して、ていねいに書きましょう。 （全部書いて10点）

起 ← 起 ← 起 ← 起

**ちゅうい** なぞらないように気をつけましょう。

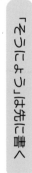

**6** 書き方

# 漢字の書きじゅん④

名前

月　日

時　分〜　時　分

100点

とく点

©くもん出版

**1** 書きじゅんに注意して書きましょう。　　（全部書いて30点）

つらぬく「たて画」はさい後に書く

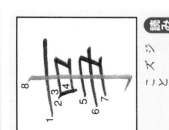

**読み方**
こ
ズ
と

**れんしゅう** うすいいろをなぞりましょう。

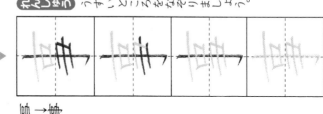

号 → 事

**読み方**
もうす
シン

**れんしゅう** うすいいろをなぞりましょう。

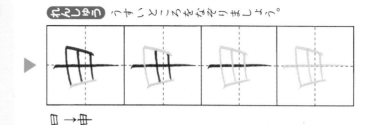

日 → 申

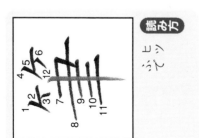

**読み方**
ふで
ヒツ

**れんしゅう** うすいいろをなぞりましょう。

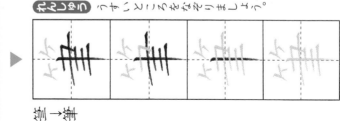

筆 → 筆

**2** 書きじゅんに注意して、ていねいに書きましょう。　　（全部書いて20点）

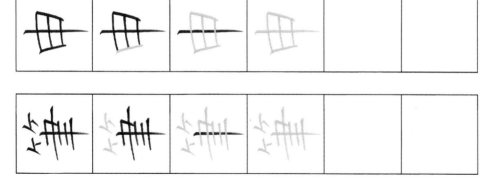

©くもん出版

「中・半・羊・美・善・兼・年」などのたてぼうでつらぬくⅤ横画は、いちばん後に書きます。

④ 書きじゅんに注意して、ていねいに書きましょう。

（全部書いて20点）

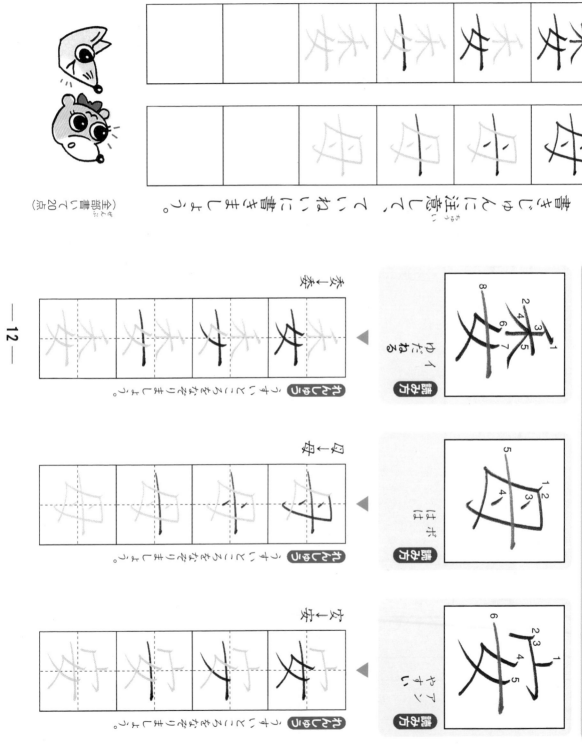

——————— つらぬく「横画」はさい後に書く ———————

③ 書きじゅんに注意して、ていねいに書きましょう。

読み方　ゆだねる

委

れんしゅう　おなじようにかきましょう。

委→委

読み方　はは　ボ

母

れんしゅう　おなじようにかきましょう。

母→母

読み方　アン　ヤスい

安

れんしゅう　おなじようにかきましょう。

安→安

（全部書いて30点）

© くもん出版

**7**

書き方

# 漢字の書きじゅん⑤

名前　月　日

時　分〜　時　分

100点

とく点

書きじゅんをまちがいやすい漢字

**1** 書きじゅんに注意して書きましょう。　（全部書いて40点）

読み方　バン　マン

れんしゅう　うすいところをなぞりましょう。

フ → 万

読み方　ある　ユウ　ウ

れんしゅう　うすいところをなぞりましょう。

ナ → 有

読み方　イ

れんしゅう　うすいところをなぞりましょう。

一 → 矢 → 医

読み方　はなす　はなつ　はなれる　ほうる　ホウ

れんしゅう　うすいところをなぞりましょう。

う → 放

**2** 書きじゅんに注意して、ていねいに書きましょう。　（全部書いて10点）

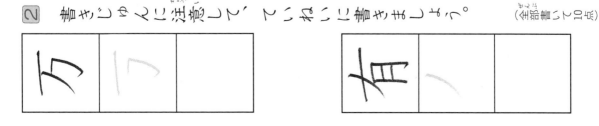

万

有

④
書きじゅんに注意して、ていねいに書きましょう。
（全部書いて10点）

ちがいに気をつけましょう。「友」は「一」が先、「有」は「ノ」を先に書きます。

©くもん出版

書きじゅんをまちがいやすい漢字

③
書きじゅんに注意して書きましょう。
（全部書いて40点）

読み方　なみ
波
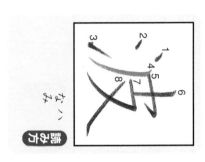
れんしゅう
ていねいになぞりましょう。
波→ジ

読み方　ホツ
発

れんしゅう
ていねいになぞりましょう。
発→デ

読み方　カン
感
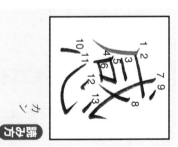
れんしゅう
ていねいになぞりましょう。
感→ノ

読み方　かわ
皮
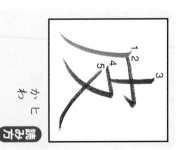
れんしゅう
ていねいになぞりましょう。
皮→）

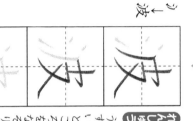
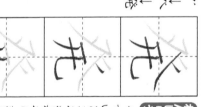
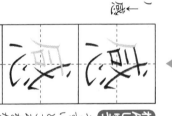
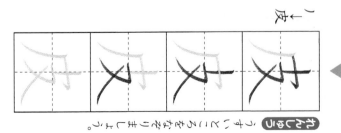

名前

月　日

時　分〜　時　分

とく点

100点

©くもん出版

① 画<sub>かく</sub>のせっ方に注意<sub>ちゅうい</sub>して、ていねいに書きましょう。（漢字<sub>かんじ</sub>を三回書いて10点）

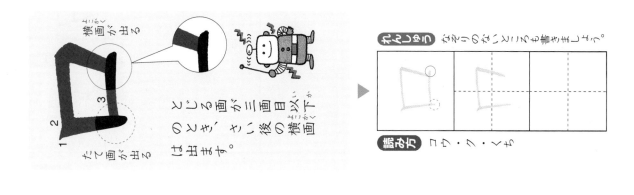

横画<sub>よこかく</sub>が出る

たて画<sub>かく</sub>が出る

とじる画が三画目以下<sub>いか</sub>のとき、その後の横画は出ます。

かんせい　なぞりのなこいいろも書きましょう。

読<sub>よ</sub>み方<sub>かた</sub>　コウ・ク・くち

② 画<sub>かく</sub>のせっ方に注意<sub>ちゅうい</sub>して、ていねいに書きましょう。

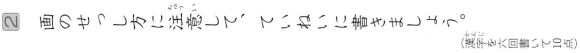

（漢字<sub>かんじ</sub>を六回書いて10点）

— 15 —

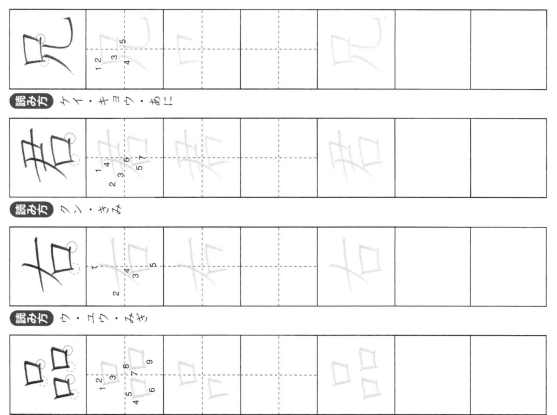

読<sub>よ</sub>み方<sub>かた</sub>　ケイ・キョウ・あに

読<sub>よ</sub>み方<sub>かた</sub>　クン・きみ

読<sub>よ</sub>み方<sub>かた</sub>　ウ・ユウ・みぎ

読<sub>よ</sub>み方<sub>かた</sub>　ヒン・しな

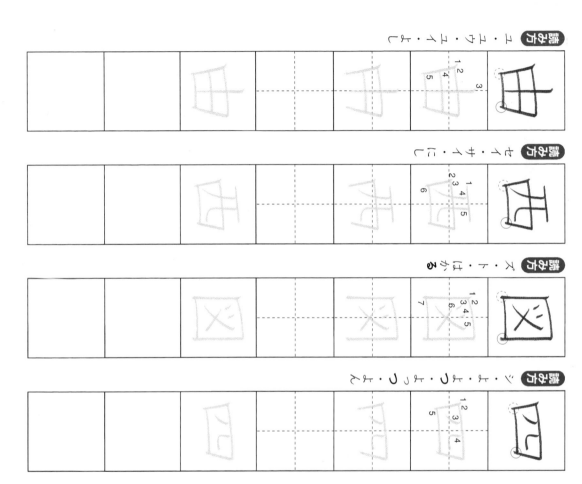

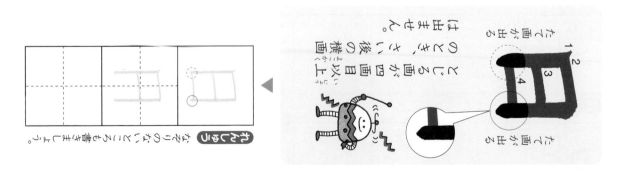

©くもん出版

—16—

「田」「目」「由」「申」などは、たて画が上に出たり、「田」では、よこ画が出たりするね。

**読み方** ユ・ユウ・よし

**読み方** シ・サ・もうす

**読み方** ズ・ト・はかる

**読み方** シ・よ・よつ・よん

④ 画のせつしょに注意して、ていねいに書きましょう。
（漢字を六回書く）
10点

③ 画のせつしょに注意して書きましょう。
（漢字を三回書く）
10点

**れんしゅう**
かんじの「ロ」になっているものも書きましょう。

たて画が出る
たて画が出る
はのとじ、よこ画が出ません。
四画目以後の横画が上へ上へ。

**9** 書き方 画のせつ方②

名前

月 日

時 分〜時 分

100点

とく点

1　画のせつ方に注意して、ていねいに書きましょう。　(全部書いて25点)

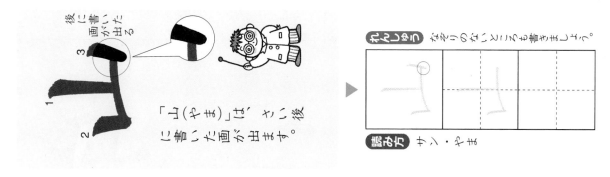

れんしゅう なぞりのかこといろも書きましょう。

読み方　サン・やま

読み方　ガン・きし

2　画のせつ方に注意して、ていねいに書きましょう。　(全部書いて25点)

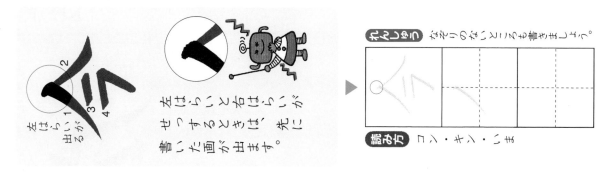

れんしゅう なぞりのかこといろも書きましょう。

読み方　コン・キン・こま

読み方　セン・まつだく・むくて

© くもん出版

**④**

読み方　ジ・あざ

画のつづきかたに注意して、ていねいに書きましょう。

先に書く画が出る

たいせんが「」、いちばん下の画が出ます。先に書く

れんしゅう　なぞりのこっているかん字を書きましょう。

（全部で25点）

**③**

読み方　ゴウ・ガッ・あう

読み方　コウ・ガッ・ゴウ・あう・あわす・あわせる

画のつづきかたに注意して、ていねいに書きましょう。

先に書く画が出る

だれが「」、先に書いた画が出ます。先に書いた

れんしゅう　なぞりのこっているかん字を書きましょう。

（全部で25点）

—18—

©くもん出版

1　画の交わるところに注意して書きましょう。　（全部書いて20点）

※ほぼ中心で交わる。

△もう少し　○ない

読み方　ト・ド

れんしゅう　なぞりのあとこころも書きましょう。

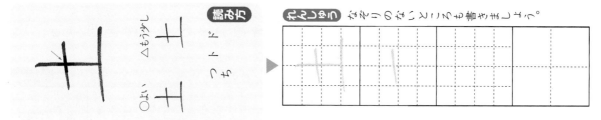

読み方　ド・つち・つちへん

2　画の交わるところに注意して書きましょう。　（全部書いて20点）

※右よりで交わる。

少し出る

△もう少し　○ない

読み方　サイ

れんしゅう　なぞりのあとこころも書きましょう。

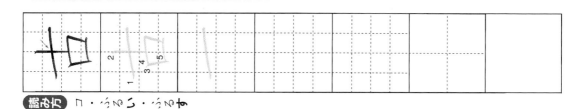

読み方　シュ・ス・まもる・もり

3　つぎの画を、下のマスの中に正しく入れて書きましょう。　（１つ5点）

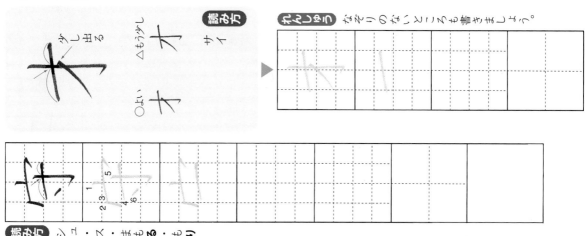

① 二画目　→　（土）

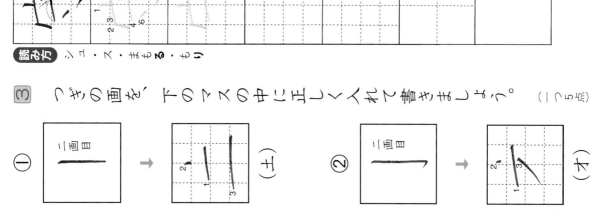

② 二画目　→　（オ）

© くもん出版

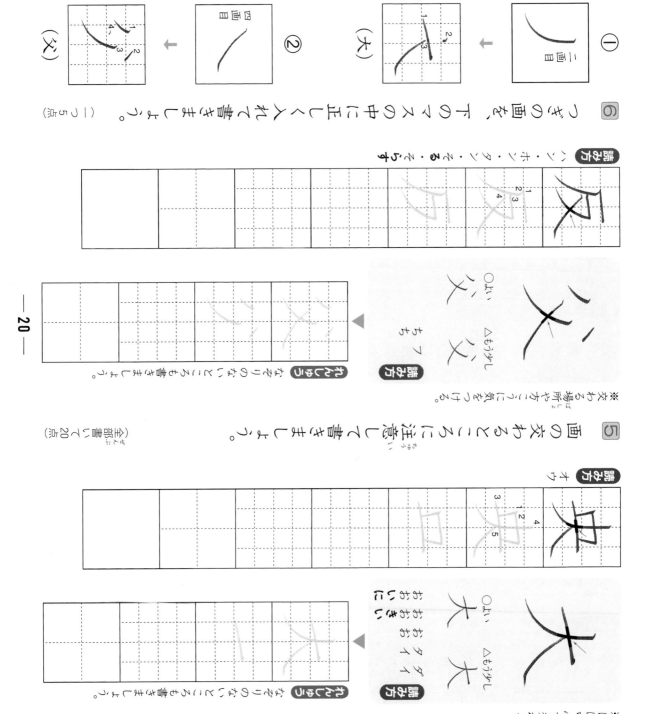

書き方

# 点画の方こう①

©くもん出版

名前　　　月　日

時　分〜　時　分

100点　とく点

1　「はらい」のむき（ーーー→）に注意して書きましょう。

（一つの漢字を全部書いて4点）

右はらい

れんしゅう

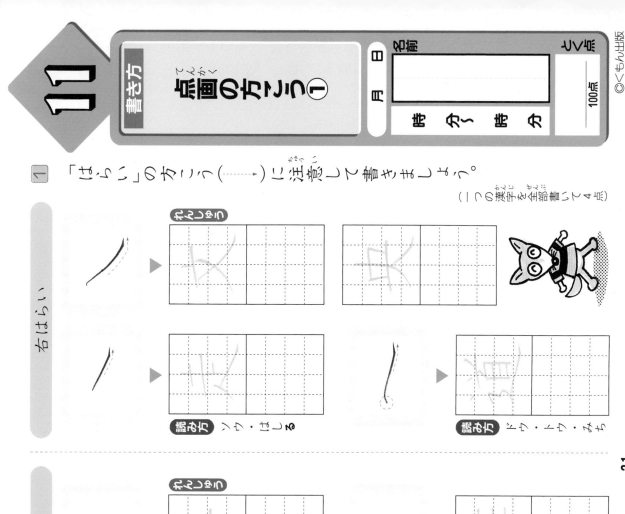

読み方 ンク・はしる

読み方 ドウ・トウ・みち

左はらい

れんしゅう

読み方 シュ・て・た

読み方 サク・サ・つくる

読み方 タイ・タ・うえ・うえる

読み方 フク

一 月 月 月 肌 肥 服 服

2　書き方のよこぼうの線をなぞりましょう。

（一つ6点）

① 　　② 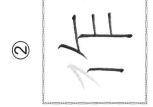　　③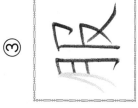

©くもん出版

「はね」や「おれ」のむきは、それぞれの漢字によってちがうね。ちがいに気をつけて、ほかの漢字も書いてみよう。

① ▷ 皿 ←

② ▷ 区 ←

③ ▷ ム ←

④ 「おれ」の方こうに注意して、正しく書き直しましょう。

（１つ５点）

お れ

▷ ヒ
読み方
ケ・カ
コ・おか
け

▷ コ

▷ フ

▷ 乙
読み方
オツ・イツ

▷ 厶

▷ ヿ

▷ 乁
読み方
ク・ス
ワ
ク・ス
区

▷ 亡
読み方
たら

▷ 衣
読み方
ころも・エ
イ・ショウ

▷ 皿
読み方
さら

▷ 厂
読み方
ーンフ
ｎ

▷ 田
読み方
た・デン

▷ 白
読み方
しろ・しら・しろ
い・ハク・ビャ
く

③ 「おれ」の方こうに注意して書きましょう。

（１つ４点）

—22—

# 点画の方こう②

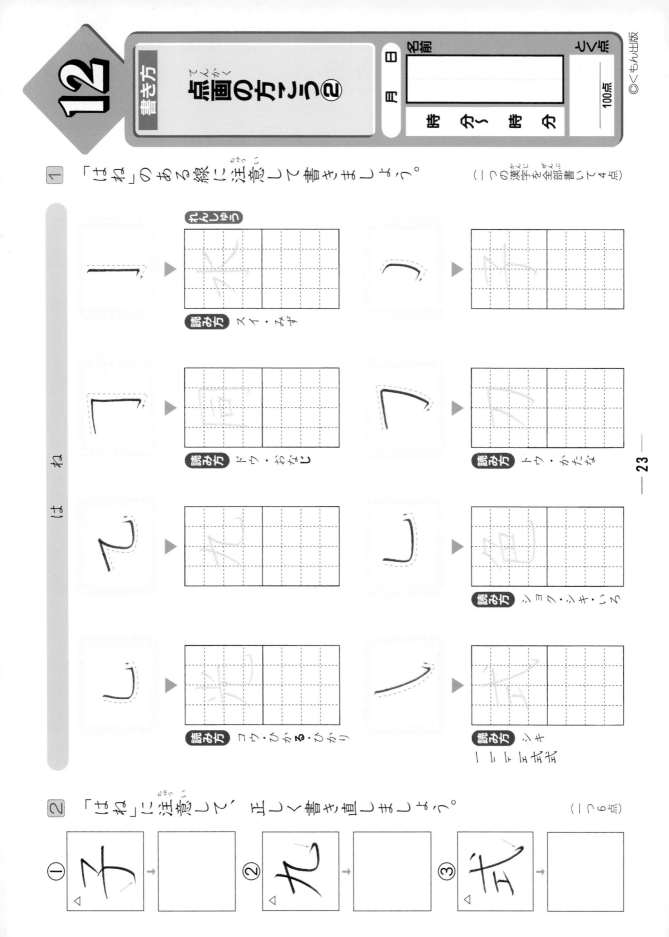

1 「はね」のある線に注意して書きましょう。 （1つの漢字を全部書いて4点）

はね

れんしゅう

一 ▶ 　　　読方 スイ・みず

乙 ▶ 　　　読方 レ・ 　　　▶ 　　　読方 かたな

▶ 　　　読方 シ・やしろ

▶ 　　　読方 コウ・ひかる・ひかり　　　▶ 　　　読方 シキ

2 「はね」に注意して　正しく書き直しましょう。 （1つ6点）

① 子 → □　② 九 → □　③ 九 → □

正しく書けたかな。

「ね」の長さが、1画1画の点のつながりに気をつけて。

©くもん出版

**4** 点画の方こうに注意して、正しく書き直しましょう。（1つ9点）

① 駅　読み方　エキ

② 世　読み方　セ・セイ

③ 心　読み方　シン・こころ

点と画

— 24 —

**3** 点画の方こうに注意して書きましょう。（1つ4点）

読み方　モウ・け

読み方　シ・いと

読み方　ギュウ・うし

読み方　ヨウ

読み方　ジュウ・すむ・すまう

読み方　エキ

読み方　テン・…

## 13 書き方

# 画の長短

月　日　名前

時　分～　時　分

とく点　／100点

1 画の長さに注意して書きましょう。（漢字を五回書いて7点）

### 横画

れんしゅう

女　△もう少し　女（短い）
読み方　ジョ・ニョ・ニョウ・おんな・め

号　△もう少し　号（短い）
読み方　ゴウ　丶 ㇿ ロ 旦 号

書　△もう少し　書（短い）
読み方　ショ・かく

去　△もう少し　去（短い）
読み方　キョ・コ・さる　一 十 土 去 去

### たて画

れんしゅう

山　△もう少し　山（短い）

由　△もう少し　由（短い）



©くもん出版

画の長さにとくに気をつけて書くんだね。手本をよく見て、何回もれんしゅうしよう。

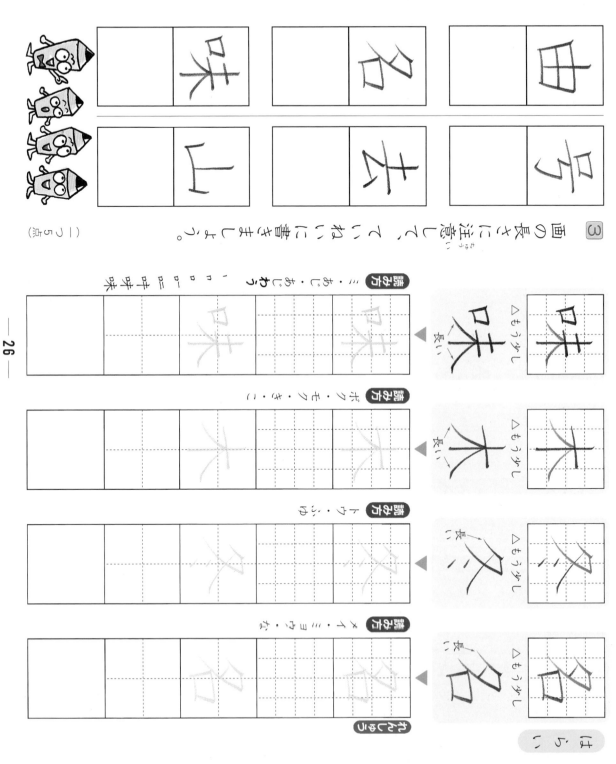

③ 画の長さに注意して、ていねいに書きましょう。 (一つ5点)

読み方　ミ・あじ・あじ(わう)　味味味
味

読み方　マツ・バツ・すえ
末

読み方　ケツ・か(ける)・か(く)
欠

読み方　メイ・ミョウ・な
名

かきとり

② 画の長さに注意して書きましょう。
はらい

© くもん出版

（漢字を正しく一回書いて5点）

# 14 書き方 画と画の間

月　日

名前

時　分～　時　分

とく点　　100点

1 画と画の間に注意して書きましょう。（漢字を五回書いて7点）

## 横画

日　△もう少し　日 ←広い
れんしゅう

自　△もう少し　自 ←広い
読み方　ジ・シ・みずから

生　△もう少し　生 ←せまい
読み方　セイ・ショウ・いきる・いかす・いける・うまれる・うむ・おう・はえる・はやす・き・なま

羊　△もう少し　羊 ←せまい
読み方　ヨウ・ひつじ　丶 丷 䒑 兰 兰 羊

## たて画

川　△もう少し　川 せまい
れんしゅう
読み方　セン・かわ

皿　△もう少し　せまい 皿



©くもん出版

©くもん出版

手本をよく見ながら、かまえの間はばがつくように、かいてみよう。

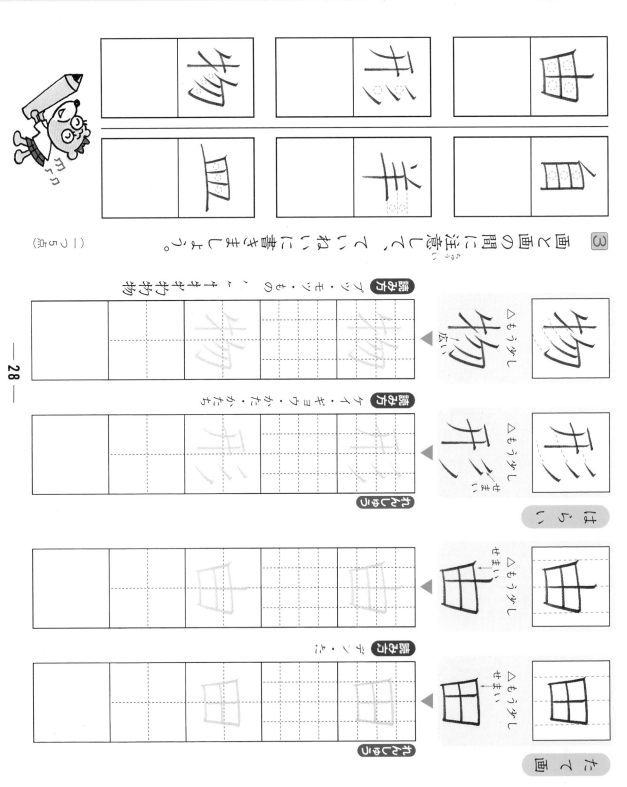

③ 画と画の間に注意して、かさねて書きましょう。（1つ5点）

**物** ［読み方］ブツ・モツ　もの
△もうすこし広い

**形** ［読み方］ケイ・ギョウ　かた・かたち
△もうすこしせまい

はらい

**田** ［読み方］デン　た
△もうすこしせまい　せまい

たて画

れんしゅう

— 28 —

② 画と画の間に注意して、書きましょう。（5点）（漢字を五回ずつ書いて）

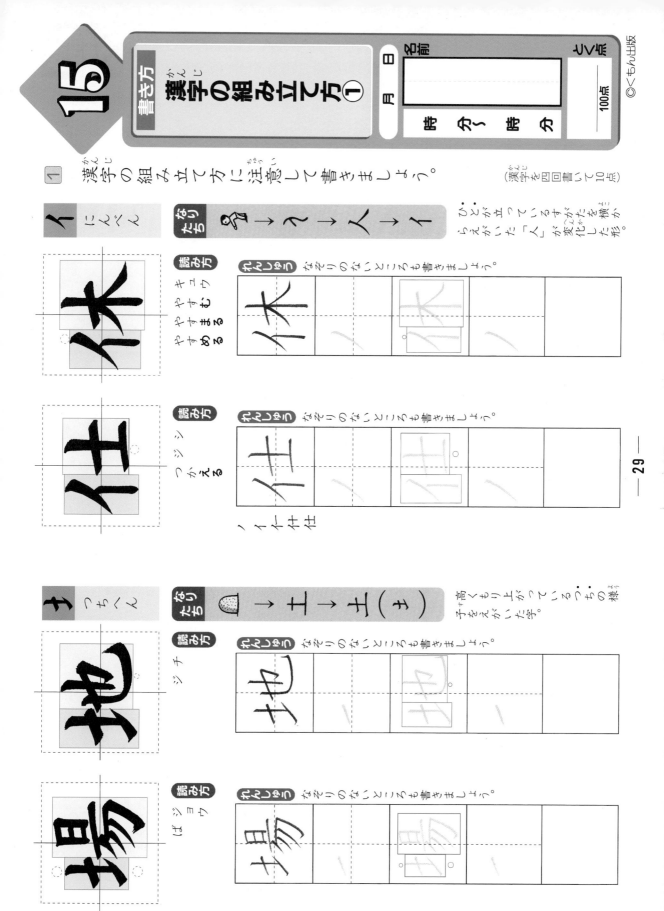

書き方

漢字の組み立て方①

月　日

時　分〜時　分

100点

とく点

©くもん出版

① 漢字の組み立て方に注意して書きましょう。

（漢字を四回書いて10点）

イ　にんべん

なりたち　多 → ⒣ → 人 → イ

ひとが立っているすがたを横から見た形。らいがいた「人」が変化した形。

読み方　キュウ　やすむ　やすまる　やすめる

れんしゅう　なぞりのなどこいろも書きましょう。

イ　にんべん

読み方　シ　ジ　つかえる

れんしゅう　なぞりのなどこいろも書きましょう。

ノ イ 什 仕 仕

つちへん

なりたち　⒣ → 土 → 土（ま）

高くもり上がっているつちの様子をえがいた字。

読み方　チ　ジ

れんしゅう　なぞりのなどこいろも書きましょう。

読み方　ジョウ　ば

れんしゅう　なぞりのなどこいろも書きましょう。

— 29 —

気をつけて
ものの形がもとになった漢字や、横画の間がつまらないように書こう。

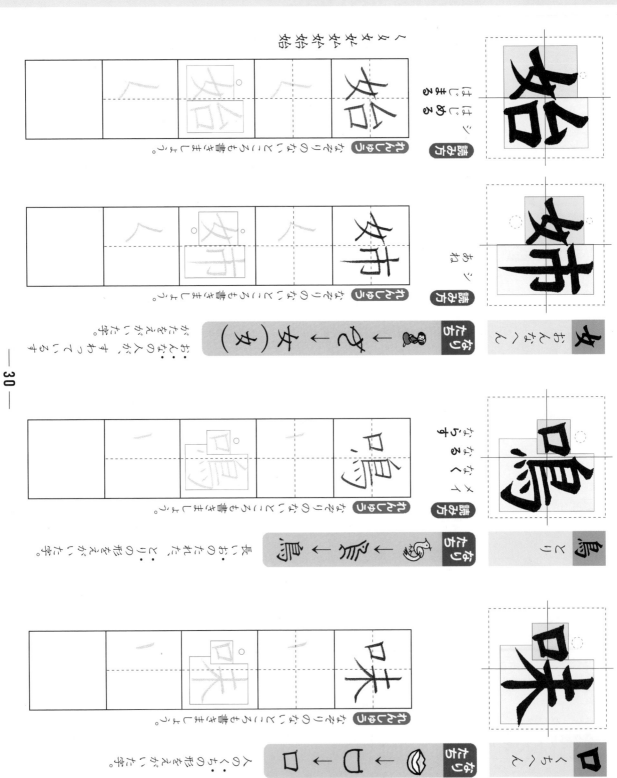

2
漢字の組み立て方に注意して書きましょう。

（漢字を四回書いて15点）

書き方 漢字の組み立て方②

とく点

100点

時　分〜時　分

© くもん出版

① 漢字の組み立て方に注意して書きましょう。

(漢字を四回書いて10点)

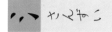
さんずい

なりたち 〰 → 氺 → 水 → 氵

みず：変化した形。流れる「水」が えがいた：

れんしゅう なぞりのなところも書きましょう。

読み方
オン
あたたか
あたたかい
あたたまる
あたためる

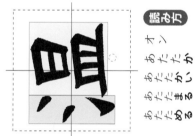

れんしゅう なぞりのなところも書きましょう。

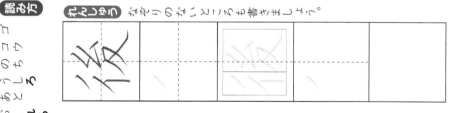

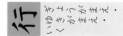
ぎょうにんべん

なりたち 彳 → 彳 → 彳

十字路の左半分を えがいた形。

読み方
ゴコ
ウウ
ちしろ
うろ
おくれる
おくらす
おくれ

れんしゅう なぞりのなところも書きましょう。

いく・ゆく・おこなう

なりたち 𠆢 → 行 → 行

十字路の形をえがいた字。道をすすんで いくことをあらわす。

読み方
コウ
ギョウ
アン
いく
ゆく
おこなう

れんしゅう なぞりのなところも書きましょう。

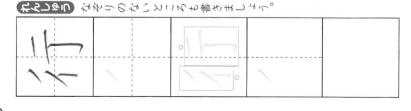

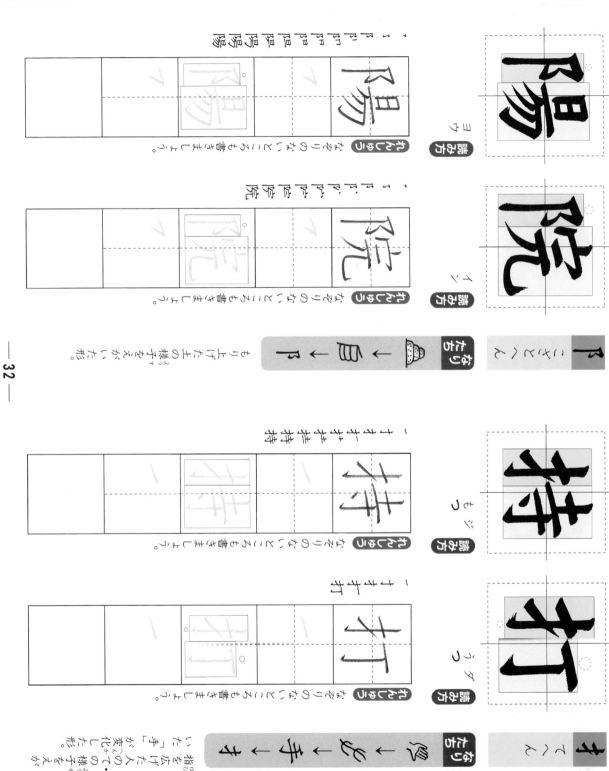

書き方 **漢字の組み立て方③**

名前

月 日

時 分 ～ 時 分

100点

とく点

©くもん出版

① 漢字の組み立て方に注意して書きましょう。 （漢字を四回書いて10点）

木 きくん

なりたち → 木（木）

立っている木の様子をえがいた字。

読み方 リン
はやし

れんしゅう なぞりのなこといろも書きましょう。

根

読み方

れんしゅう なぞりのなこといろも書きましょう。

日 ひくん

なりたち → 日

太陽の形をえがいた字。

読み方
メイ・ミョウ
あかり・あかるい
あかるむ・あからむ
あきらか・あける
あく・あくる・あかす

れんしゅう なぞりのなこといろも書きましょう。

時

読み方
ジ
とき

れんしゅう なぞりのなこといろも書きましょう。

—33—

© くもん出版

「月（つき）」も、「へん」（漢字の右がわの部分）になると形がかわるんだね。

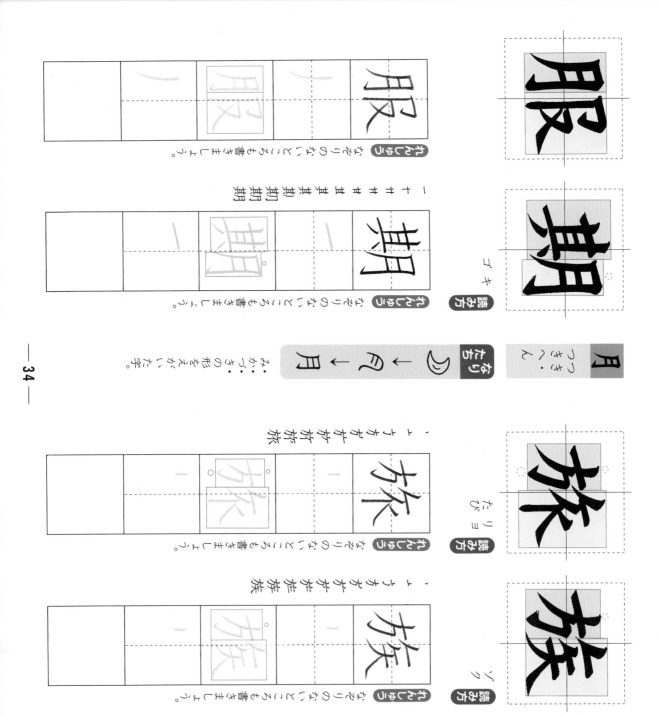

服

れんしゅう　なぞのとおりにもじを書きましょう。

期
一 十 卄 甘 其 其 期 期 期

れんしゅう　なぞのとおりにもじを書きましょう。

読み方　ゴ　キ

月
つき・・・
ゲツ
ガツ

なりたち
) → ∂ → 月
みかづき・・・つきの形をかえた字。

読み方　たび　リョ

旅

れんしゅう　なぞのとおりにもじを書きましょう。
一 う う か か か 旅 旅

読み方　ゾク

族

れんしゅう　なぞのとおりにもじを書きましょう。
一 う う か か か 於 族 族

方
かた・・・
ホウ

なりたち
方 ← 大 ← 方
鳥の尾・・・もののすがたをかえた字。

② 漢字の組み立て方に注意して書きましょう。

（漢字を四回書いて15点）

# 漢字の組み立て方④

名前

月　日

とく点

100点

時　分～時　分

©くもん出版

1　漢字の組み立て方に注意して書きましょう。　（漢字を四回書いて10点）

示 しめすへん

なりたち 祭 → 示 → 示 → 示

「示」神様をまつる祭だんをかたどった形。「示」がへんに変化した形。

**読み方** やしろ／シャ

れんしゅう なぞりのなかといろも書きましょう。

**読み方** こう・かみ・かん／ジン・シン

れんしゅう なぞりのなかといろも書きましょう。

ゝ ラ ネ ネ ネ ネ 和 神

禾 のぎへん

なりたち 禾 → 禾 → 禾（禾）

いねやほ・むぎなどの実った形をかたどった字。

**読み方** あき／シュウ

れんしゅう なぞりのなかといろも書きましょう。

**読み方** ／ビョウ

れんしゅう なぞりのなかといろも書きましょう。

ゝ ニ 千 禾 禾 和 和 秒

左右の線の大きさに気をつけて、いつもよりゆっくり書いてみよう。ほかの線と同じように書いているかな?

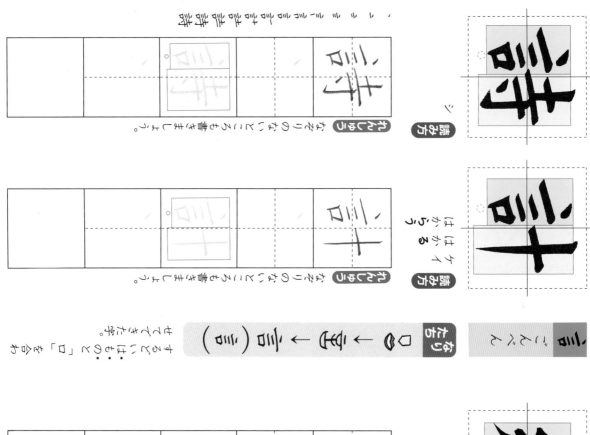

**読み方** シ

れんしゅうのなかにもう一つ書きましょう。

**読み方** ケイ　はかる　はから(う)

れんしゅうのなかにもう一つ書きましょう。

言（ゲン）

**なりたち**
口 → ❤ → 言（言）

…「口」を合わせてできた字です。

**読み方** ソ　く(む)

れんしゅうのなかにもう一つ書きましょう。

**読み方** サイ　ほそ(い)　こま(かい)　こま(かい)

れんしゅうのなかにもう一つ書きましょう。

糸（いと）

**なりたち**
 → ❀ → 糸（糸）

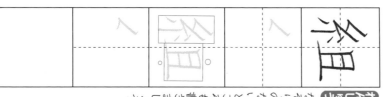

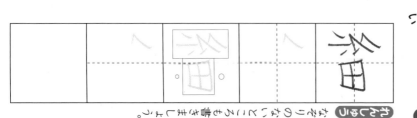

…字をよりあわせて作り出した形からできた。

漢字の組み立て方に注意して書きましょう。

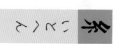
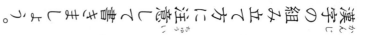

（漢字を四回書いて15点）

②

1 漢字の組み立て方に注意して、ていねいに書きましょう。（全部書いて50点）

イ にんべん

他

**読み方** タ・ほか　ノ イ イ イ-ー イ-ー 他

扌 てへん

坂

**読み方** ハン・さか　一 十 扌 扌 ギー 坂 坂

口 くちへん

味

**読み方**

攵 のぶん

**読み方**

王 おうへん

**読み方**

彳 ぎょうにんべん

待

**読み方** タイ・まつ　ノ ー 彳 彳 彳 待 待 待

扌 てへん

投

**読み方** トウ・なげる　一 十 扌 扌 扌 投 投

阝 こざとへん

階

**読み方** カイ　ノ ３ ３ ß ß- ßヒ ßヒ 階 階 階 階

右の漢字の読みかたをれんしゅうしよう。

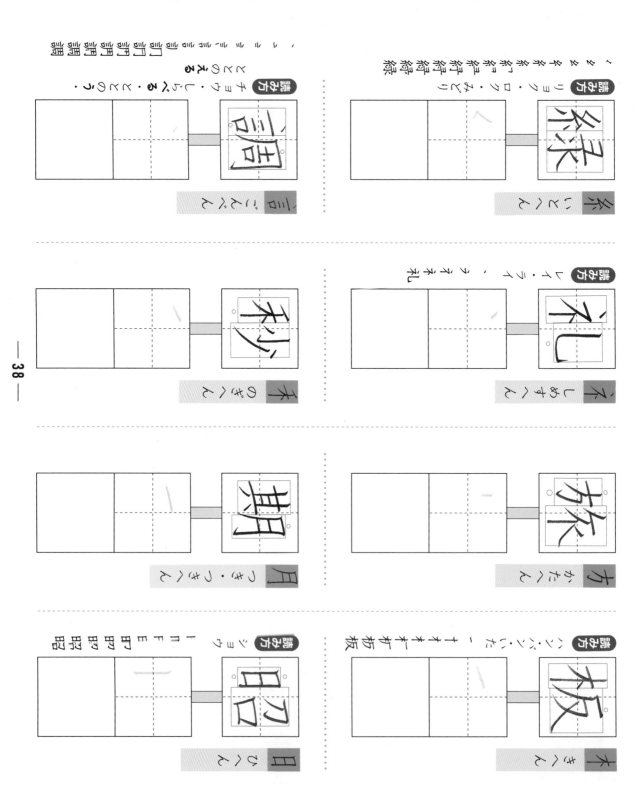

**糸**
いと・ヘん
読方
1 幺 纟 糸 糸 糸
糸 糸 糺 絅 絆 絡 絡
絲 絹 緑 緑 緑

**言（語）**
ことば・いう・ゲン・ゴン
読方
` 二 言 言 言 言 言
訓 訓 訓 詞 語 語 語

**礼**
しめすへん・レイ・ライ
読方
` ラ ラ 礻
礻 礼

**ネ（初）**
きのぎ・ヘん
読方
` 礻 ネ

**方**
かた・ホウ
読方

**旅**
旅 たび・リョ

**期（朗）**
つき・ニキへん
読方

**木（板）**
きへん
いた・ハン・バン
読方
一 十 才 木
木 杧 板 板

**日（昭）**
ひ・ヘん
読方
1 口 日 日
日 貯 昭 昭 昭
昭

2 漢字の組み立て方に注意して、ていねいに書きましょう。（全部で書いて）50点

―38―

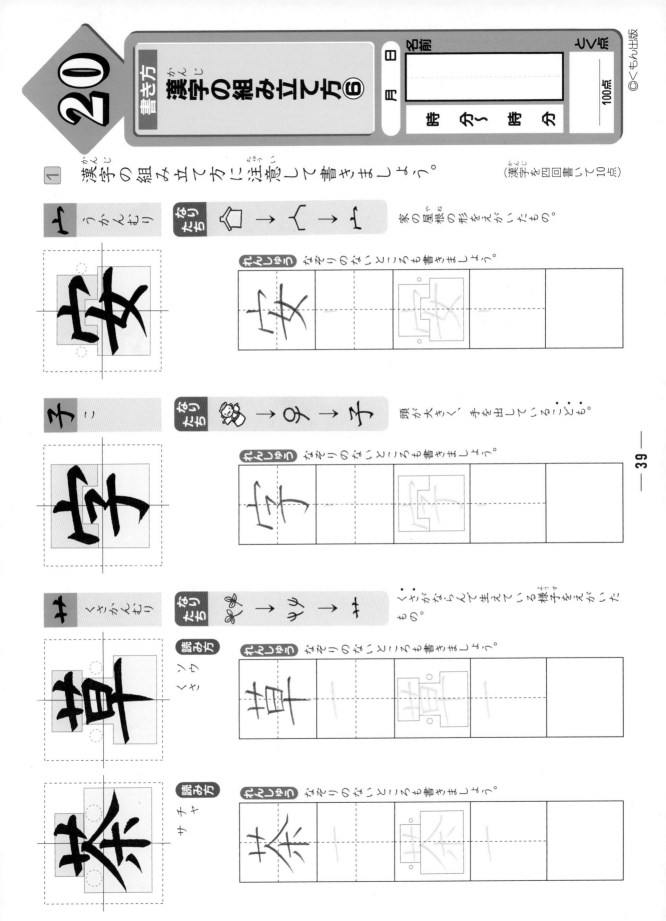

名前

月 日

時 分 〜 時 分

100点

©くもん出版

1 漢字の組み立て方に注意して書きましょう。

（漢字を四回書いて10点）

うかんむり

なりたち ⌂ → ⟨ → 宀 家の屋根の形をえがいたもの。

れんしゅう なぞりのなぞりを書きましょう。

子 コ

なりたち → 字 → 字 頭が大きく、手を出しているこども。

れんしゅう なぞりのなぞりを書きましょう。

くさかんむり

なりたち → → 艹 くさがならんで生えている様子をえがいたもの。

読み方 ソウ・くさ

れんしゅう なぞりのなぞりを書きましょう。

読み方 サ・チャ

れんしゅう なぞりのなぞりを書きましょう。

©くもん出版

「亻（にんべん）」、「彳（ぎょうにんべん）」、「扌（てへん）」、「忄（りっしんべん）」、「宀（うかんむり）」は、ぶ首が左に書くだけ。

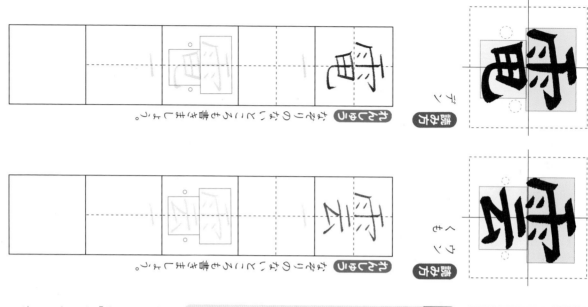

**読み方**　デン
れんしゅう　なぞりのといろも書きましょう。

**読み方**　ウン　くも
れんしゅう　なぞりのといろも書きましょう。

**なりたち**
雲 ← 雨 ← 雨 ← 雨

空にうかぶ「雨」がふってくる「雲」の変化する様子をあらわした形を。

**読み方**　ダイ　テイ
れんしゅう　なぞりのといろも書きましょう。

第 ← 弟 ← 第 ← 第 ← 第

**読み方**　サン
れんしゅう　なぞりのといろも書きましょう。

**なりたち**
算 ← 竹（竹）

「竹」を生えている様子をあらわした形を。竹の生えている様子をあらわした形を。

② 漢字の組み立て方に注意して書きましょう。

（漢字を四回書いて15点）

名前

月 日

時 分 ～ 時 分

とく点

100点

©くもん出版

1 漢字の組み立て方に注意して書きましょう。 (漢字を四回書いて10点)

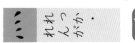

れんが・れっか

ひ・が・もえている様子をえがいた「火」が、変化して形が変わった形。

れんしゅう なぞりのなかといろも書きましょう。

うお

さかなの形をえがいた字。

読み方

ギョ

うお さかな

れんしゅう なぞりのなかといろも書きましょう。

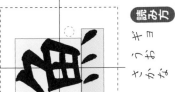

いのしし

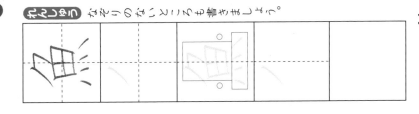

しんぞうの形をえがいた字。

れんしゅう なぞりのなかといろも書きましょう。

れんしゅう なぞりのなかといろも書きましょう。

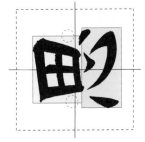

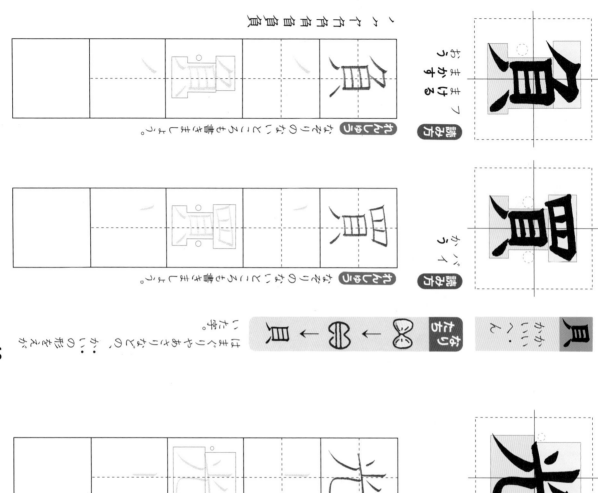

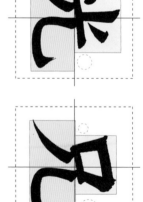

たずねましょう。また、1マスの中を四つの部分に分けた横ぼうのどこに注意して書くように入るかを

「(にじゅう)」や、「ぶ(ぶん)」は、1マス目の中の書き順を

**貝**

読み方 ア　カイ
読み方 イ　かい

なぞりのところをなぞってから書きましょう。

丶　ⁿ　ⁿⁱ　冂　目　貝

なり
たち
🐚 → 🐚 → 貝

かい
かい・バイ
貝

貝の形をかたどった字。いまはない字ですが、そのなごりをとどめる字です。

―42―

なぞりのところをなぞってから書きましょう。

**光**

なぞりのところをなぞってから書きましょう。

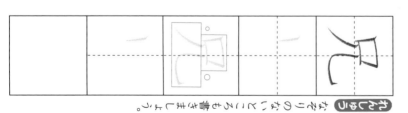

**兄**

なぞりのところをなぞってから書きましょう。

なり
たち
🧍 → 兄

ひと
ひとあし
儿

人の体の上からの部分をかたどったもの。

② 漢字の組み立てに注意して書きましょう。

（漢字を四回書いて15点）

# 22

**書き方**

## 漢字の組み立て方⑧

月　日

名前

時　分～　時　分

とく点　　100点

©くもん出版

1 漢字の組み立て方に注意して書きましょう。（漢字を四回書いて10点）

厂 がんだれ

なりたち 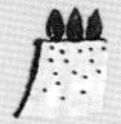 → 厂 → 厂 がけの形をえがいたもの。

原

読み方 ゲン　はら

れんしゅう なぞりのないところも書きましょう。

广 まだれ

なりたち 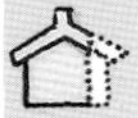 → 广 → 广 家などの屋根の形をえがいたもの。

広

れんしゅう なぞりのないところも書きましょう。

店

れんしゅう なぞりのないところも書きましょう。

庫

読み方 コ　ク

れんしゅう なぞりのないところも書きましょう。

丶 亠 广 广 庐 庐 庐 庐 庫

©くもん出版

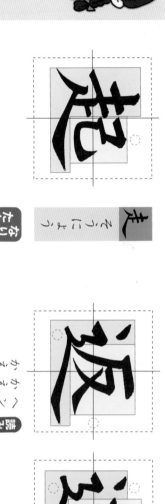

走 そうにょう

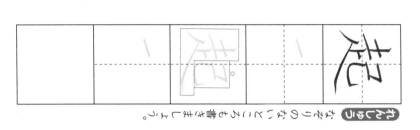

なりたち

🏃 → 止 ＋ 🚶 → 止（走）

人が走っていくようすをしめしたもじ。わたしたちをよこにたおした形だよ。

【れい】 なぞのところはうすく書きましょう。

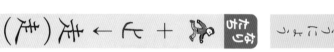

起

読み方
かえす
かえる

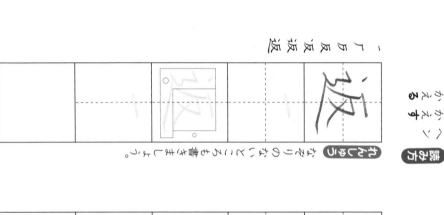

返
一フ反反返返

【れんしゅう】 なぞのところはうすく書きましょう。

道

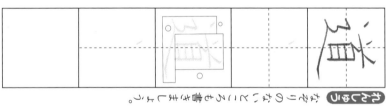

【れんしゅう】 なぞのところはうすく書きましょう。

読み方
ちかい

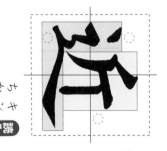

近

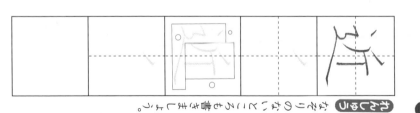

【れんしゅう】 なぞのところはうすく書きましょう。

しんにょう
しんにゅう

なりたち

📍 → 彳 → ⻌

十字路のなかばを行く。

2 漢字の組み立て方に注意して書きましょう。

（漢字を四回書いて 15点）

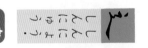

23 書き方 漢字の組み立て方⑨

月 日 名前

時 分 ～ 時 分

とく点

100点

©くもん出版

1 漢字の組み立て方に注意して書きましょう。 （漢字を四回書いて10点）

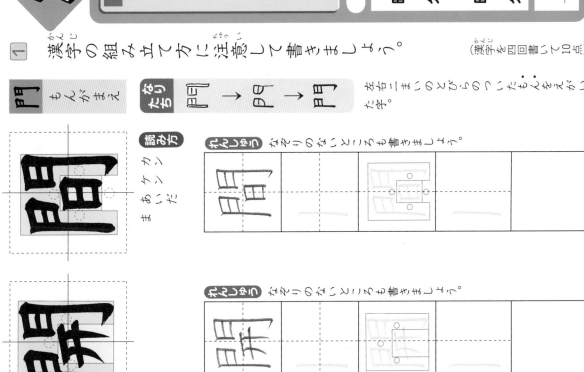

門 もんがまえ

なり たち 門 → 門 → 門

左右二まいのとびらのついたもんをえがいた字。

読み方 カン ケン まあいだ

れんしゅう なぞりのあところも書きましょう。

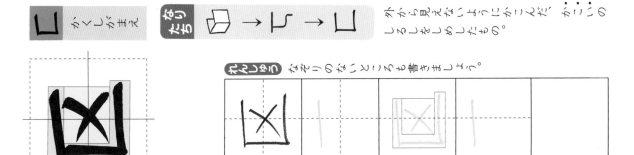

匚 かくしがまえ

なり たち 凵 → 匸 → 匚

外から見えないようにかこんだ、かこいのしるしをしめしたもの。

れんしゅう なぞりのあところも書きましょう。

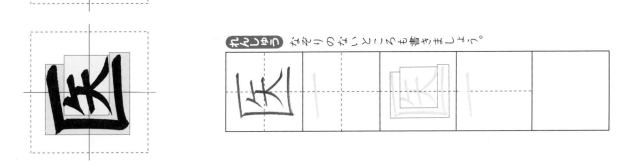

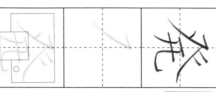

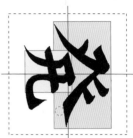

くふうが楽しいね。

「えんにょう」「れっか」、「かんむり」の形の中に文字を入れて書く

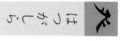

はつ
がしら

発

なりたち

ア → ヅ → 癶

足を左右にひらいた様子をあらわした形から、左右にひらいた様子をあらわした形。

れんしゅう

なぞりのところもていねいに書きましょう。

— 46 —

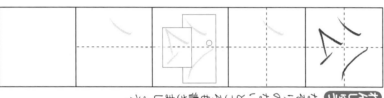

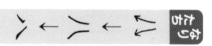

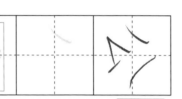

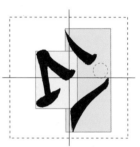

はち
がしら

ハ

なりたち

八 → ハ

二つに分けた様子をあらわしたもの。

れんしゅう

なぞりのところもていねいに書きましょう。

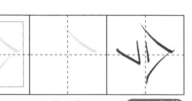

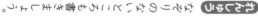

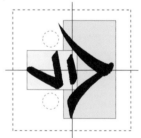

読み方

ゆう
タ
あ

れんしゅう

なぞりのところもていねいに書きましょう。

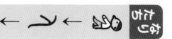

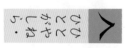

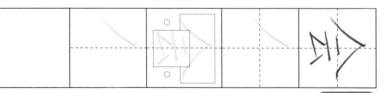

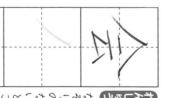

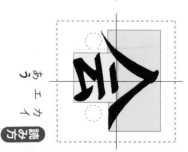

ひとやね
ひとがしら

入

なりたち

入 → 亼 → 个 → 入

ひと人が立っている様子をあらわしている。その人が立っている様子が変化した形や、それが変化した横とたて形が。

れんしゅう

なぞりのところもていねいに書きましょう。

© くもん出版

②

漢字の組み立てに注意して書きましょう。

（漢字を四回書いて15点）

1 漢字の組み立て方に注意して、ていねいに書きましょう。(全部書いて50点)

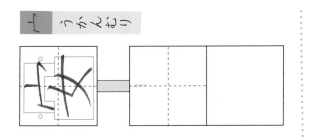

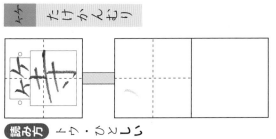

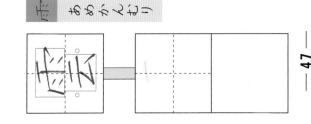

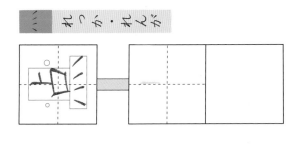

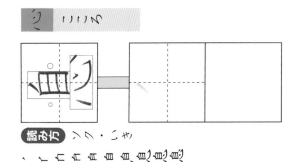

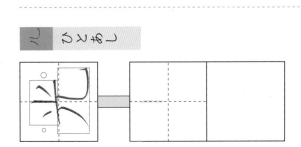

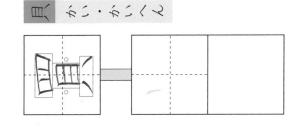

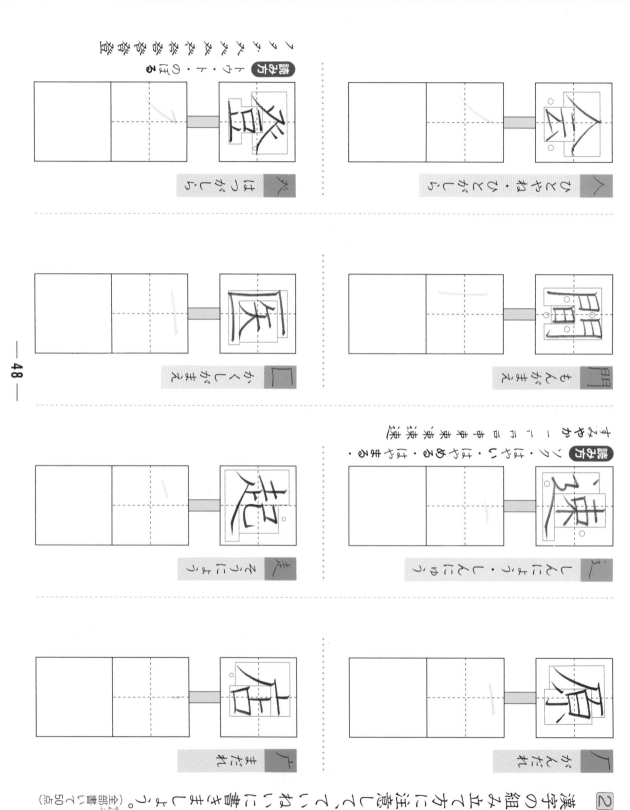

「たとえば、『村』の左の部分はきへんだね。きへんはみんな木をたてに書くね。」

② 漢字の組み立て方に注意して、ていねいに書きましょう。（全部書いて50点）

**読み方**
ト・トウ
のぼる・あがる・あげる
登登登登登登登登登登登登

**読み方**
ソ・ス
き・きたる・きたす

人 ひとやね・ひとがしら

大 はつがしら

門 もんがまえ

矢 かんむり

走 そうにょう

广 まだれ

广 がんだれ

© くもん出版

書き方

# 文字の中心①

名前

月　日

とく点

100点

時分～時分

©くもん出版

1 文字の中心に注意して、□の文字を下に書きましょう。（全部書いて50点）

**たて画** ※たて画の場所に気をつけて書く。

いし

じ　ゆう

すい　へい

**読み方** ヘイ・ビョウ・たいら・ひら　一　丆　平平

**横画** ※横画の場所に気をつけて書く。

さん　にん

おお　むかし

**読み方** セキ・シャク・むかし　一　十　卄　共共昔昔昔

くに　めん

**読み方** メン・おも・おもて・つら　一　丆　丙而而而面面

— 49 —

文字の形や、はらいの向きに注意して書いてね。それぞれの文字の中にある画をなぞって見つけられたかな？

**花**
か・ケ ・・・ はな

**美**
ビ ・ うつくしい

**米**
ベイ・マイ ・ こめ

**立**
リツ・リュウ ・ たつ・たてる

点・てん
※画の中心がとおるように気をつけて書く。

**重 語**
ジュウ・チョウ ・ え・おもい・かさねる・かさなる

**体 任**
タイ・テイ ・ からだ

**字**
点・てん
※点の場所に気をつけて書く。

**文字**

② 文字の形に注意して、□の文字を下に書きましょう。

# 文字の中心②

名前

月　日

時　分〜　時　分

とく点

100点

1 文字の中心に注意して、□の文字を下に書きましょう。（全部書いて40点）

た　れ　※たれの下の部分は右にずれる。

原 → 原始（げんし）

庭 → 庭園（ていえん）
読み方 テイ・にわ・一ナナ广庄庭庭

度 → 高度（こうど）
読み方 ド・ト・タク・たび・一广广芦卢庐度度

病 → 病気（びょうき）
読み方 ビョウ・ヘイ・やまい・や・一广广疒疒疔病病

2 中心をそろえて、上の文字をていねいに書きましょう。（一つ5点）

野原（のはら）

病院（びょういん）

©くもん出版

© くもん出版

ただしい字の書きじゅんにも気をつけよう。

**④** 絵にあうように、上の文字をかさねて□に書きましょう。 （一つ5点）

追（お）い風（かぜ）

追い本（ほん）道（みち）

**読み方** ツイ・おい

| 追放（ついほう） | ← | 追 |
| 起立（きりつ） | ← | 起 |
| 放送（ほうそう） | ← | 送 |
| 国道（こくどう） | ← | 道 |

※上のぶぶんは はらうように書く。

**③** 文字の中の□に注意して、□の文字を下のます目に書きましょう。 （全部できて一つ40点）

# 27

書き方

## 文字の中心③

月　日

名前

時　分～　時　分

とく点　100点

©くもん出版

1 文字の中心に注意して、□の文字を下に書きましょう。（全部書いて40点）

かまえ　※かまえの中の部分は右よりに書く。

区 → 地区（ちく）

医 → 医院（いいん）

※左右のはばを同じにする。

門 → 正門（せいもん）

読み方　モン・かど

開 → 開店（かいてん）

2 中心をそろえて、上の文字をていねいに書きましょう。（一つ5点）

区切り（くぎり）

開会式（かいかいしき）

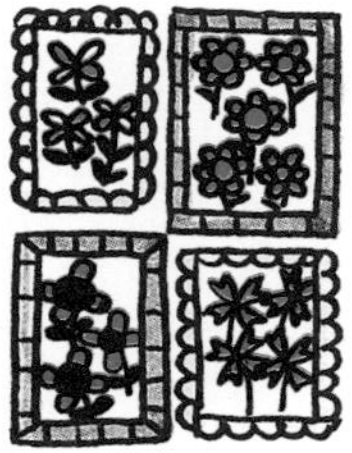

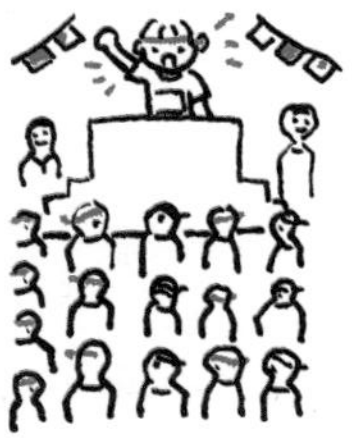

くもん出版

同じところに書くれんしゅう。
母音のついた漢字が、文字の中心にくるように注意のれんしゅう。

④ 中心をかえて、上の文字をこのわくに書きましょう。 (10点)

北海道
ほっかいどう

**読み方** ヒ・かなしい・かなしむ

悲
↓
悲鳴（ひめい）

**読み方** ショウ・すくない・すこし

少
↓
一（いち）／少ない（すくない）

**読み方** ジ・とき

代
↓
時代（じだい）

**読み方** ホク・きた

北
↓
北国（きたぐに）

③ 文字のちゅうしんに注意して、□の文字を下に書きましょう。 （全部で40点 1問5点）

※左右のはばを同じにする。

— 54 —

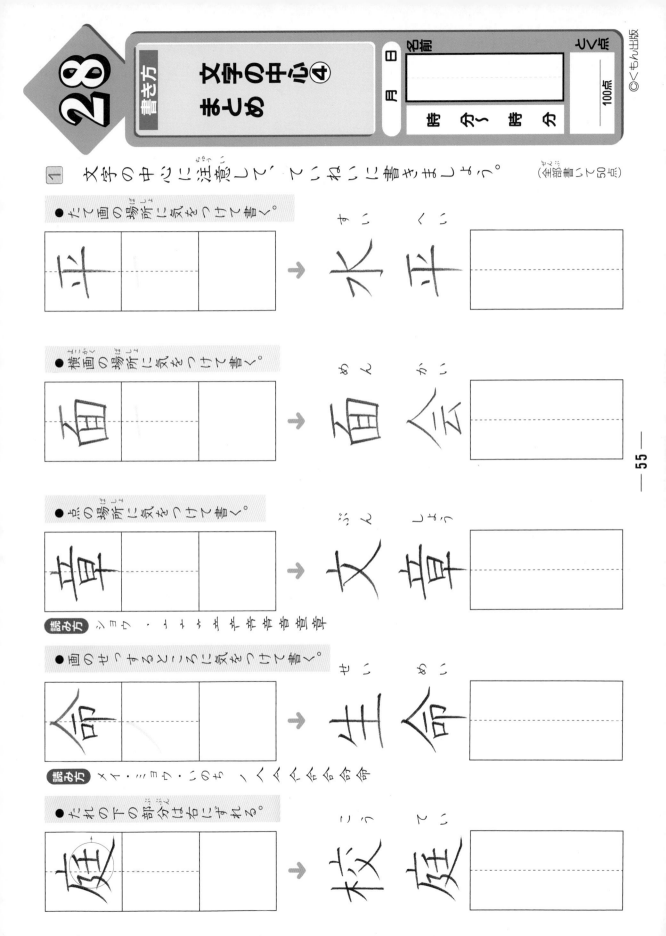

# 文字の中心④
# まとめ

名前

月　日

時　分～　時　分

とく点

100点

© くもん出版

1 文字の中心に注意して、ていねいに書きましょう。　（全部書いて50点）

● たて画の場所に気をつけて書く。

平　→　水平

● 横画の場所に気をつけて書く。

面　→　面会

● 点の場所に気をつけて書く。

章　→　文章

読み方 ショウ ・ 一 亠 亠 产 音 音 音 章 章

● 画のせっするところに気をつけて書く。

命　→　生命

読み方 メイ・ミョウ・いのち ノ 入 今 合 合 命 命

● たれの下の部分は右にずれる。

庭　→　校庭

二　つぎの文字の中心が通るように、それぞれの文字を正しく書きましょう。

③　文字の中心をとらえて、ていねいに書きましょう。　（10点）

生命力
※生命力…生きようとする力のこと。

代 → 近代（きんだい）
●中心の通る漢字は、左右を同じにする。

門 → 門止（かどとめ）
●もかまえは左右を同じにする。

医 → 校医（こうい）
●かまえの中の部分はよりに書く。
※校医…学校からたのまれて、生徒の体などをみる医者。

指 → 指放（ゆびはなし）
●にょうの中にのる部分はよりに書く。

②　文字の中心に注意して、ていねいに書きましょう。
（全部書いて40点）

©くもん出版

漢字

漢字のれんしゅう①

月 日 名前

時 分〜時 分

とく点

100点

1 「はね」や左右の「はらい」に注意して、ていねいに書きましょう。

（全部書いて50点）

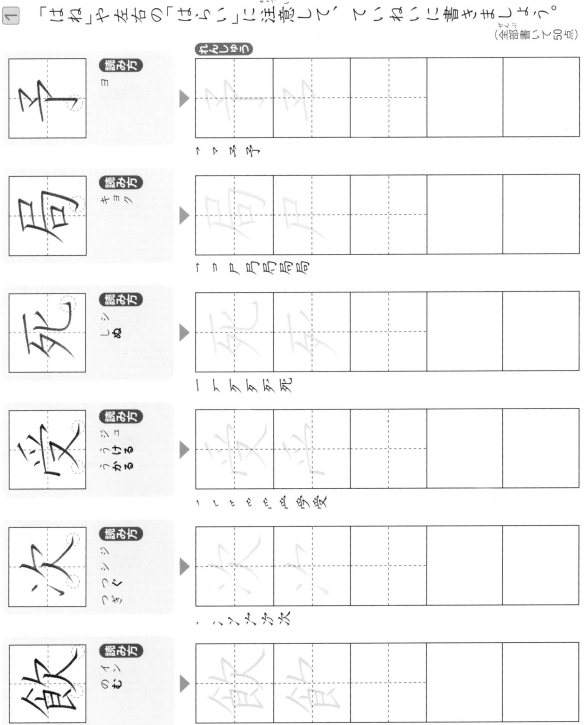

読み方　ヨ

れんしゅう

`ゝ マ 予`

読み方　キョク

`コ ヲ ヲ 局 局 局`

読み方　シ ぬ

`ー ナ ラ 歹 死`

読み方　ジュ うける・うかる

`ノ ワ ワ ゚ 旦 身 受`

読み方　ジ つぎ・つぐ

`ゝ ゝ ゙冫 次 次`

読み方　イン のむ

`ノ 入 今 今 今 刍 刍 刍 刍 飣 飲`

© くもん出版

かん字の読みは、いろいろとおぼえていくよ。
「れ」「わ」の「ね」、「ぬ」、や「も」、「む」に注意して書いてね。

| 読み方 ベン | 勉 |
| 読み方 ばける・ばかす カ ケ | 化 |
| 読み方 あつい ショ | 暑 |
| 読み方 コウ むく・むける・むかう・むこう | 向 |
| 読み方 ケン | 県 |
| 読み方 グ | 具 |

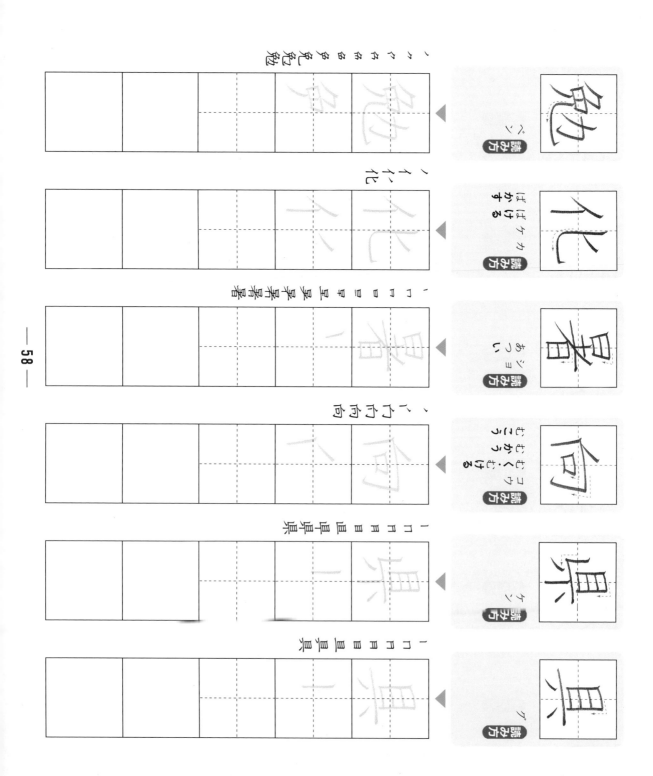

② 「お」「れ」は「ぬ」「わ」に注意して、ていねいに書きましょう。　（全部で50点）

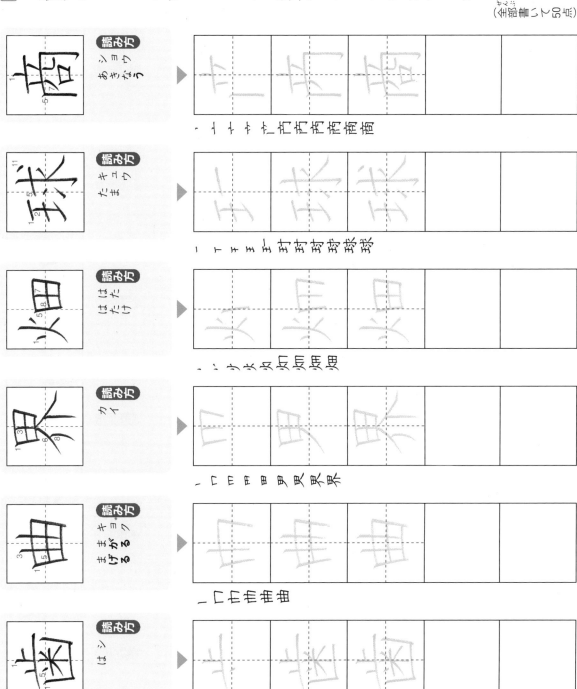

名前

月 日

時 分 ～ 時 分

100点

とく点

© くもん出版

1 数字のとおりの書きじゅんに注意して、ていねいに書きましょう。
（全部書いて50点）

| 商 | 読み方 ショウ あきなう | | | | | |

一 ナ 亡 产 产 产 商 商 商

| 球 | 読み方 キュウ たま | | | | | |

一 Ｔ Ｆ Ｆ 王 刬 玎 玙 玙 球 球

| 畑 | 読み方 はた はたけ | | | | | |

丶 丷 メ 火 灯 如 畑 畑 畑

| 界 | 読み方 カイ | | | | | |

一 ｜ Ⅰ Ⅱ 田 里 甼 界 界

| 曲 | 読み方 キョク まがる まげる | | | | | |

一 Ｌ 冊 冉 曲 曲

| 歯 | 読み方 シ は | | | | | |

一 ｜ ト ト 止 丗 巿 齿 歩 歯 歯 歯

— 59 —

© くもん出版

上の漢字をれんしゅうしてから、まん中の漢字のうすい部分をなぞって、そのあと、右がわの漢字の読み方から、左の□に書きましょう。

| | | 読み方 ヨウ さま 様 |
| | | 読み方 シュ とる 取 |
| | | 読み方 カン やかた 館 |
| | | 読み方 チョウ 帳 |
| | | 読み方 シュウ あつまる あつめる つどう 集 |
| | | 読み方 サイ まつり まつる 祭 |

2
（全部書いて50点）

数字のついているところの書きじゅんに注意して、ていねいに書きましょう。

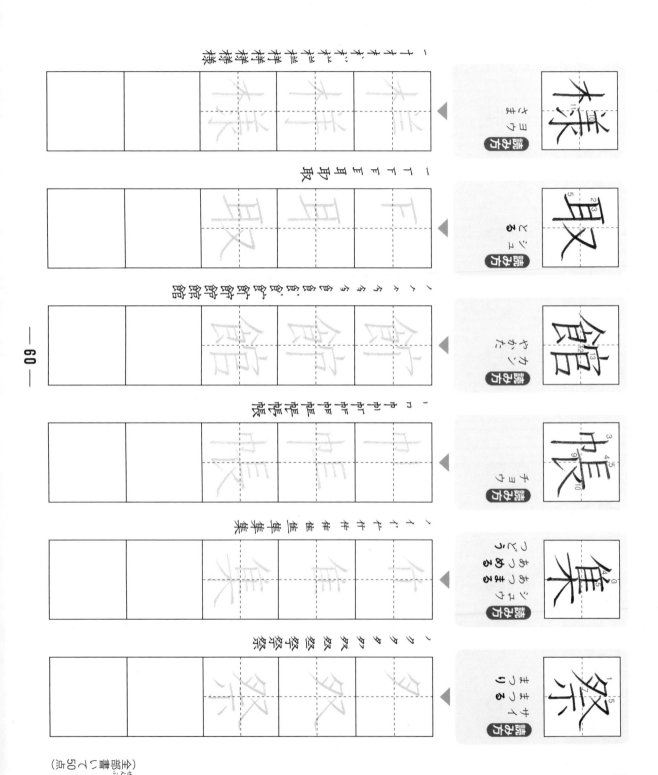

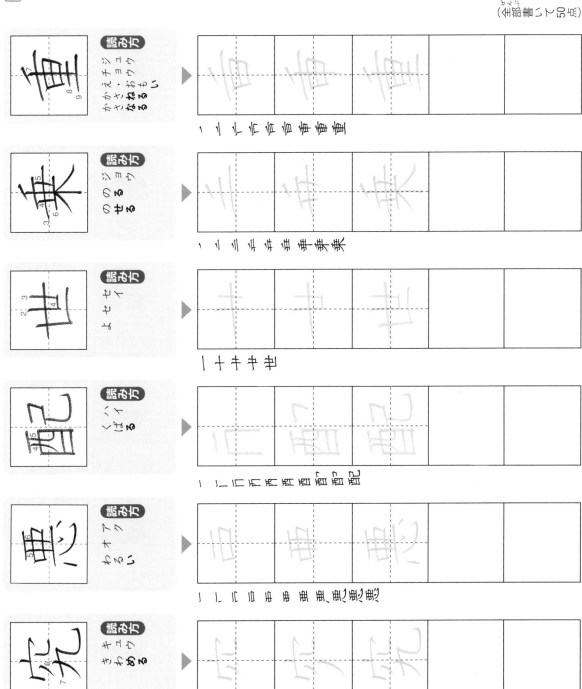

©くもん出版

正しい書きじゅんで書いて、形の正しい字になるように、ていねいになぞってから書きましょう。

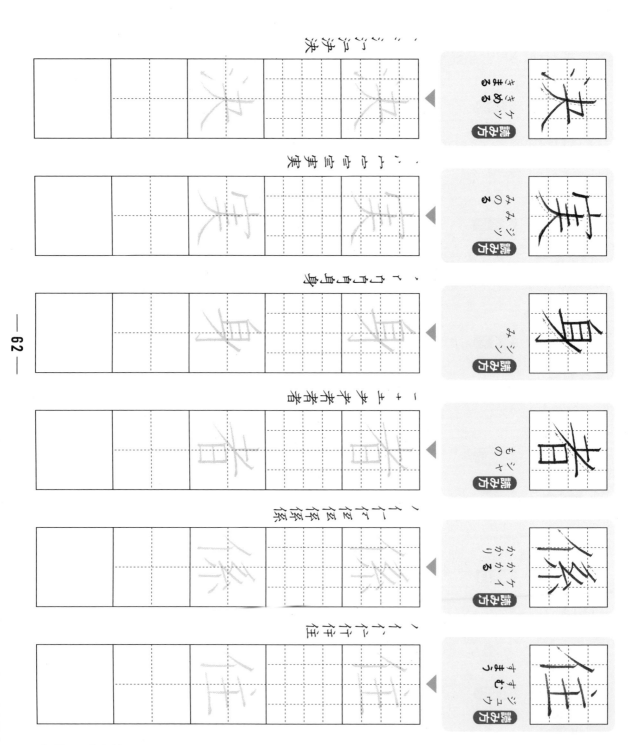

読み方
ケツ
きめる

読み方
ヒョウ
あらわす
あらわれる

読み方
シン
み

読み方
シャ
もの

読み方
ケイ
かかる
かかり

読み方
ジュウ
すむ
すまう

2 「左から」の方こうに注意して、ていねいに書きましょう。

（全部で50点）

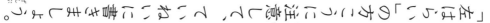

漢字

漢字のれんしゅう④

©くもん出版

1 「はらい」や「おれ」のかき方に注意して、ていねいに書きましょう。
（全部書いて50点）

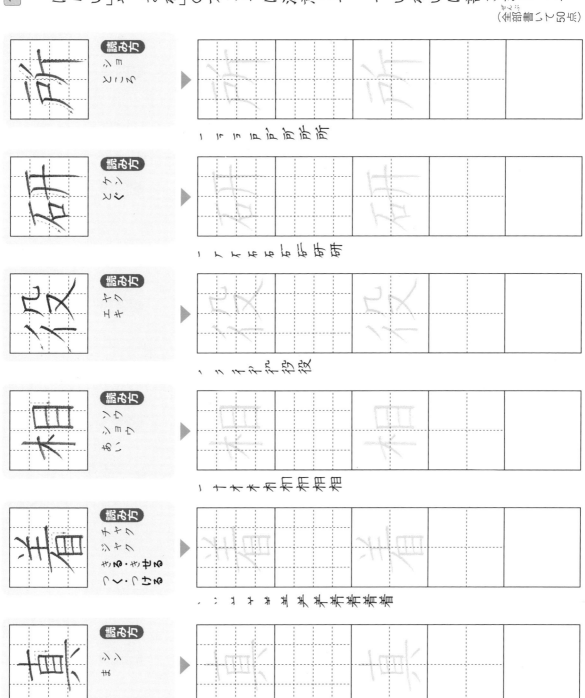

読み方
ショ
ところ

一　ー　ヲ　戸　戸　所　所　所

読み方
ケン
とぐ

一　ア　テ　石　石　石　研　研

読み方
エキ
ヤク

一　ケ　彳　役　役

読み方
ソウ
ショウ
あい

一　十　オ　木　木　相　相　相　相

読み方
セイ
ショウ
ジョウ
チャク
キャク
きる・きせる
つく・つける

、　ソ　丶　ナ　ヂ　芏　芋　着　着　着　着

読み方
シン
ま

一　十　亡　古　直　直　直　真　真

「はひ」、「わ」、「ね」、「れ」、「の」、なにに気をつけて書いたらよいか・・・漢字は、
1画1画をなぞってから1行書いていきましょう。

馬
読み方
シャ
うま
まち

`丨 П Г 乍 烏 烏 烏 烏 馬`

助
読み方
ジョ
たすける
たすかる

`了 П 月 目 貝 助`

氷
読み方
ヒョウ
こおり

`丶 亻 水 氷`

丁
読み方
チョウ
テイ

`一 丁`

育
読み方
イク
そだつ
そだてる
はぐくむ

`丶 亠 大 厷 产 育 育 育`

血
読み方
ケツ
ち

`丿 个 竹 竹 血 血`

― 64 ―

「お」、「さ」、「ね」、「の」の方のいいに注意して、ていねいに書きましょう。
（全部書いて50点）

②

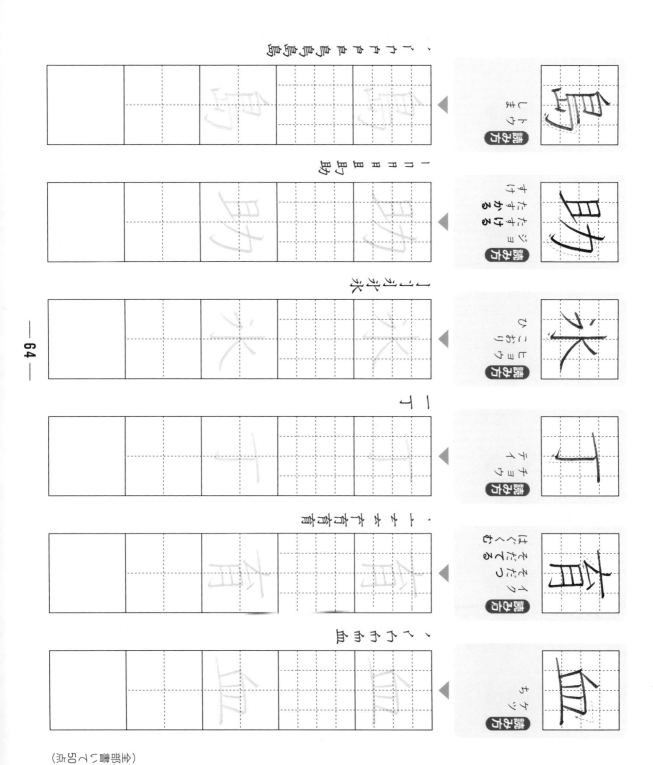

漢字

# 漢字のれんしゅう⑤

名前

月　日

時　分～時　分

とく点

/100点

©くもん出版

**1** 横画やたて画の長さに注意して、ていねいに書きましょう。

（全部書いて50点）

| 読み方 | | |
|---|---|---|
| ぬし シュ おもも | 主 | |

` ン 亠 キ 主`

| 読み方 | | |
|---|---|---|
| あらわれる あらわす おもて ヒョウ | 表 | |

`一 十 キ キ 夫 表 表 表`

| 読み方 | | |
|---|---|---|
| しあわせ さち さいわい コウ | 幸 | |

`一 十 土 キ 立 生 幸 幸`

| 読み方 | | |
|---|---|---|
| ソウ | 操 | |

`一 十 扌 扩 拦 拦 押 捛 挹 捛 揬 操`

| 読み方 | | |
|---|---|---|
| シュウ | 州 | |

`、 ﾉ ﾉﾞ 丬 州 州`

| 読み方 | | |
|---|---|---|
| リョウ | 両 | |

`一 一 冂 両 両 両`

画の長さのちがい、「くつ」「ハネ」のちがいに気をつけて、手本をよく見て、ほかの漢字も書けるようにしましょう。

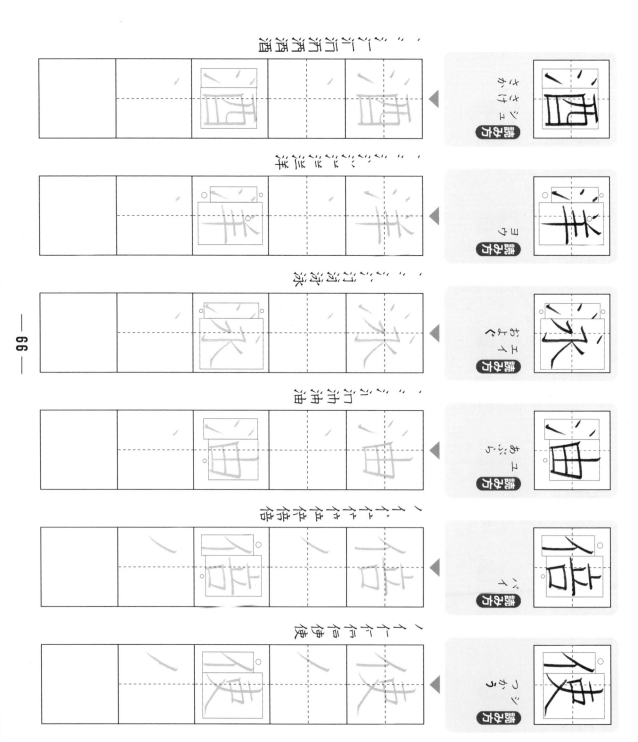

| 読み方 | | | |
|---|---|---|---|
| **酒** さけ・さか シュ | 酒 | ` 氵 汀 酒 酒 酒` | |
| **洋** ヨウ | 洋 | ` 氵 汀 洋 洋` | |
| **泳** およぐ エイ | 泳 | ` 氵 汀 河 泳 泳` | |
| **油** あぶら ユ | 油 | ` 氵 汀 沖 油` | |
| **倍** バイ | 倍 | ` イ 什 伫 伫 倍 倍 倍` | |
| **使** つかう シ | 使 | ` イ 仁 伃 伃 使 使` | |

漢字の組み立て方に注意して、はねにも注意して、ていねいに書きましょう。

② （全部書いて50点）

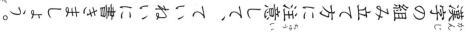

©くもん出版

漢字

漢字のれんしゅう⑥

月　日

時　分〜時　分

とく点

100点

©くもん出版

1　漢字の組み立て方に注意して、ていねいに書きましょう。

（全部書いて50点）

**読み方**
リュウ
ル
なが**れる**
なが**す**

`、、゛゛汁汁汁浐浐流流`

**読み方**
ショウ
き**える**
け**す**

`、、゛氵汁汁汁消消消`

**読み方**
シン
ふか**い**
ふか**まる**
ふか**める**

`、、゛氵氵汀汀泙洰深深`

**読み方**
コウ
みなと

`、、゛氵汁汁洪洪港港港`

**読み方**
ユト
ウ

`、、゛氵汁沪沪沪湯湯湯`

**読み方**
カン

`、、゛氵氵汁汫汫漢漢漢漢`

次の□の中にはどの漢字の部分が入りますか。気をつけて書きましょう。

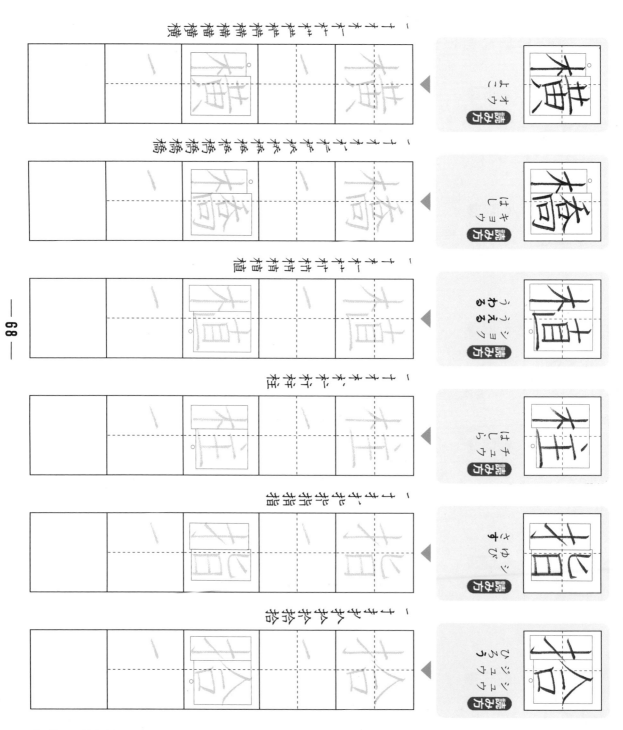

| 読み方 | 字 | 書き取り |
|---|---|---|
| 横 よこ／オウ | 横 | 一 十 才 木 栏 栏 栏 椛 椛 椛 横 横 |
| 橋 はし／キョウ | 橋 | 一 十 才 木 杯 杯 杯 格 桥 桥 橋 橋 |
| 植 うえる／ショク | 植 | 一 十 才 木 杧 朾 枯 枯 植 植 |
| 柱 はしら／チュウ | 柱 | 一 十 才 木 杧 柱 柱 |
| 指 ゆび／シ | 指 | 一 十 扌 扌 打 护 指 指 指 |
| 拾 ひろう／シュウ | 拾 | 一 十 扌 扌 扲 拾 拾 拾 |

②

漢字の組み立て方に注意して、ていねいに書きましょう。

（全部できて50点）

名前

月　日

時　分　～　時　分

とく点 ／100点

©くもん出版

**1** 漢字の組み立て方に注意して、ていねいに書きましょう。

（全部書いて50点）

**和** 読み方　ワ・オ　やわらぐ・やわらげる・なごむ・なごやか

`ノ 一 二 千 千 禾 和 和`

**暗** 読み方　アン　くらい

`丨 冂 日 日 日' 旷 旷 暗 暗 暗 暗 暗`

**福** 読み方　フク

`丶 ラ ネ ネ ネ' 神 福 福 福 福 福 福`

**終** 読み方　シュウ　おわる・おえる

`ㄥ ㄠ ㄠ 糸 糸 糸 紗 紗 終 終`

**練** 読み方　レン　ねる

`ㄥ ㄠ ㄠ 糸 糸 糸 紅 紅 紳 絈 練 練 練`

**談** 読み方　ダン

`丶 一 � 言 言 言 言 言 訂 認 談 談 談`

書くときにちがいに気をつけようね。
「部・郡・動」など、にている部分があるよね。

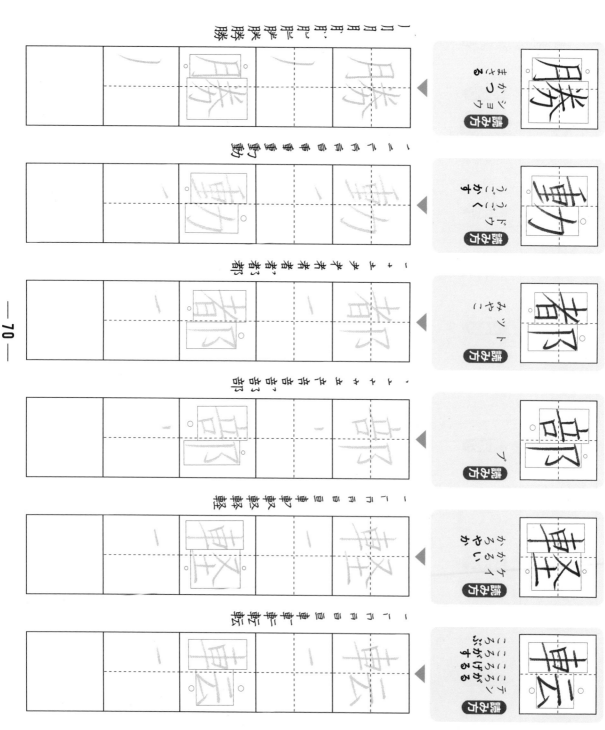

漢字の組み立て方に注意して、ていねいに書きましょう。

2

（全部書いて50点）

漢字

漢字のれんしゅう⑧

月　日　名前

時　分〜時　分

100点

とく点

©くもん出版

1 漢字の組み立て方に注意して、ていねいに書きましょう。

（全部書いて50点）

鉄　読み方　テツ

ノ　ト　Ｆ　Ｅ　Ｆ　牟　金　金　釒　鉄鉄

銀　読み方　ギン

ノ　ト　Ｆ　Ｅ　Ｆ　牟　金　金　釒　銀銀

列　読み方　レツ

一　ア　歹　列列

対　読み方　ツイ　タイ

一　ナ　文　文　対対

短　読み方　みじかい　タン

ノ　ト　Ｆ　Ｅ　Ｆ　矢　矢　矢　短短短

路　読み方　じ　ロ

Ｐ　Ｐ　Ｐ　正　足　足　足　趵　路路路路

「イ（にんべん）」や「扌（てへん）」、「艹（くさかんむり）」などの部分がつながらないように書きましょうね。

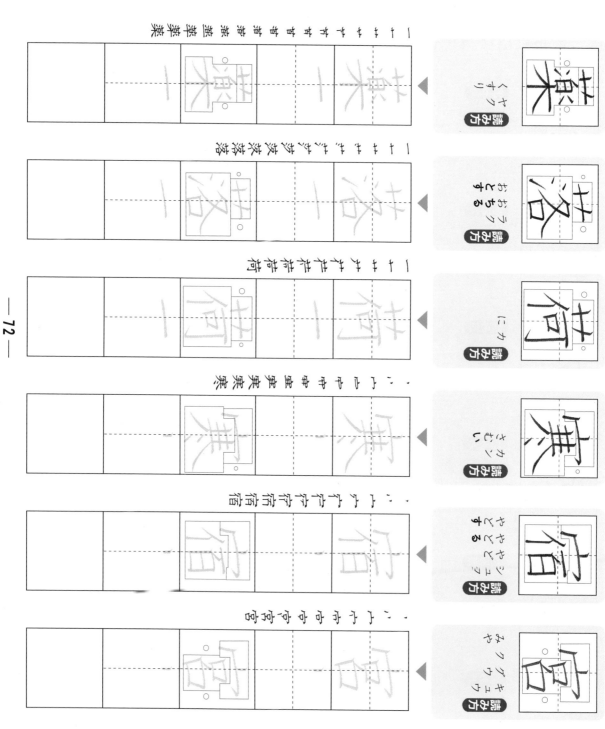

漢字の組み立て方に注意して、ていねいに書きましょう。

2

（全部書けて50点）

― 72 ―

©くもん出版

37 漢字 漢字のれんしゅう⑨

月 日 名前

とく点

100点

時 分〜 時 分

©くもん出版

1 漢字の組み立て方に注意して、ていねいに書きましょう。

（全部書いて50点）

| 読み方 ふえ テキ |  |
|---|---|
| 笛 | 、ト、ヤサ竹竹竹竹笛笛 |

| 読み方 はこ |  |
|---|---|
| 箱 | 、ト、ヤヤヤ竹竹竹竹节箱箱箱箱 |

| 読み方 うつす うつる シャ |  |
|---|---|
| 写 | 、一写写写 |

| 読み方 すみ タン |  |
|---|---|
| 炭 | 、一ヤ山产产炭炭炭 |

| 読み方 ならう シュウ |  |
|---|---|
| 習 | ヿフヨヨ羽羽羽羽羽習習 |

| 読み方 やね オク |  |
|---|---|
| 屋 | 、フア戸戸屋屋屋屋 |

— 73 —

「組み合わせ漢字」のワーク

漢字は、大きく二つに分かれる形のものがあります。組み合わせ方に気をつけながら書くようにしてくださいね。

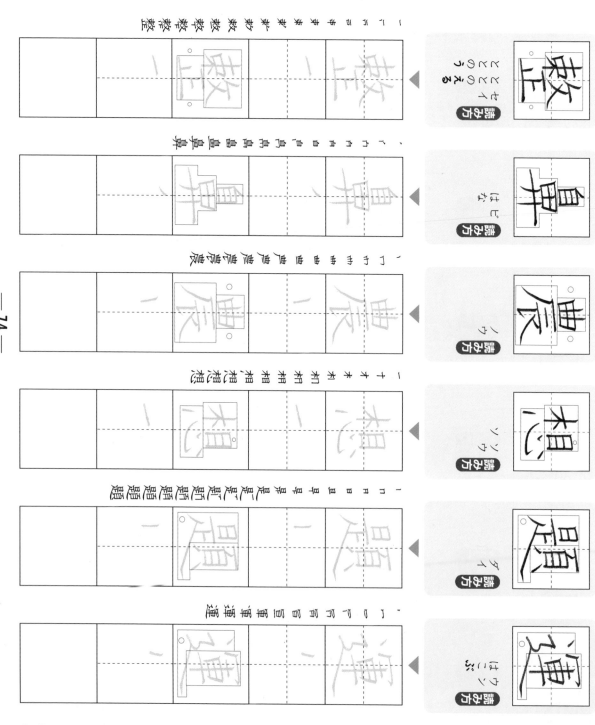

漢字の組み立て方に注意して、ていねいに書きましょう。

（全問1つ書けて50点）

2

©くもん出版

# 答えと書き方

●なぞり書きや書きじゅんのところの答えは、はぶいています。
●▶は、書くときに気をつけるポイントです。

**1 字を書くしせい　えんぴつのもち方**　ページ 1・2

 上の絵を見て、よいしせいで書きましょう。

 上の絵を見て、よいしせい、よいえんぴつのもち方で書きましょう。

▶えんぴつをもたないほうの手で、かるく紙をおさえて書くんだよ。書いているうちに顔が近づいてしまわないように気をつけてね。

**2 漢字の運筆**　ページ 3・4

1〜4 上の手本を見て、ていねいに書きましょう。

▶とめるところ、はねるところ、はらうところがしっかり書けたかな。

**3・4 漢字の書きじゅん①・②**　ページ 5〜8

1〜4 正しい書きじゅんでていねいに書きましょう。

▶正しい書きじゅんで書くと、形のととのったきれいな字になるよ。ふだんから、正しい書きじゅんを心がけることが大切だね。

**5 漢字の書きじゅん③**　ページ 9・10

1〜3 正しい書きじゅんでていねいに書きましょう。

▶「しんにょう（⻌）」の書きじゅんは、「丶→ 𠄌 →⻌」と三画で書けたかな。

**6 漢字の書きじゅん④**　ページ 11・12

1〜4 正しい書きじゅんでていねいに書きましょう。

▶「母」は、中の点を三・四画目に、長い横画をさいごに書くよ。

**7 漢字の書きじゅん⑤**　ページ 13・14

1〜4 正しい書きじゅんでていねいに書きましょう。

▶横画と左はらいの書きじゅんに気をつけよう。

「ノ→ナ→有（左はらいが先）
一→ナ→友（横画が先）」

短い字では左はらいを先に書く。横画が長い字では横画を先に書く。「横画が短くて左はらいが長い字では左はらいを先に書く。横画が長い字では横画を先に書く。」というのがきまりだよ。「右」「左」もこのきまりどおりだね。

**11 点画の方こう①** ページ21・22

① 皿
② 公
③ 区
④

「皿」の二画目のおれは「はね」に気をつけて書きましょう。

① 央
② 作
③ 服

「央」の二画目のはらいは、右はらいとちがって止めますから、「はね」のように気をつけて書きましょう。

① 土
② 才
③

手本を見て、ねいに書きましょう。

① 大
② 父
⑥

手本を見て、ねいに書きましょう。

④・⑤

線の交わる場所は気をつけて書く たての文字はわたる書

**10 画のさ方** ページ19・20

① 土
② 才

手本を見て、ねいに書きましょう。

③

④

はじめに「口」の横画は出る。けど、「さ」の中の横画の後は出る

**8・9 画のせ方①②** ページ15〜18

**14 画と画の間** ページ27・28

① 画と画の見本とし、間が、広くなったり、せまくなったりしないように、自分の書いた字をよく見て気をつけて書きましょう。手本とよく見くらべて書きましょう。

**13 画の長短** ページ25・26

① 画の長短の見本とし、「木」の右はらいは「来」の二画目より長く書く。「来」のたて画は横画によく気をつけて、手本とよく見くらべて書きましょう。

① 駅
② 池
③ 心

「駅」の左の点・はらいは四つの点の書き方に気をつけてみぎ上の「の(ミ)」の点画の方こうに気をつけましょう。

**12 点画の方こう②** ページ23・24

① 子
② 丸
③ 式

「子」の二画目の「はね」、「丸」や「式」の二画目の「そり」は「はね」の書き方に気をつけましょう。

©くもん出版

| | |
|---|---|
| 15〜18 | 漢字の組み立て方 ①〜④　29〜36ページ |

1・2　手本を見て、ていねいに書きましょう。
　▶左の部分と右の部分のかたちのちがいや高さのちがいに気をつけて書くんだよ。

19　漢字の組み立て方⑤ まとめ　37・38ページ

1・2　手本を見て、ていねいに書きましょう。
　▶左の部分と右の部分のバランスに気をつけて書こう。

20・21　漢字の組み立て方⑥・⑦　39〜42ページ

1・2　手本を見て、ていねいに書きましょう。
　▶上の部分と下の部分の横はばのちがいや、たてはばのちがいに気をつけて書こう。

22　漢字の組み立て方⑧　43・44ページ

1・2　手本を見て、ていねいに書きましょう。
　▶「にょう」とそのほかの部分の書き出しの高さに気をつけて書こう。

23　漢字の組み立て方⑨　45・46ページ

1・2　手本を見て、ていねいに書きましょう。
　▶「間」の中の「日」は「かまえ」でできた空間のまん中に書くよ。

24　漢字の組み立て方⑩ まとめ　47・48ページ

1・2　手本を見て、ていねいに書きましょう。
　▶それぞれの漢字の二つの部分の組み立て方に気をつけて書くんだよ。

25　文字の中心①　49・50ページ

1・2　手本を見て、ていねいに書きましょう。
　▶文字の中心が行の中心に合うように書けたかな。それぞれの漢字の中心となる画を見つけることが大切だよ。

26　文字の中心②　51・52ページ

1〜4　手本を見て、ていねいに書きましょう。
　▶「たれ」の下にのる部分や「にょう」は、行の中心よりも少し右にずらして書くんだね。

27　文字の中心③　53・54ページ

1〜4　手本を見て、ていねいに書きましょう。
　▶中心のとりにくい漢字は、行の中心を同じにして左右のはばが同じになるように書こう。「もんがまえ」の漢字も同じだよ。

© くもん出版

## 右段

**32　漢字のれんしゅう④　ページ 63・64**

1・2

◀「氷」は、左の「はらい」に気をつけて書きましょう。
下の手本をよく見て、上に書きましょうね。

**31　漢字のれんしゅう③　ページ 61・62**

1・2

◀「実」は、三画目・六画目の「よこ画」の長さに気をつけよう。
下の手本をよく見て、上に書きましょうね。

**30　漢字のれんしゅう②　ページ 59・60**

1・2

◀「球」は、右の部分の点画の方に気をつけよう。
下の手本をよく見て、上に書きましょうね。

**29　漢字のれんしゅう①　ページ 57・58**

1・2

◀「暑」の「日」の二つの間かくに気をつけて書こう。
下の手本をよく見て、上に書きましょうね。

**28　まとめ中心④　文字の…　ページ 55・56**

1　2　3

◀行書で書くときは、マスの大きさに行書の文字の大きさに気をつけよう。
手本をよく見て書きましょうね。

**37　漢字のれんしゅう⑨　ページ 73・74**

1・2

◀「習」は、上の「羽」の部分を大きく書きましょうね。
下の手本をよく見て、上に書きましょう。

**36　漢字のれんしゅう⑧　ページ 71・72**

1・2

◀「など」は、気をつけて書きましょうね。
下の手本をよく見て、上に書きましょう。

**35　漢字のれんしゅう⑦　ページ 69・70**

1・2

◀「高さ」の部分の左の部分に気をつけて書こう。
下の手本をよく見て、上に書きましょうね。

**34　漢字のれんしゅう⑥　ページ 67・68**

1・2

◀「木へん」「ます」「しめすへん」の横はばが広い漢字は、「へん」の部分をよく見て書きましょうね。
下の手本をよく見て、上に書きましょう。

**33　漢字のれんしゅう⑤　ページ 65・66**

1・2

◀「ラン」「レン」としては、右の部分と左の部分の合う所がちがうので、気をつけて書きましょうね。
手本をよく見て書きましょうね。

© くもん出版

# 三年生の漢字

©くもん出版

●三年生で習う漢字を、音読み（音のかなは訓）の五十音じゅんにならべ、まちがいやすいところは、せつめいをつけています。

| | | | | | | | | |
|---|---|---|---|---|---|---|---|---|
| あ行 | 悪 | 安 | 暗 | 医 | 委 | 意 | 育 | 員 |
| 院 | 飲 | 運 | 泳 | 駅 | 央 | 横 | 屋 | 温 |
| か行 | 化 | 荷 | 界 | 開 | 階 | 寒 | 感 | 漢 |
| 館 | 岸 | 起 | 期 | 客 | 究 | 急 | 級 | 宮 |
| 球 | 去 | 橋 | 業 | 曲 | 局 | 銀 | 区 | 苦 |
| 具 | 君 | 係 | 軽 | 血 | 決 | 研 | 県 | 庫 |
| 湖 | 向 | 幸 | 港 | 号 | 根 | や行 | 祭 | 皿 |
| 仕 | 死 | 使 | 始 | 指 | 歯 | 詩 | 次 | 事 |
| 持 | 式 | 実 | 写 | 者 | 主 | 守 | 取 | 酒 |
| 受 | 州 | 拾 | 終 | 習 | 集 | 住 | 重 | 宿 |
| 所 | 暑 | 助 | 昭 | 消 | 商 | 章 | 勝 | 乗 |

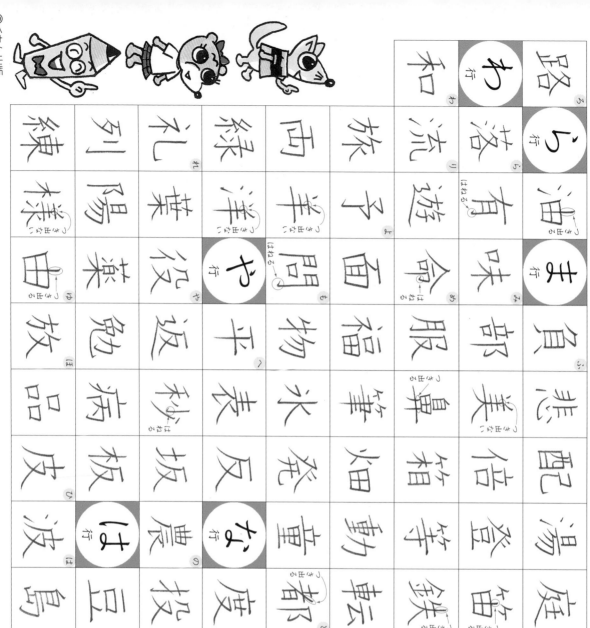

# 本書の特長と使い方

## [ 本書の特長 ]

### 十分な学習量で確実に力がつく構成！

学力をつけるためには，くり返し学習が大切。本シリーズは地理・歴史をそれぞれ2冊に分け，公民は政治・経済の2冊分の量を1冊にまとめて，十分な量を学習できるようにしました。

テスト前に，4択問題で最終チェック！
**4択問題アプリ「中学基礎100」**

くもん出版アプリガイドページへ ▶ 各ストアからダウンロード
アプリは無料ですが，ネット接続の際の通話料金は別途発生いたします。
「中学社会　歴史 下」パスワード　**9638257**
※「歴史 下」のコンテンツが使えます。

## [ 本書の使い方 ] ※ 1 2 は学習を進める順番です。

### 1 要点チェック

まず，各単元の重要事項をチェック！
問題が解けないときにも見直しましょう。

それぞれの小単元が書き込みドリルのページと連動

覚えると得 は重要語句， ミスに注意 はまちがえやすい点，
重要 テストに出る！ はポイントになる点です。定期テスト前にもチェックしましょう。

### 2 スタートドリル

重要な用語や人物を覚え，
年表で歴史の流れをとらえましょう。

### 3 書き込みドリル

要点チェックでとりあげた小単元ごとに基本→発展の2段階で学習。
難しかったら，対応する要点チェックで確認しましょう。

テストでよくでる問題には 必出 マークがついています。 得点UPコーチ はヒントです。
問題が解けないときに解説書とあわせて利用してください。 ✓ チェック のように
示してあるページと番号で，要点チェックにもどって学習できます。

### 4 まとめのドリル

単元のおさらいです。ここまでの学習を
まとめて復習しましょう。
1 〜 4 までが，1章分で構成されて
います。

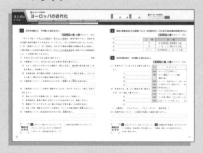

### 5 定期テスト対策問題

定期テスト前に力だめし。苦手なところは要点チェックや
スタートドリルなども使って，くり返し学習しましょう。

### 6 総合問題

このドリル1冊分の総まとめです。
学習の成果を確認しましょう。

解答書は，本書のうしろにのりづけされています。引っぱると別冊になります。答え合わせをして，まちがえたところは「考え方」をよく読んで直しましょう。

# 歴史　下

# もくじ

## 11 ヨーロッパの近代化

- ■ 要点チェック ……………………… 4
- ■ スタートドリル …………………… 6
- ① 絶対王政とイギリスの革命 …… 8
- ② アメリカの独立とフランス革命 … 10
- ■ まとめのドリル …………………… 12

## 12 欧米の進出と日本の開国

- ■ 要点チェック ……………………… 14
- ■ スタートドリル …………………… 16
- ① 産業革命と欧米諸国 …………… 18
- ② ヨーロッパのアジア侵略 ……… 20
- ③ 開国と江戸幕府の滅亡 ………… 22
- ■ まとめのドリル …………………… 24

- ■ 定期テスト対策問題 …………… 26

## 13 明治維新

- ■ 要点チェック ……………………… 28
- ■ スタートドリル …………………… 30
- ① 新政府の成立 …………………… 32
- ② 富国強兵・殖産興業 …………… 34
- ③ 新しい文化 ……………………… 36
- ■ まとめのドリル …………………… 38

## 14 近代日本のあゆみ

- ■ 要点チェック ……………………… 40
- ■ スタートドリル …………………… 42
- ① 国際関係 ………………………… 44
- ② 専制政治への不満 ……………… 46
- ③ 立憲制国家の成立 ……………… 48
- ■ まとめのドリル …………………… 50

- ■ 定期テスト対策問題 …………… 52

## 15 日清・日露戦争

- ■ 要点チェック ……………………… 54
- ■ スタートドリル …………………… 56
- ① 欧米の侵略と条約改正 ………… 58
- ② 日清戦争 ………………………… 60
- ③ 日露戦争 ………………………… 62
- ■ まとめのドリル …………………… 64

## 16 近代産業の発達

- ■ 要点チェック ……………………… 66
- ■ スタートドリル …………………… 68
- ① 産業革命の進展 ………………… 70
- ② 近代文化の形成 ………………… 72
- ■ まとめのドリル …………………… 74

- ■ 定期テスト対策問題 …………… 76

## 17 第一次世界大戦とアジア・日本

- ■ 要点チェック ……………… 78
- ■ スタートドリル …………… 80
- ① 第一次世界大戦と日本 …… 82
- ② 国際協調の時代 …………… 84
- ③ 民主主義と民族運動 ……… 86
- ④ 大正デモクラシー ………… 88
- ■ まとめのドリル …………… 90

## 18 第二次世界大戦とアジア

- ■ 要点チェック ……………… 92
- ■ スタートドリル …………… 94
- ① 世界恐慌とブロック経済 … 96
- ② 日本の中国侵略 …………… 98
- ③ 第二次世界大戦 …………… 100
- ④ 戦争の終結 ………………… 102
- ■ まとめのドリル …………… 104

- ■ 定期テスト対策問題 ……… 106

## 19 日本の民主化と国際社会への参加

- ■ 要点チェック ……………… 108
- ■ スタートドリル …………… 110
- ① 占領と日本の民主化 ……… 112
- ② 二つの世界とアジア ……… 114
- ③ 国際社会に復帰する日本 … 116
- ■ まとめのドリル …………… 118

## 20 国際社会と日本

- ■ 要点チェック ……………… 120
- ■ スタートドリル …………… 122
- ① 日本経済の発展 …………… 124
- ② 国際関係の変化 …………… 126
- ③ 21世紀の世界と日本 ……… 128
- ■ まとめのドリル …………… 130

- ■ 定期テスト対策問題 ……… 132

- ■ 総合問題(政治) …………… 134
- ■ 総合問題(経済) …………… 136
- ■ 総合問題(文化) …………… 138

- さくいん ……………………… 140

### 歴史 上 のご案内

- **1** 文明のおこり
- **2** 古代日本の成り立ち
- **3** 古代国家のあゆみ
- **4** 古代国家のおとろえ
- **5** 武士の台頭と鎌倉幕府
- **6** 東アジア世界とのかかわり
- **7** ヨーロッパ人との出会いと天下統一
- **8** 江戸幕府の成立と鎖国
- **9** 産業の発達と幕府政治の動き
- **10** 幕府政治のゆきづまり

写真提供：Bridgeman Images/ 時事通信フォト・PPS 通信社・国立国会図書館・高知県立坂本龍馬記念館・重要文化財旧開智学校校舎・神奈川県立歴史博物館・横浜開港資料館・東京大学法学部附属明治新聞雑誌文庫・衆議院憲政記念館・下関講和談判・永地秀太・聖徳記念絵画館・悠工房・時事・津田塾大学津田梅子資料室・灸まん美術館・朝日新聞社・AFP ＝時事・徳川美術館所蔵(c)徳川美術館イメージアーカイブ /DNP artcom・毎日新聞社・共同通信社・三重県総合博物館

# 11 ヨーロッパの近代化

## ❶ 絶対王政とイギリスの革命

ドリル P8

### ① 絶対王政

- ●**絶対王政**…国王は議会を無視し，専制的な政治を行った。産業を育成し，大商人と組んで海外への進出を図った。
- ●**エリザベス1世**…イギリスの絶対王政全盛期の女王。海軍
  └→東インド会社設立，毛織物工業発達
  力を強化し，海上の交通路を確保 ■▶ アジアとの貿易や領
  └→1588年にスペインの無敵艦隊を破る
  土支配。イギリス国教会も確立させる。
  └→国王が首長
- ●**ルイ14世**…フランスの絶対王政を確立した国王。ベルサイ
  └→王権神授説を唱える
  ユ宮殿の建設やたび重なる戦争により，財政難となる。
  └きゅうでん

### ② **マグナ・カルタと啓蒙思想**…国王の権力の制限を主張。
　　　　　　　　　└けいもう

- ●**マグナ・カルタ**…王権を制限し，人権を認める憲章。
- ●**ロック**…『統治二論』で社会契約説と抵抗権を主張。
  └けいやくせつ └ていこうけん
  └→人民は圧政に抵抗して良い
- ●**モンテスキュー**…『**法の精神**』で**三権分立**を主張。
  └→権力を一つに集中しない
- ●**ルソー**…『**社会契約論**』で**人民主権**を唱える。
  └→国を治める権利は人民にある

### ③ ピューリタン革命（イギリス）

- ●**革命の起こり**…ピューリタンを中心とする議会派と専制政
  └→1640～60年
  治を続けた国王派の間で長い内戦が始まる。
- ●**議会派の勝利**…議会派が国王派を破り，国王は処刑される。
  └→クロムウェル率いる議会軍が国王軍を破る └しょけい
- ●**共和制の成立**…議会を中心とする共和制となったが，実際
  └→1649年
  は，**クロムウェル**による独裁政治が行われた。

### ④ **名誉革命**
　　└めいよ

- ●**王政の復活**…王政が復活し，
  └→1660年
  国王は専制政治を行う。
- ●**革命の起こり**…議会は国王
  └→1688年
  を追放し，オランダから新
  しい国王をむかえる ■▶
  名誉革命。
- ●**権利（の）章典を発布**…世界
  └→1689年，国王の専制を防ぐ
  初の**立憲君主制**と議会政治。

▲モンテスキュー

## 覚えると得

**ピューリタン（清教徒）**
イギリスのカルバン派のプロテスタント。新興の市民階級に多くの信者がいた。イギリス国教会の長である国王の厳しい取りしまりにあい，信仰の自由を求めてアメリカにわたる者もいた。

**議会の権利**
権利（の）章典が発布され，「国王は君臨すれども統治せず」の原則が認められた。

**絶対王政**
国王が教会，貴族，議会，市民を従えて強い権力を持ち，国家の統一を進める政治のこと。

**共和制**
多数の人々の意思により行われる政治のこと。

**立憲君主制**
憲法に基づいて君主が行う政治のこと。イギリスは，議会により君主の権力が制限された。

## ② アメリカの独立とフランス革命

ドリル P10

### ① 独立前のアメリカ

- **植民地**…17世紀はじめごろから移住したイギリス人たちは，18世紀中ごろまでに，**アメリカ東海岸**に13州の植民地をつくる。

- **イギリスの圧政**…他国との貿
  └→本国の産業を守るため
  易を制限し，重い税をかけた。

▲アメリカ独立前の13州

（地図内）
イギリス領カナダ
大西洋
スペイン領
ボストン
フィラデルフィア
**東部13州の植民地**
フロリダ（スペイン領）

■ 1776年独立を宣言した植民地
■ 1783年（独立達成の年）イギリスより割譲した地域

### ② アメリカの独立

- **独立戦争**の起こり…本国の議会に代表を送る権利のなかっ
  └→1775年，フランス・スペインが援助
  た植民地の人々は独立を求めて立ちあがる。
  └→「代表なくして課税なし」

- **独立宣言**…自由と平等の権利をかかげた独立宣言を発表する。
  └→1776年

- **合衆国憲法制定**…独立戦争に勝利し，アメリカ合衆国が成
  └→1787年　　　　　　　　　　　　└→13州からなる連邦共和国
  立し，憲法を制定した。初代大統領には，**ワシントン**が選
  └→世界初の近代憲法，三権分立，人民主権　　　└→独立戦争の総司令官
  ばれた。

### ③ フランス革命

- **国民議会の結成**…財政難から，新たな課税をするため，ル
  └→イギリスとの戦争，アメリカへの支援など
  イ16世が身分別の議会（三部会）を開く。重税に苦しんでい
  └→聖職者・貴族・平民（農民・市民）
  た農民や市民たちは，**国民議会**を結成する。
  └→憲法制定をめざす

- **革命の起こり**…国王が武力で国民議会を弾圧したので，パ
  └→1789年
  リの民衆は武器を持って蜂起し，地方にも反乱が広がる。
  └→政治犯が収容されていたバスチーユ牢獄を襲撃した

- **人権宣言**…自由と平等の権利と，国民主権を宣言。
  └→私有財産（所有権）の不可侵も

- **諸外国の干渉**…革命の影響がおよぶのをおそれた周辺の
  国々がフランスに攻めこむ。

- **共和制の成立**…共和制がしかれ，翌年，国王が処刑された。
  └→1792年　　　　　　　　　　　　　　└→ルイ16世

### ④ ナポレオンの登場

- **帝政の開始**…外国との戦いに活躍したナポレオンは，国民
  └→1804年
  の支持を受け，フランス皇帝となる。

- **ヨーロッパ諸国遠征**…各地に遠征 ■▶ 革命の理念を広めた。
  └→自由・平等の思想，民族の自覚

- **ナポレオンの失脚**…ロシア遠征に失敗し，失脚した。フラ
  └→1815年
  ンスは王政にもどる。

---

### 覚えると得

**独立宣言**
13州の代表は，「人間は平等であり，主権は人民にある」とイギリスからの独立を宣言したが，奴隷制は続いていた。

**三身分**
フランスで，第一身分は聖職者，第二身分は貴族，第三身分は平民。第一・第二身分を合わせても全人口の2%。

**民法（ナポレオン法典）**
ナポレオンが人権宣言をふまえて，一般の人々の権利・義務について規定した法律。

### 重要 テストに出る！

アメリカの独立戦争では独立宣言が，フランス革命では人権宣言が出された。

11 ヨーロッパの近代化

# ヨーロッパの近代化

**1**　次の文の{ }の中から，正しい語句を選んで書きなさい。

(各6点×7　42点)

(1)　国王が教会や貴族，市民などを従えて権力をにぎった政治を{　共和制　　絶対王政　}という。

(2)　イギリスで(1)の政治が全盛期であったのは，{　ルイ14世　　エリザベス1世　}のときであった。

(3)　イギリスでは国王が議会を無視して専制政治を続け，17世紀半ばには内戦に発展した。議会側はクロムウェルの指導で国王の軍を破った。これを{　名誉革命　　ピューリタン革命　}という。

(4)　(3)のあと，イギリスでは王政が復活したが，1688年，議会は国王を退位させてオランダから新しい王をむかえた。この革命は血を流さずに成功したので，{　名誉革命　　ピューリタン革命　}と呼ばれる。

(5)　アメリカの独立戦争のさなかの1776年，{　独立宣言　　人権宣言　}が発表された。

(6)　国王と貴族による政治が続いていた{　スペイン　　フランス　}では1789年，民衆がバスチーユ牢獄を襲撃して革命が始まった。

(7)　革命のあと，フランスでは軍人の{　ナポレオン　　ワシントン　}が権力をにぎり，皇帝の位についた。

**2**　思想や文化について，次の文の{ }の中から，正しい語句を選んで書きなさい。

(各6点×3　18点)

(1)　イギリスでは，{　国王　　教皇　}が主導してイギリス国教会が設立された。

(2)　啓蒙思想が発達し，{　モンテスキュー　　ロック　}は『法の精神』で三権分立を説いた。

(3)　ロックは{　マグナ・カルタ　　社会契約説　}を唱え，イギリスやフランスで起こる革命に大きな影響をあたえた。

**3** 次の略年表を見て，あとの問いに答えなさい。

(各5点×8　40点)

| 時代 | 年 | 政治・できごと | 経済・社会・文化 |
|---|---|---|---|
| 室町 | 1558 | エリザベス1世　即位（イギリス） | |
| 安土・桃山 | | | 東インド会社設立（イギリス） |
| ①<br><br>時代 | 1640〜1660 | ② ［　　　　　］革命（イギリス）<br>┗ クロムウェルが議会側を主導 | ルイ14世の絶対王政（フランス） |
| | 1688 | ③ ［　　　　　］革命（イギリス）<br>┗ 無血革命 | |
| | 1689 | ④ ［　　　　　］章典（イギリス）<br>┗ 世界初の立憲君主制と議会政治 | ロック　『統治二論』<br>モンテスキュー　『法の精神』<br>ルソー　『社会契約論』 |
| | 1776 | ⑤ ［　　　　　］宣言（アメリカ）<br>┗ 生命・自由・幸福の追求 | ワット　蒸気機関の改良 |
| | 1789 | ⑥ ［　　　　　］革命（フランス）<br>┗ バスチーユ牢獄の襲撃 | |
| | | ⑦ ［　　　　　］宣言（フランス）<br>┗ 自由・平等・国民主権 | |
| | 1804 | ナポレオンが皇帝となる（フランス） | |

(1) 年表中の①〜⑦にあてはまる語句を書きなさい。

(2) 次の文の（　）にあてはまる語句を書きなさい。

　　イギリスの歴史を見ると，中央集権的な君主の専制や，ピューリタン革命後の共和制など，政治の体制を変更しながら現代のような政治体制に近づいてきた。そして権利章典により，（　　　　　）制という政治体制が初めてつくられた。

7

## 11 ヨーロッパの近代化
# ① 絶対王政とイギリスの革命

| 1600 | 1700 | 1800 | 1900 | 2000 |
|---|---|---|---|---|

学習する年代

### 基本

**1**　次の文の{ }の中から，正しい語句を選んで書きなさい。

✓ チェック P4 **1** ①，②，③(各6点×4　24点)

(1)　国王が権力を集中し，議会を無視して行う政治を，{　共和政治　　立憲政治　　絶対王政　}という。

|  |
|---|

(2)　イギリスの絶対王政は，{　エリザベス1世　　ウィリアム3世　　ルイ14世　}のときに全盛期をむかえた。

|  |
|---|

(3)　人民主権を説いたのは，{　モンテスキュー　　ルソー　　ワシントン　}である。

|  |
|---|

(4)　ピューリタン革命で議会側の中心となったのは，{　クロムウェル　　マゼラン　　モンテスキュー　}である。

|  |
|---|

**2**　次の文にあてはまる語句を，下の◻◻から選んで書きなさい。

✓ チェック P4 **1** (各6点×4　24点)

(1)　近代の世界に，大きな影響をあたえた，モンテスキューの説いた考え方。

|  |
|---|

必出 (2)　クロムウェルに率いられた議会軍は国王軍を破り，王政を廃止して共和制をしいた。

|  |
|---|

必出 (3)　議会は専制政治を行った国王を追放し，オランダから新しい国王をむかえた。

|  |
|---|

(4)　フランスの絶対王政を確立した国王。

|  |
|---|

> ピューリタン革命　　ルイ14世　　ルイ16世　　名誉革命　　三権分立

**得点UP
コーチ↑**

**1** (1)このころ，国王の権力は神から授かった絶対的なものである，と主張する「王権神授説」が起こった。

**2** (3)血を流さずに革命が成功したため，こう呼ばれる。

発展

**3** 絶対王政のころのイギリスについて，次の問いに答えなさい。

チェック P4 **1** ①(各7点×4　28点)

(1) エリザベス1世について，次の文の □ にあてはまる語句を書きなさい。

16世紀に ① [          ] を頂点とするイギリス国教会が設立され，エリザベス1世はこれを確立することで，強大な政治の仕組みをつくった。また，大商人と組んで海外への進出を図（はか）り，② [          ] の無敵艦隊（かんたい）を破った。

(2) アジアとの貿易や植民地の支配のために設立された会社は何という名前か。

[          ]

(3) 大牧場を経営する地主や豊かな農民には，カルバンの教えを信じる人々が多かった。かれらの宗派はプロテスタントの中で何と呼ばれたか。

[          ]

**4** イギリスの革命について，次の問いに答えなさい。

チェック P4 **1** ③, ④(各8点×3　24点)

(1) ピューリタン革命について正しく述べたものを，次のア～ウから一つ選び，記号で答えなさい。

[          ]

ア　国王軍を破ったクロムウェルは，共和制をしいた。

イ　この革命は，国王の処刑（しょけい）や内戦は行われなかった。

ウ　革命が広がることをおそれたフランスなどから軍隊が派遣（はけん）された。

(2) 名誉革命の翌年に発布されたものは何か。

[          ]

(3) 名誉革命ののち，議会政治が発達したイギリスでは，次のような言葉が生まれた。文中の □ にあてはまる語句を書きなさい。

「[          ] は君臨すれども統治せず」

得点UP
コーチ↗

**3** (1)エリザベス1世はイギリス国教会の長（おさ）となった。

**4** (1)ピューリタンは清教徒ともいう。
(2)国王が議会の権利を認めたもの。イギリス憲政史上，重要な法律。

書き込み
ドリル

11 ヨーロッパの近代化

② アメリカの独立とフランス革命

1600　　　1700　　　1800　　　1900　　　200

学習する年代

基本

**1** 次の文の{ }の中から，正しい語句を選んで書きなさい。

✓ チェック P5 **2** ①，②，③(各6点×4　24点)

(1) アメリカ東岸の13州の植民地の人々は，本国である{ フランス　スペイン　イギリス }の圧政に苦しんでいた。

(2) 植民地軍の総司令官だった{ ワシントン　クロムウェル　ロック }がアメリカの初代大統領となった。

必出 (3) 1789年，パリの民衆がバスチーユ牢獄（ろうごく）を襲撃（しゅうげき）して{ 独立戦争　フランス革命　名誉革命（めいよ） }は始まった。

(4) 三部会の平民出身の議員は，{ 国民議会　帝国議会（ていこく）　議会民主 }を結成した。

**2** 次の文にあてはまる言葉を，下の▢から選んで書きなさい。

✓ チェック P5 **2** ②，③，④(各5点×4　20点)

(1) 「代表なくして課税なし」を合い言葉に，イギリスに対して起こした。

(2) 1776年，アメリカの植民地の人々がイギリスに対して出した宣言。

必出 (3) フランス革命のさなかに国民議会が発表した宣言。

(4) フランス皇帝（こうてい）となり，ヨーロッパ諸国を破って大きな領土を得た。

| 人権宣言　　独立戦争　　名誉革命　　ナポレオン　　独立宣言　　ルソー |

得点UP
コーチ↑

**1** (1)植民地の産業や貿易を制限し，重い税金を課した。(2)13州からなる連邦（れんぽう）共和国が成立し，三権分立が採用された。

**2** (3)人間の自由・平等，国民主権などを示した。(4)ヨーロッパの大部分を支配し，自由・平等の思想を広めた。

### 発展

**3** 次の文の下線部が正しい場合は○，誤っている場合は正しい語句を書きなさい。

✅ **チェック** P5 **2** ①，②（各8点×3 24点）

(1) アメリカは，イギリスと独立戦争をし，1776年に<u>人権宣言</u>を発表した。

(2) アメリカの独立を援助（えんじょ）したのは，イギリスと対立していたフランスや<u>イタリア</u>だった。

(3) 17世紀のはじめごろから，北アメリカの<u>西海岸</u>にわたってきたイギリス人は，先住民の土地をうばい，アフリカからつれてきた黒人奴隷（どれい）を使って，たばこや綿花などを栽培（さいばい）していた。

**4** 次の問いに答えなさい。

✅ **チェック** P5 **2** ③，④（各8点×4 32点）

(1) フランス革命が起こったのは，西暦（せいれき）何年か書きなさい。

(2) 圧政の象徴（しょうちょう）ととらえられ，フランス革命では民衆に攻（せ）め落とされた場所を何というか書きなさい。

(3) 次の人権宣言の要約文のうち，正しくないものを，ア～エから一つ選び，記号で答えなさい。

ア 主権は国民にある。　　イ 思想の自由は，社会の発展のために制限される。
ウ 私有財産の不可侵（ふかしん）。　　エ 人は生まれながらにして，自由・平等である。

(4) 人権宣言をもとに，ナポレオンによって定められた法律を何というか書きなさい。

---

**得点UP コーチ**

**3** (2)他にアメリカに植民地を持っていたのは，フランスとスペイン。
(3)独立後，西部への開拓（かいたく）が始まった。

**4** (3)思想と意見を自由に伝達できることは，人の最も重要な権利の一つとされた。
(4)ナポレオンは皇帝になった。

**11 ヨーロッパの近代化**

# ヨーロッパの近代化

**1** 次の文を読んで，下の問いに答えなさい。

✔ **チェック** P4 **1**，P5 **2**（各6点×6　36点）

　イギリスで起こった⒜二つの革命や，⒝フランス革命は，絶対王政をたおし，自由な社会活動や経済活動ができる社会をつくりだした。これらの革命の土台となったのは，〔　⑦　〕思想だった。〔　⑦　〕思想は，それまでの教会の権威や封建的な考えを批判し，人間の理性による社会の進歩を訴えた。⒞アメリカの独立宣言後に制定された合衆国憲法にも，この思想が取り入れられた。

(1)　文中の〔　⑦　〕にあてはまる語句を書きなさい。 ☐思想

(2)　下線部⒜について，次の文にあてはまる革命の名称を書きなさい。

　①　カルバン派の人々が中心となる議会が，国王と対立し，議会軍が国王軍を破って王政を廃止し，共和制をしいた。 ☐

　②　王政復活後，再び議会を無視して政治を行うようになった国王を追放し，オランダから新しい国王をむかえ議会の権利を認めさせた。 ☐

(3)　下線部⒝について，この革命の火ぶたを切って襲撃された牢獄の名称は何か。 ☐

(4)　下線部⒝について，この革命に関係のないものを，次のア～エから一つ選び，記号で答えなさい。 ☐

　ア　攻めこんできた外国軍に対して，民衆から兵をつのって防戦した。

　イ　革命政府は，貴族や革命に反対した人々の土地を取り上げ，農民に分けた。

　ウ　政権をにぎったナポレオンは，個人の自由と平等を重んじる法律を定めた。

　エ　自由・平等・博愛をかかげたこの革命は，アメリカの独立戦争に影響をあたえた。

(5)　下線部⒞について，独立宣言が出されたのは，西暦何年か。 ☐

得点UP
コーチ↑

**1** (2)カルバン派の人々とは，ピューリタンのこと。かれらは，北アメリカ移民の中にも多くいた。(3)政治犯が収容され，フランス絶対王政の象徴とみなされていた。

**2** 革命に影響をあたえた思想について，次の表中の①〜④にあてはまる語句を書きなさい。

✓ **チェック** P4 **1** (各6点×4　24点)

① 〔　　　　　　　〕
② 〔　　　　　　　〕
③ 〔　　　　　　　〕
④ 〔　　　　　　　〕

| 人　物 | 主　張 |
|---|---|
| ① | 社会契約説と抵抗権を主張。 |
| ② | （　③　）で三権分立を主張。 |
| ルソー | 社会契約説と（　④　）を主張。 |

**3** 右の年表を見て，次の問いに答えなさい。

✓ **チェック** P4 **1**, P5 **2** (各5点×8　40点)

(1) 年表中の□□にあてはまる語句を書きなさい。

① 〔　　　　　　　〕
② 〔　　　　　　　〕
③ 〔　　　　　　　〕
④ 〔　　　　　　　〕

(2) 年表中のA，B，Cに関係の深い語句を，下の{ }から選んで書きなさい。

A 〔　　　　　　　〕
B 〔　　　　　　　〕
C 〔　　　　　　　〕

{　人権宣言　クロムウェル　マルコ・ポーロ　絶対王政　}

| 年代 | で　き　ご　と |
|---|---|
| 1558 | イギリスで ① が即位する |
| 1588 | イギリス艦隊がスペインの無敵艦隊を破る |
| 1640 | ピューリタン革命が起こる（〜60）……A |
| 1661 | ルイ14世がみずから政治を行う………B |
| 1688 | 名誉革命が起こる |
| 1776 | アメリカで ② が出される |
| 1783 | イギリスがアメリカの独立を承認する |
| 1789 | パリの民衆が蜂起し，③ が起こる…C |
| 1804 | ④ がフランスの皇帝となる………D |

(3) 年表中のDについて，この皇帝が失脚した原因を書きなさい。

〔　　　　　　　　　　　　　　　　　　　　　　　　　　　　〕

**得点UP　コーチ**

**2** ①はイギリス人，②はフランス人。ルソーの思想は，明治時代に中江兆民によって日本に紹介された。

**3** (2)A議会側の指導者。(3)ナポレオンの失脚後，国王による政治が行われた。

13

# 12 欧米の進出と日本の開国

## ■1 産業革命と欧米諸国　ドリル▶P18

### ①イギリスの産業革命

- **起こり**…18世紀，イギリスでは**蒸気機関**が実用化され，**綿織物**の生産力
  →機械の改良が進む
  が大幅に向上した。

- **交通機関**…蒸気機関車・蒸気船の発明。

- 世界の工場…重工業（製鉄，機械，武器など）も発達する。
  →他国を圧倒する生産力

▲工場で働く子ども

### ②資本主義の社会

- **資本主義の発展**…資本家が，労働者を雇って生産を行い，競
  →生産のもとでを持つ者
  争し，利益を得る新しい経済の仕組み。

- **社会主義の登場**…富を国民全員で平等に分配することで
  →マルクスが唱える
  格差や貧困のない社会をめざすという考え方。
  →資本主義だからうまれると考えた

### ③欧米諸国の動き

- **イギリス**…普通選挙を求める運動が起こる。
  →チャーチスト運動

- **フランス**…二月革命が起こり，**男子普通選挙制**が実現した。
  →1848年　　　　　　　　→世界に先がけて行われた

- **ドイツ**…鉄血宰相ビスマルクの富国強兵策。
  →1871年，プロイセンによりドイツ帝国成立

- **アメリカ**…農業と工業の発達を背景に，自由貿易や奴隷制
  度をめぐって**南北戦争**が起こる ■▶ リンカン（リンカー
  →1861～65年　　　　　　　　　→奴隷解放をすすめる北軍が勝った
  ン）の奴隷解放宣言。

## ■2 ヨーロッパのアジア侵略　ドリル▶P20

### ①インドの植民地化

- **イギリスの進出**…インドの大部分を植民地とし，大量の綿織
  物を輸出 ■▶ インドの織物業はおとろえ，失業者があふれた。
  →綿織物はインドの重要な輸出品だった

- **インド大反乱**…イギリスの支配に対する反乱が起きた
  →1857～59年　　　　　　　　　　　　インド人兵士の蜂起←
  ■▶ ムガル帝国をほろぼし，インド帝国をつくった。
  →帝国　　　　　　　　　　→イギリス国王が皇帝

### ②清とアヘン戦争

- **アヘン戦争**…アヘンの密輸をめぐる清とイギリスの戦い
  →1840～1842年　　　　　　　　　　　　　　　　ナンキン
  ■▶ イギリスが勝利し，清にとって不利な南京条約を結ぶ。
  →香港をゆずり，賠償金を支払った

---

## 覚えると得

**社会問題**

低賃金，長時間労働，子どもの労働，景気悪化による失業など，さまざまな問題に直面した労働者は，労働組合をつくって対抗した。また，公害なども起こった。

**南部と北部の対立**

アメリカでは，黒人奴隷を使った綿花栽培のさかんな南部が，輸出のため自由貿易を主張した。それに対して，産業革命をおし進め，工業が発達している北部は，国内産業育成のため，保護貿易を主張した。

**ロシア**

ロシアが不凍港を求め，領土を拡大しようとした（南下政策）。これによりイギリス，日本などと対立するようになった。

**リンカン（リンカーン）**

南北戦争中に奴隷解放宣言をした。
「人民の，人民による，人民のための政治」を説いた。

- ●**太平天国の乱**…**洪秀全**が，貧富の差のない平等な社会をめ
  - └→1851〜64年　　　└ホンシウチュワン
  ざして太平天国建設 ▶ 清は外国軍などの助けで平定。

### ③ 東南アジアの植民地化

- ●**イギリス**…ビルマ（ミャンマー），マレーシアを植民地化。
- ●**フランス**…ベトナム，カンボジアなどを植民地化。
- ●**オランダ**…インドシナ（インドネシア）を植民地化。

## 3 開国と江戸幕府の滅亡

ドリル P22

### ① ペリーの来航と開港

- ●**ペリーの来航**…浦賀沖に軍艦4隻来航 ▶ 開国を要求。
  - └→1853年
- ●**日米和親条約**…再度ペリーが来航 ▶ **下田**（静岡），**函館**
  - └→1854年
  （北海道）の二港を開き，開国する。
- ●**日米修好通商条約**…大老**井伊直弼**が朝廷の許可を得ずに，
  - └→1858年，函館，神奈川（横浜），長崎，新潟，兵庫（神戸）を開港
  不平等条約に調印 ▶ 尊王攘夷運動が高まる。
- ●**安政の大獄**…井伊直弼が公家，大名，**藩士**らを処罰。
  - └→吉田松陰（長州藩）など
- ●**桜田門外の変**…水戸藩の浪士らが井伊直弼を暗殺。
  - └→1860年
- ●**公武合体策**…幕府は朝廷と手を結び，権威回復を狙う。
- ●**開国後の経済**…金銀の交換比率の違いから，金が流出。
  貨幣の質を下げたため物価が上昇，幕府へ不満が高まる。

### ② 攘夷から倒幕へ

- ●**薩長同盟**…下関戦争・
  薩英戦争を通じ，外国
  の力を知った**薩摩藩**，
  長州藩は，倒幕に方針
  を変え，**坂本龍馬**の仲
  介で手を結ぶ ▶ 幕
  府と対決へ。

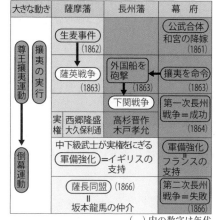

| 大きな動き | 薩摩藩 | 長州藩 | 幕府 |
|---|---|---|---|
| 尊王攘夷運動 / 攘夷の実行 | 生麦事件(1862) | | 公武合体 和宮の降嫁(1861) |
| | 薩英戦争(1863) | 外国船を砲撃(1863) | 攘夷を命令(1863) |
| | | 下関戦争 | 第一次長州戦争＝成功(1864) |
| 倒幕運動 | 実権 西郷隆盛 大久保利通 | 高杉晋作 木戸孝允 | |
| | 中下級武士が実権をにぎる 軍備強化＝イギリスの支持 | | 軍備強化 フランスの支持 |
| | 薩長同盟(1866) ＝ 坂本龍馬の仲介 | | 第二次長州戦争＝失敗(1866) |

▲薩長両藩と幕府の動き　　（ ）内の数字は年代

- ●**民衆の動き**…世直しを
  期待 ▶「ええじゃないか」。
  - └→民衆が踊りさわぐ

### ③ 江戸幕府の滅亡

- ●**大政奉還**…15代将軍**徳川慶喜**が政権を朝廷に返上。
  - └→1867年
- ●**王政復古の大号令**…朝廷が天皇の政治にもどすことを宣言。
  - └→1867年
- ●**戊辰戦争**…各地で行われた，旧幕府軍と新政府軍との戦い。
  - └→1868〜69年

**覚えると得**

**三角貿易**

イギリスで紅茶を飲む習慣が広がると，中国から紅茶の輸入量が増え，代金の銀が不足した。そこでインドでアヘンを栽培させ，中国に輸出。その代金の銀はインドに輸出していた綿織物の代金となった。

**尊王攘夷運動**

天皇を尊ぶ考えと外国を追い払おうとする考えが結びついた運動。

**幕末の貿易**

日本からは生糸，茶などが輸出され，外国からは毛織物，綿織物，兵器が輸入された。

**重要** テストに出る！

不平等条約の内容は領事裁判権（治外法権）を認めたことと，関税自主権がないこと。

# 欧米の進出と日本の開国

**1　次の文の{　}の中から，正しい語句を選んで書きなさい。**

(各6点×8　48点)

(1)　{　イギリス　　フランス　}で二月革命が起こり，世界に先がけて男子の普通選挙が

　　実現した。

(2)　アメリカでは自由貿易と奴隷制度をめぐって南北戦争が起こり，当時の大統領の{　リ

　　ンカン　　ワシントン　}が奴隷解放宣言を発表した。

(3)　清とイギリスがアヘンの密輸をめぐって戦争を行い，イギリスが勝って{　南京　　香

　　港　}条約を結んだ。

(4)　インドではイギリスの支配に対する反乱が起こったが，イギリスは{　モンゴル帝国

　　ムガル帝国　}をほろぼし，インド帝国をつくった。

(5)　1853年，アメリカの使節の{　ビスマルク　　ペリー　}が浦賀に来航し，開国を要

　　求した。

(6)　1854年，日本は{　日米和親条約　　日米修好通商条約　}を結んで開国した。

(7)　1867年，徳川慶喜が{　大政奉還　　王政復古の大号令　}を発表して，政権を朝廷

　　に返した。

(8)　日本各地で行われた旧幕府軍と新政府軍の戦いを{　薩英戦争　　戊辰戦争　}という。

**2　この時代の生活の変化について，次の文の{　}の中から，正しい語句を選んで書き
なさい。**

(各4点×3　12点)

(1)　18世紀後半，{　アメリカ　　イギリス　}から始まった機械による大量生産を，産業

　　革命という。

(2)　産業革命を支えた，水蒸気を利用した機関を，{　蒸気機関　　電気機関　}という。

(3)　労働者の団結をめざして社会主義を唱えたのは{　モンテスキュー　　マルクス　}であ

　　る。

**3** 次の略年表を見て，あとの問いに答えなさい。

（各5点×8　40点）

| 時代 | 年 | 政治・できごと | 世界 |
|---|---|---|---|
| 江戸時代 | 1853 | ペリーが浦賀に来航　▲ペリー | ⑥イギリスの　□<br>↳蒸気機関による機械化<br><br>⑦ □ 戦争（1840〜1842）<br>↳イギリスと清の戦争 |
| | 1854 | ① □ 条約<br>↳下田・函館を開港 | |
| | 1858 | ② □ 条約<br>↳函館・神奈川（横浜）・長崎・新潟・兵庫（神戸）を開港 | インド大反乱（1857〜1859） |
| | 1860 | ③ □ の変<br>↳大老井伊直弼が暗殺される | |
| | 1863 | 薩英戦争…尊王攘夷から倒幕へ | 南北戦争（1861〜1865）<br>…リンカンの奴隷解放宣言（1863） |
| | 1866 | ④ □<br>↳薩摩藩と長州藩の同盟 | |
| | 1867 | ⑤ □<br>↳朝廷に政権返上<br><br>▲坂本龍馬 | ドイツ帝国成立（1871） |

(1) 年表中の①〜⑦にあてはまる語句を書きなさい。

(2) 産業革命が起こり，経済はどのような仕組みになったか。次の文の（　）にあてはまる語句を書きなさい。

　　資本家が労働者を雇って生産を行い利益を得る，（　　　）という仕組みとなった。

□

12 欧米の進出と日本の開国

# ① 産業革命と欧米諸国

## 基本

**1** 次の文の{ }の中から，正しい語句を選んで書きなさい。

✓ チェック P14 **1** ①，②(各5点×4　20点)

(1) 世界で最初に産業革命が起こったのは，{ イギリス　フランス　アメリカ }である。

(2) 産業革命は，綿織物工業を中心とする{ 重化学工業　重工業　軽工業 }から始まった。

(3) イギリスは，19世紀半ばには{ 世界の屋根　世界の工場　天下の台所 }と呼ばれるようになった。

(4) 産業革命の結果，競争して利益を得る動きの中で，経済が発展する{ 資本主義　社会主義 }という新しい経済の仕組みが生まれた。

**2** 次の文にあてはまる語句を，下の　　から選んで書きなさい。

✓ チェック P14 **1** ③(各6点×4　24点)

(1) 1848年，フランスで起こった二月革命により，世界ではじめて実施された。

(2) ドイツで鉄血宰相として，富国強兵を進めた。

(3) 1861年から4年間にわたって，アメリカ国内を二分した戦い。

(4) (3)のときに，奴隷解放を宣言して，北軍を勝利に導いた大統領。

> リンカン　ビスマルク　男子の普通選挙　南北戦争　独立戦争

**1** (3)イギリスは諸外国を圧倒する工業力をほこった。

**2** (2)プロイセン王国の首相であった。諸国をまとめ1871年，ドイツ帝国をつくる。
(3)南部と北部は経済的に対立していた。

18

**発展**

**3** 次の文を読んで，下の問いに答えなさい。　✓チェック P14 **1** ①（各7点×5　35点）

⑦17世紀後半，⑦毛織物の需要が高まると，イギリスでは紡績機などが次々に発明され，工場で大量に生産されるようになった。また，機械の動力として⑦モーターが改良されると，石炭や鉄の需要も高まり⑦軽工業が発達した。物資の大量輸送も可能となり，これら産業上の変化は，人々の生活や社会の仕組みに大きな変化をもたらしたため，〔　　〕と呼ばれている。

(1) 下線部⑦～⑦は誤っている。正しい語句に書き直しなさい。

⑦ [　　　　　] 　⑦ [　　　　　]
⑦ [　　　　　] 　⑦ [　　　　　]

(2) 文中の〔　〕にあてはまる語句を書きなさい。　[　　　　　]

**4** アメリカの南北戦争について，次の問いに答えなさい。

✓チェック P14 **1** ③（各7点×3　21点）

(1) 次の文は，南部，北部のどちらについて述べたものか。

① 商工業が発達し，産業を育成するために保護貿易を主張した。

[　　　　　]

② 黒人奴隷を使った綿花の栽培がさかんで，農作物を輸出するために自由貿易を主張した。

[　　　　　]

(2) 南北戦争中にリンカン（リンカーン）が行った演説について，次の文の〔　〕に共通してあてはまる語句を書きなさい。

「〔　　〕の，〔　　〕による，〔　　〕のための政治」　[　　　　　]

**得点UP コーチ**

**3** 蒸気機関の改良は，ワットが行い，アメリカのフルトンが蒸気船を，イギリスのスチーブンソンが蒸気機関車を発明した。

**4** (1)奴隷制度についても，北部と南部は対立した。(2)南北戦争の激戦地，ゲティスバーグで行った演説の一節。

12 欧米の進出と日本の開国

# ② ヨーロッパのアジア侵略

## 基本

**1** 次の文の{ }の中から，正しい語句を選んで書きなさい。

✔ チェック P14 **2** ①，②，P15 **2** ③（各6点×5　30点）

(1) イギリスの支配に対し，インドで{ インド人兵士　神官　イギリス人 }が反乱を起こした。

(2) イギリスは，(1)の反乱をおさえるとともに，{ アステカ　インカ　ムガル }帝国（ていこく）をほろぼし，インドを直接支配した。

(3) イギリスは，ビルマや{ ベトナム　インドネシア　マレーシア }も植民地にしていた。

必出 (4) インド産の麻薬（まやく）をめぐり，イギリスと清（中国）（しん ちゅうごく）との間で{ 独立　アヘン　南北 }戦争が起こった。

必出 (5) (4)の戦争の結果，南京条約（ナンキン）が結ばれ，{ シンガポール　香港（ホンコン）　台湾（たいわん） }がイギリスにゆずりわたされた。

**2** 右の図は，19世紀半ばのイギリス・清・インドの貿易を示したものである。この図を参考にして，次の問いに答えなさい。　✔ チェック P14 **2** ②（各6点×4　24点）

(1) 図中のA～Cにあてはまる国名（王朝名）を{ }から選んで書きなさい。

A

B

C

{ インド　清　アメリカ　イギリス }

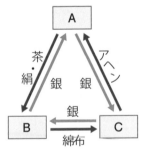

必出 (2) 1840年に，A国とB国との間で起こった戦争を何というか。

**得点UP**
**コーチ**

**1** (3)ビルマは現在のミャンマー。(5)香港は1997年に中国に返還（へんかん）された。

**2** (1)それぞれの国の輸入品に注目する。(2)イギリスは，銀流出の対抗策としてアヘンの密貿易を行った。

発展

**3** 右のグラフは，綿布輸出の変化を示したものである。このグラフを参考にして次の問いに答えなさい。

✓チェック P14 **2** ①（各7点×4　28点）

(1) グラフ中のA，Bは，それぞれどこからどこへの輸出を示したものか。次のア～エから一つずつ選び，記号で答えなさい。　A □　B □

ア　アジアからアメリカへ。

イ　アジアからヨーロッパへ。

ウ　イギリスからアジアへ。

エ　イギリスからアメリカへ。

輸出額（百万ポンド）

1770　1790　1810　1830年

(2) 1820年ごろ，輸出額が逆転しているが，これは何が原因か。イギリスで進行していた歴史上のできごとを書きなさい。

(3) イギリスが，ムガル帝国をたおすきっかけとなった反乱は何か。

**4** 次の文にあてはまる語句を，下の □ から選んで書きなさい。

✓チェック P14 **2** ①，②（各6点×3　18点）

(1) アヘン戦争ののち，平等な社会をめざし，太平天国（たいへいてんごく）を建てた人物はだれか。

(2) インド大反乱のさなかほろびた帝国はどこか。　　　帝国

(3) 南京条約によって，イギリスが中国から99年間借り受けた土地はどこか。

| 上海（シャンハイ）　ムガル　洪秀全（こうしゅうぜん）（ホンシウチュワン）　香港　李舜臣（りしゅんしん）（イスンシン）　ペルシャ　ビルマ |

・・・・・・・・・・・・・・・・・・・・・・・・・・・・・・・・・・・・・・・・・・・・・・・・・・・・

得点UP　コーチ

**3** (2)18世紀後半から始まった産業・社会上の大きな変化。

**4** (1)清はアヘン戦争の賠償金支払い（ばいしょうきんしはら）などのため，重い税をかけたので，民衆の清に対する反感が高まっていた。

12 欧米の進出と日本の開国

# ❸ 開国と江戸幕府の滅亡

## 基本

必出 **1** 次の文の{ }の中から，正しい語句を選んで書きなさい。

✓ チェック P15 **3** (各6点×5　30点)

(1) 1854年，幕府は{　日米修好通商　　日米和親　　下関　}条約を結んで開国した。

（空欄）

(2) 長州藩出身の吉田松陰らは，{　蛮社の獄　　安政の大獄　　本能寺の変　}で処罰された。

（空欄）

(3) 倒幕運動の中心となったのは，長州藩と{　水戸　　薩摩　　会津　}藩である。

（空欄）

(4) 1867年，朝廷は{　建武の親政　　大政奉還　　王政復古　}の大号令を発した。

（空欄）

(5) 旧幕府軍と新政府軍との戦いは{　壬申の乱　　戊辰戦争　　桜田門外の変　}といわれる。

（空欄）

**2** 次の文にあてはまる人物を，下の▭から選んで書きなさい。

✓ チェック P15 **3** (各6点×4　24点)

(1) 1853年，浦賀に来航したアメリカの使節。

（空欄）

(2) 桜田門外で，水戸藩浪士らによって暗殺された大老。

（空欄）

(3) 大政奉還を行って，政権を朝廷に返上した，江戸幕府15代将軍。

（空欄）

(4) 薩長同盟成立に力をつくした元土佐藩士。

| ハリス　　田沼意次　　ペリー　　坂本龍馬　　徳川慶喜　　井伊直弼 |
| --- |

**得点UP
コーチ↑**

**1** (2)吉田松陰に教えを受けた人に，高杉晋作，木戸孝允などがいる。(3)西郷隆盛，大久保利通らが中心人物。

**2** (1)蒸気船をはじめて見た日本人は，黒船と呼んだ。(2)大老とは，非常時に老中の上におかれる幕府の最高職。

22

| 学習日 | 月 | 日 | 得点 | 点 |

**発展**

**3** 右の表を見て，次の問いに答えなさい。　✓ **チェック** P15 **3** ①(各7点×4　28点)

(1) 表中のA～Cにあてはまる語句を下の◻から選んで書きなさい。

A [◻]

B [◻]

C [◻]

◻ 下関条約　領事裁判権　自由権

　関税自主権　日米修好通商条約

| 条約 | 日米和親条約 | A〔　　　　〕 |
|---|---|---|
| 締結年<br><small>ていけつねん</small> | 1854年 | 1858年 |
| 人物 | ペリー | ハリス・井伊直弼 |
| おもな内容 | 下田<small>しもだ</small>・函館<small>はこだて</small>を開港。アメリカ船に水・食料・石炭を供給。下田に領事を置く。 | 函館・神奈川(横浜<small>よこはま</small>)・長崎・新潟・兵庫(神戸<small>こうべ</small>)を開港。B〔　　　　〕を認め，C〔　　　　〕がない点で不平等条約といわれる。 |

(2) 井伊直弼が，朝廷の許可を受けずに条約を結んだことで，さかんになった運動とは何か。

[　　　　　　　　　　　]

**4** 次の文にあてはまる都市を，右の地図中のア～キから選び，記号で答えなさい。また，その都市名も書きなさい。　✓ **チェック** P15 **3** ①, ②(完答，各6点×3　18点)

必出 (1) 日米和親条約で，下田とともに開港された。

[　　　・　　　]

(2) イギリス人殺傷事件の報復として，イギリス艦隊<small>かんたい</small>の攻撃<small>こうげき</small>を受けた。

[　　　・　　　]

(3) 4か国連合艦隊に，砲台<small>ほうだい</small>を占領<small>せんりょう</small>された。

[　　　・　　　]

**得点UP<br>コーチ**　**3** (1)Bを認めたことで，罪を犯した外国人を日本の法律で裁くことができなくなった。Cは，輸入品にかける税を自国で決める権利のこと。

**4** (2)この事件は薩英戦争<small>さつえい</small>と呼ばれる。

# 欧米の進出と日本の開国

**1** 産業革命について，次の問いに答えなさい。

✓ チェック P14 **1** (各5点×3　15点)

(1) 産業革命により，イギリスは他国を圧倒する生産力を持ち，大量の製品を輸出した。このことからイギリスは何と呼ばれたか。

(2) 資本主義について，次の □ にあてはまる語句を書きなさい。

資本主義とは，① ┃ が労働者を雇い，自由な生産活動を行う中で競争し，② ┃ を上げる経済の仕組みである。

**2** 次の文を読んで，下の問いに答えなさい。　✓ チェック P14 **1**, **2** (各6点×5　30点)

A　インド人兵士の反乱をおさえ，インドを直接支配するようになった。

B　アジア貿易と植民地経営を行う〔 ⑦ 〕会社を設立した。

C　清(中国)との間で〔 ⑦ 〕戦争が起こり，これに勝って南京条約を結んだ。

D　紡績機や織機が次々に発明され，綿製品が大量に生産されるようになった。

(1) A～Dは，ある国について述べたものである。ある国とはどこか。

(2) 文中の〔 〕にあてはまる語句を書きなさい。　⑦　　⑦

(3) Dについて，このできごとに始まる産業・社会上の大きな変化を何というか。

(4) A～Dを年代の古い順から正しく並べたものを，次のア～ウから一つ選び，記号で答えなさい。

ア　B→D→C→A　　　イ　B→D→A→C　　　ウ　D→B→A→C

得点UP
コーチ↗

**1** (2)産業革命期に，アダム・スミスが「諸国民の富」をあらわして，自由主義経済を説いた。

**2** (4)Aは1857～59年，Bは1600年，Cは1840～42年，Dは18世紀後半のできごとである。

24

**3** 右の年表を見て，次の問いに答えなさい。

✓ チェック P15 **3** (各5点×7　35点)

(1) 年表の □ にあてはまる語句を書きなさい。

① 
② 
③ 

(2) 年表中のⒶは，不平等条約といわれるが，その内容を，次のア〜エから二つ選び，記号で答えなさい。 □ □

ア　日本が領事裁判権を認めた。

イ　日本に領事裁判権がなかった。

ウ　日本が関税自主権を認めた。

エ　日本に関税自主権がなかった。

(3) 年表中のⒷ，Ⓒののち，薩摩藩の実権をにぎった人物を二人書きなさい。

| 年代 | で　き　ご　と |
|---|---|
| 1853 | アメリカ使節のペリーが来航する |
| 1854 | アメリカと ① 条約を結ぶ。 |
| 1858 | アメリカと日米修好通商条約を結ぶ……………………Ⓐ |
| 1859 | 安政の大獄が起こる |
| 1860 | 桜田門外の変が起こる |
| 1863 | 生麦事件が引き金となり， ② が起こる……………………Ⓑ |
| 1864 | 下関砲台が4か国連合艦隊に占拠される……………………Ⓒ |
| 1866 | 坂本龍馬により， ③ が成立する |
| 1867 | 大政奉還が行われる<br>王政復古の大号令が発せられる |
| 1868 | 戊辰戦争が始まる |

**4** 次の文にあてはまる人物を，下の{ }から選んで書きなさい。

✓ チェック P15 **3** (各5点×4　20点)

(1) 安政の大獄において処刑された人物。 □

(2) 桜田門外で討たれた人物。 □

(3) 薩長同盟の仲介役をつとめた人物。 □

(4) 大政奉還を宣言し，朝廷に政権を返上した最後の将軍。 □

{ 高杉晋作　坂本龍馬　ペリー　吉田松陰　徳川慶喜　井伊直弼 }

得点UP
コーチ↑

**3** (1)②イギリス人を殺傷した生麦事件の報復として，イギリス艦隊が攻撃した。イギリスはその後，薩摩藩や長州藩に協力するようになった。一方，幕府の相談にのったのはフランス。　**4** (1)松下村塾で多くの長州藩士に影響をあたえた。

# 定期テスト 対策問題

## ヨーロッパの近代化／欧米の進出と日本の開国

**1** 次の文を読んで，下の問いに答えなさい。

✓ **チェック** P4 **1**, P5 **2**, P14 **1**, **2**（各6点×8　48点）

A 〔　　　〕は，外国の軍隊を破って政治を安定させ，人間の自由と平等を重んじる法典を定めた。

B イギリスの東インド会社による支配に対し，インド兵が蜂起した。

C 議会は国王を追放し，オランダから新しい国王をむかえた。

D 東部13州の植民地の人々は，イギリスの圧政にたえかねて独立戦争を起こした。

E 国王が国民議会を武力でおさえようとしたため，パリの民衆が蜂起した。

F プロイセンを中心とするドイツ帝国が成立した。

G クロムウェルに率いられた議会軍が国王軍を破り，共和制をしいた。

(1) Aの文中の〔　　　〕には，軍人から皇帝にまでのぼりつめた人物の名前が入る。この人物はだれか。

(2) 1857年に起きたBの反乱は何と呼ばれるか。

(3) Cの結果，議会が国王の専制を防ぐ〔　　　〕を定め，議会政治の基礎が固められた。〔　　　〕にあてはまる語句を{ }から選んで書きなさい。

{ 権利章典　　マグナ・カルタ　　人権宣言 }

(4) Dの独立戦争後に作られた合衆国憲法では，三権分立が取り入れられた。三権分立を提唱した人物を書きなさい。

(5) Eの革命で出された宣言は何か。次のア～エから一つ選び記号で答えなさい。

ア 独立宣言　　　　イ 奴隷解放宣言

ウ 人権宣言　　　　エ ポツダム宣言

(6) ドイツ統一の中心的役割を果たした，Fのプロイセンの宰相はだれか。

(7) Gの革命の名称を書きなさい。

(8) A～Gを年代の古い順に並べたとき，Cの次にくるものは何か。記号で答えなさい。

**2** 右の年表を見て，次の問いに答えなさい。

✅ チェック P14 **1**，**2**，P15 **3**（各8点×4　32点）

(1) 年表中の **A** にあてはまる語句を書きなさい。

| 年代 | で き ご と |
|---|---|
| 1840 | 中国で **A** 戦争が起こった |
| 1842 | 南京(ナンキン)条約が結ばれ，中国が |
| | イギリスに香港(ホンコン)をゆずった……………B |
| 1853 | ペリーが浦賀(うらが)に来航した |
| 1854 | 日米和親条約が結ばれた |
| 1858 | 日米修好通商条約が結ばれた…………C |
| 1863 | 薩摩藩がイギリスと戦った………………D |
| 1864 | 長州藩がイギリスなど4か国と戦った…E |

(2) **C**の条約は，**B**の翌年に中国(ちゅうごく)がイギリスと結んだ条約と共通する不平等な内容を持っていた。どのような点で不平等であったか，一つ書きなさい。

(3) **D**と**E**のように，薩摩藩(さつまはん)や長州藩(ちょうしゅう)もイギリスと戦った。これらの戦いをとおして両藩はどのように変わったか。次の二つの語句を用いて説明しなさい。

攘夷(じょうい)　　薩長同盟(さっちょう)

(4) **D**の起こった年に，アメリカで奴隷(どれい)解放が宣言された。このころアメリカで起こっていた内乱を何というか。

---

**3** 次の文を読んで，下の問いに答えなさい。

✅ チェック P14 **1**（各4点×5　20点）

　イギリスでは，18世紀中ごろ紡績機(ぼうせきき)や織機(しょっき)が発明され，動力として ⑦ が使われ始めるなど機械の発明・改良が続き，社会の様子が大きく変化した。

(1) ⑦にあてはまる語句を，漢字四文字で書きなさい。

(2) 他に先がけてイギリスで始まった産業・社会上の変化を何というか。漢字四文字で書きなさい。

(3) 低賃金や長時間労働などの問題を抱(かか)えた労働者は，労働者で集まり，対抗(たいこう)した。そのような組織の名前を書きなさい。

(4) 資本主義の問題を指摘し，労働者の運動を指導して，社会主義を提唱した人物の名を書きなさい。

(5) 諸外国を圧倒(あっとう)する工業力を持ったイギリスは，19世紀半ばには何と呼ばれるようになったか。

# 13 明治維新

## 1 新政府の成立

ドリル P32

① **明治維新**…新政府の成立により，政治が刷新された。

- **五箇条の御誓文**…新政府の政治方針 ▶ 世論を尊重する
  - →1868年　→対外的に示した
  こと，外国との交流を深めて国を発展させることなど。
- **五傍の掲示**…一揆やキリスト教の禁止などを示す。
  - →民衆に対する掲示
- **諸政策**…太政官制の復活。江戸を東京と改め，首都とする。
  - →だじょうかん　→えど
  年号を明治と改め，天皇中心の仕組みをつくった。
- **藩閥政治**…倒幕の中心となった藩や公家の出身者が政治を
  - →薩摩・長州・土佐・肥前
  行うこと。

② **版籍奉還と廃藩置県**

- **版籍奉還**…各藩主に，土地(版)と人民(籍)を天皇に返させた。
  - →1869年　→知藩事として支配を継続
- **廃藩置県**…藩を廃止して，府や県を置き，中央から役人を
  - →1871年　　　　　　　　→府知事や県令，知藩事は廃止
  →はけん
  派遣した ▶ **中央集権国家の成立**。
  - →政府の方針を地方に行きわたらせた

③ **身分制度の改革**

- **新しい身分制度**…皇族(天皇の一
  族)，華族(公家・大名)，士族(武
  →かぞく
  士)，平民(百姓や町人)とし，え
  た・ひにんの呼び名が廃止された。
  - →1871年，解放令(賤称廃止令)

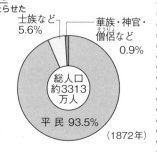

士族など
5.6%

華族・神官・
僧侶など
0.9%

総人口
約3313
万人

平民 93.5%

(1872年)

▲華族・士族・平民の割合

## 2 富国強兵・殖産興業

ドリル P34

→しょくさんこうぎょう

① **徴兵制度**…近代的軍隊の育成。

→ちょうへい

- **徴兵令**…満20歳以上の男子に兵役の義務 ▶ 各地で徴兵
  - →へいえき
  反対の一揆が起こる。

② **地租改正**…租税制度の改革。

→ちそ

- **土地制度の改革**…土地の所有
  を認め，所有者に**地券**を交付。
  - →ちけん
- **地租改正**…地価の3%を地租
  とし，**現金**で納めさせる ▶
  - →収穫量ではない
  政府の収入安定。

▲地租改正反対一揆(三重)

覚 え る と 得

**四民平等**

天皇のもとに人々を
統一していくため，
皇族以外は平等とさ
れた。名字が許され，
→けっこん
結婚や職業，住所を
自由に決めることが
できた。

**国民皆兵**

→かいへい

1873年の徴兵令で
は一家の主人，後継
→あとつ
ぎ，役人，一定の金
額を納めた者は，徴
→めんじょ
兵が免除された。こ
のため徴兵令は何回
か改正され，1889年
に国民皆兵が実現し
た。

**地租の引き下げ**

地租改正への反対の
声が大きく，1877
年，地租は3%から
2.5%へ引き下げら
れた。

**重要** テストに出る!

地租改正により，
政府は凶作などに
→きょうさく
かかわらず，毎年
一定の財政収入が
得られるようにな
り，財政が安定。

③ **殖産興業**…近代産業を育成するための諸政策。
- **貨幣制度の改革**…円・銭・厘を単位とする貨幣制度をしく。
- **官営模範工場**…群馬県の**富岡製糸場**などを経営 ■▶ 民間
  の手本として，新技術の開発と普及を図った。
- **通信・交通の整備**…新橋・横浜間に鉄道が開通し，蒸気船
  └→1872年
  の運航も始まる。飛脚に代わり**郵便制度**も整った。
  └→1871年，前島密(まえじまひそか)による

## 3 新しい文化

ドリル P36

▲旧**開智学校**(長野県)
└→住民の寄付などでつくられる

① **新しい教育**…近代化
を進めるために，国民
の教育を重視した。
- **教育制度の整備**…欧
  米の学校制度を取り
  入れた**学制**を公布。満
  └→1872年
  6歳以上の男女を小学校に通わせるよう定める。
- **高等教育機関**…**東京大学**や，女性教師を養成するために東
  └→外国人講師も多く雇う └→初の国立大学
  京女子師範学校(今のお茶の水女子大学)が設立された。

② **近代思想**
- **福沢諭吉**…「**学問のすゝめ**」をあらわし，人間の平等と個人
  と国の独立には学問が大切であることを説いた。
- **中江兆民**…ルソーの「**社会契約論**」を日本に紹介した ■▶
  自由民権運動に大きな影響をあたえた。
- **渋沢栄一**…500以上の企業の設立に貢献。日本資本主義の父。
- **活版印刷の普及**…日刊新聞や雑誌が発行される。
- **信仰**…キリスト教禁止の高札(五傍の掲示)が撤廃される。
  └→1873年
- **私立学校の設立**…福沢諭吉の慶應義塾，新島襄の同志社英
  └→今の同志社大学
  学校，大隈重信の東京専門学校 ■▶ 独自の教育方針を持つ。
  └→今の早稲田(わせだ)大学

③ **文明開化**
- **太陽暦の採用**…1日を24時間，1週間を7日。
- **都市の変化**…洋館が増え，ガス灯やランプがともった。
- **衣食住の変化**…洋服・帽子を身につける。牛肉を食べる習
  慣が広がる。

**ミスに注意**

**明治初期の官営事業**
政府は製糸・紡績などの官営模範工場のほかにも，兵器・火薬・造船などの軍需工場や鉱山を経営し，殖産興業に努めた。

**学制**
授業料が高く，子どもは貴重な労働力だったため，初期のころは就学率が低かった。1886年の学校令により，義務教育は4年に，1907年に6年になる。

**明治の宗教**
明治政府ははじめキリスト教を禁止した。また，垣根が低かった神道と仏教を分けた(神仏分離令)ため，一時仏教を排斥する運動が広がった。

**開拓使**
北海道(蝦夷地から改称)に置かれ開発の中心となる。

**重要** テストに出る!

政府は，欧米の強国に対抗するため，経済の発展と軍隊の強化をめざし，学制，兵制，税制の改革を実行した。

**1** 次の文の{ }の中から，正しい語句を選んで書きなさい。

(各6点×4　24点)

(1) 1868年，新政府は世論を尊重すること，外国との交流を深めて発展させることなどを国の内外に明らかにした。これを{ 五箇条の御誓文　五傍の掲示 }という。

(2) 1869年，新政府は各藩主に，土地と人民を天皇に返させた。これを{ 大化の改新　版籍奉還 }という。

(3) 1871年，新政府は藩を廃止して府や県を置き，中央から役人を派遣した。これを{ 廃藩置県　律令制度 }という。

(4) 近代的な軍隊をつくるため，満20歳以上の男子に兵役の義務を課した。これを{ 武家諸法度　徴兵令 }という。

**2** この時代の社会や文化について，次の文の{ }の中から，正しい語句を選んで書きなさい。

(各6点×6　36点)

(1) 1871年に{ 解放令　兵農分離 }が出され，えた・ひにんも平民とされた。

(2) 全国の土地の面積を調べ，土地の値段である地価を定め，地価の3％を税金として現金で納めさせることにした。これを{ 太閤検地　地租改正 }という。

(3) 国が運営する官営模範工場として，群馬県に{ 富岡製糸場　八幡製鉄所 }を建設した。

(4) { 中江兆民　福沢諭吉 }は「学問のすゝめ」をあらわし，人間の平等と学問の大切さを説いた。

(5) 1872年に{ 学制　学校令 }を定め，すべての国民に小学校教育を受けさせることにした。

(6) 西洋風の生活様式を取り入れていく世の中の動きを，{ 国風文化　文明開化 }という。

**3** 次の略年表を見て，あとの問いに答えなさい。

(各5点×8　40点)

| 時代 | 年 | 新しいきまりや宣言 | できごと |
| --- | --- | --- | --- |
| ① <br><br> 時代 | 1868 | ②  <br>└▶新政府の基本方針<br><br>五傍(ごぼう)の掲示(けいじ) | 江戸城(えどじょう)の無血開城<br><br>江戸を東京とする |
| | 1869 | ③  <br>└▶土地と人民を天皇に返す | 首都を東京とする　開拓使(かいたくし)の設置<br>蝦夷地(えぞち)を北海道とする<br><br>▲天皇の江戸入城 |
| | 1871 | ④ 　，郵便制度 <br>└▶藩を廃止し，府知事や県令を送る | |
| | 1872 | ⑤  <br>└▶6歳以上の男女が小学校に通う | ⑦ 　工場ができる <br>└▶富岡製糸場など<br><br>新橋・横浜間に鉄道ができる |
| | 1873 | ⑥  <br>└▶満20歳以上の男子に兵役<br><br>地租改正が行われる | |

(1)　年表中の①～⑦にあてはまる語句を書きなさい。

(2)　この時代の様子について，次の文の（　）にあてはまる語句を書きなさい。

欧米(おうべい)の文化がさかんに取り入れられ，都市を中心に伝統的な生活が変化していった。

これを（　　　）という。

| |
| --- |

31

# 1 新政府の成立

## 基本

### 1　次の文の{ }の中から，正しい語句を選んで書きなさい。

✓ チェック P28 1 （各6点×4　24点）

必出 (1)　新政府は，土地と人民を天皇に返させる①{　班田収授法　　版籍奉還（はんせきほうかん）　　公地公民　}を行い，さらに②{　大政奉還（たいせいほうかん）　　墾田永年私財法（こんでんえいねんしざいのほう）　　廃藩置県（はいはんちけん）　}を行い，天皇を中心とする中央集権を進めた。

①[　　　　　　　　　]

②[　　　　　　　　　]

(2)　江戸時代（えど）の身分制度は改められ，{　四民平等　　士農工商　　男女平等　}となった。

[　　　　　　　　　]

(3)　(1)，(2)のような新政府による大改革を{　建武の新政　　享保の改革（きょうほう）　　明治維新（いしん）　}と呼んでいる。

[　　　　　　　　　]

### 2　明治維新について，あてはまる語句を[　]から選んで書きなさい。

✓ チェック P28 1 （各7点×4　28点）

必出 (1)　天皇が神にちかうという形で出された，新政府の方針のこと。

[　　　　　　　　　]

(2)　藩を廃止して府・県を置き，中央から府知事や県令を派遣（はけん）した。

[　　　　　　　　　]

(3)　えた・ひにんの呼び名を廃止した。

[　　　　　　　　　]

(4)　倒幕（とうばく）の中心となった藩の出身者が政府の要職につき，政治を行うこと。

[　　　　　　　　　]

```
版籍奉還　　地租改正（ちそ）　　藩閥政治（はんばつ）　　解放令　　廃藩置県　　五箇条の御誓文（ごかじょうごせいもん）
```

得点UP
コーチ

1 (1)①では，旧藩主がそのまま知藩事になることが多かった。

2 (2)旧藩とは関係のない中央の役人が県令（けん）に就任することもあった。(3)実際には，結婚（こん）や職業などで差別は続いた。

学習日　月　日　得点　点

## 発展

**3** 次の資料は，五箇条の御誓文である。これについて，次の問いに答えなさい。

✅ チェック P28 **1** ①（各8点×2　16点）

一，広ク□□□ヲ興シ万機公論ニ決スベシ

一，上下心ヲ一ニシテ盛ニ経綸ヲ行フベシ

一，官武一途庶民ニ至ル迄，各其志ヲ遂ゲ，人心ヲシテ倦マザラシメンコトヲ要ス

一，旧来ノ陋習ヲ破リ，天地ノ公道ニ基クベシ

一，智識ヲ世界ニ求メ，大ニ<u>皇基</u>ヲ振起スベシ

(1) 資料の□□□にあてはまる語句を{ }から選んで書きなさい。□□□□□

　　{ 軍隊　　会議　　農業 }

(2) 下線部の意味を，次のア～エから一つ選び，記号で答えなさい。

　　ア　徴兵をする　　　　　イ　天皇が治める政治の基礎

　　ウ　尊王攘夷を進める　　エ　絶対王政　　　　　　□□□

**4** 次の文の□□□にあてはまる語句を答えなさい。

✅ チェック P28 **1** ①，③（各8点×4　32点）

(1) 新しい身分制度では，天皇の一族を ① □□□□□□□□□，公家や大名を

　② □□□□□□□□□，武士を士族，百姓や町人を ③ □□□□□□□□□ とし，

　□①□以外はすべて平等とされた。

　　さらに，解放令が出され，えた・ひにんも □③□ とされた。しかし，根強い差別意識

　は残っており，また，江戸時代に許されていた職業的な特権は認められなかったので，

　かえって，徴兵制などの新しい負担が重くのしかかった。

(2) 1868年，江戸は □□□□□□□□□ と改められ，翌年首都とされた。

---

**得点UP コーチ**

**3** 公論…天下の政治。経綸…国を治め，国民を救う方策。倦マザラシメン…あきさせない。陋習…悪い習慣（攘夷）。

**4** (1)四民平等がうたわれ，新しくつくられた身分は，皇族，華族，士族，平民である。(2)江戸城が皇居となった。

⑬ 明治維新

## ❷ 富国強兵・殖産興業

### 基本

**1** 次の文の{ }の中から，正しい語句を選んで書きなさい。

✓ チェック P28 **2** (各6点×4　24点)

(1) 徴兵令によって{　満18歳以上の　　満20歳以上の　　税金を一定額以上納めている　}男子に兵役の義務が課せられた。

必出 (2) 安定した財政収入を得るために，{　班田収授　　地租改正　　太閤検地　}が行われた。

(3) 民間の工場の手本となるよう設けられた，群馬県の{　富岡製糸場　　八幡製鉄所　三河島造船所　}は官営模範工場であった。

(4) 蝦夷地は北海道と改称されて，{　鎮守府　　開拓使　　大宰府　}が置かれ，開発が行われた。

**2** 次の文の□□にあてはまる語句を，下の□□から選んで書きなさい。

✓ チェック P28 **2** (各6点×5　30点)

必出 (1) 地租改正では，地租は地価の ① ％とし，土地の所有者は， ② で納めることになった。

(2) 近代的な軍隊を育成するため， が実施されたが，各地でこの政策に反対する一揆が起こった。

(3) 1872年に，新橋・横浜間に，2年後に大阪・神戸間に が開通し，物資の流通がさかんになった。

必出 (4) 江戸時代の飛脚の代わりに，近代的な がつくられた。

> 5.5　　3　　鉄道　　郵便制度　　米　　現金　　馬車　　徴兵令

- - - - - - - - - - - - - - - - - - - - - - - - - - - - - - - -

**得点UP コーチ↑**

**1** (1)はじめは，さまざまな方法で，徴兵をのがれる者が多かった。(4)この制度は1882年まで続いた。

**2** (1)①地租改正反対一揆の増加により，地租は引き下げられた。(2)これにより，士族の特権がうばわれた。

発 展

**3** 右の年表を見て，次の問いに答えなさい。

✓ チェック P28 **2** (各6点×6　36点)

(1) 年表中の □ にあてはまる語句を，次の説明をもとにして書きなさい。

① 前島密により，近代的な通信制度が整えられた。

② 「円・銭・厘」の単位が使われた。

③ 産業の発達に役立った交通機関。

④ 税制の基本を改正した。

| 年代 | で き ご と |
|---|---|
| 1869 | 北海道開拓使が設置される |
| | 東京・横浜間に電信が開通する |
| 1871 | ① 制度が整えられる |
| | ② 制度が整備される |
| 1872 | 富岡製糸場がつくられる――――A |
| | 東京・横浜間に ③ が開通する |
| 1873 | 徴兵令が実施される―――――B |
| | ④ 改正が行われる |
| | 太陽暦が実施される |
| 1876 | 廃刀令が出る |

(2) 民間の手本として，政府が経営したAを何というか。

(3) Bについて，兵役の義務を課せられる対象となった人々はどのような人々かを，解答欄に合うように書きなさい。

満　　　歳以上の

**4** 地租改正とその影響について正しく述べたものを，次のア～エから二つ選び，記号で答えなさい。

✓ チェック P28 **2**②(各5点×2　10点)

ア 開墾を行い，その土地を私有地にする農民が増えた。

イ 政府の収入が減らないように，地価は低く設定された。

ウ 豊作，不作に左右されず，税収が安定するようになった。

エ 地租の負担にたえかねた農民が，各地で地租改正反対一揆を起こした。

得点UP
コーチ

**3** (1)①切手の採用や，ポストの設置も行われた。③1874年には大阪・神戸間も開通した。

**4** 農民にとって地租の負担は，江戸時代とかわらないばかりか，凶作の年などはかえって生活を圧迫した。

13 明治維新

## ❸ 新しい文化

### 基本

**1** 次の文の{ }の中から，正しい語句を選んで書きなさい。

✅ **チェック** P29 3 ①，②(各6点×5　30点)

(1) 1872年の{　学制　　小学校令　　教育令　}によって，満6歳以上の男女が小学校に通うことになった。

(2) 高等教育機関で多く雇われた{　外国人　　日本人　}講師は，教育だけでなく，技術や軍事も日本にもたらした。

(3) 1873年に{　仏教　　キリスト教　　イスラム教　}の禁止の高札が撤廃された。

(4) 日刊新聞や雑誌が発行されるようになったのは，{　木版刷り　　平版印刷　　活版印刷　}が普及したためである。

(5) 国立の大学としてはじめてつくられたのが，{　京都大学　　東北大学　　東京大学　}である。

**2** 次の文に関係の深い人物を，下の　　　から選んで書きなさい。

✅ **チェック** P29 3 ②(各7点×3　21点)

(1) 「学問のすゝめ」をあらわし，人間の平等と一国の独立には個人の独立が必要なこと，個人の独立には学問が必要なことなどを説いた。

(2) 「社会契約論」を翻訳し，ルソーを日本に紹介した。

(3) 日本資本主義の父といわれ，500以上の企業の設立に関わった。

| おおくましげのぶ<br>大隈重信 | おおしおへいはちろう<br>大塩平八郎 | なかえちょうみん<br>中江兆民 | しぶさわえいいち<br>渋沢栄一 | ふくざわゆきち<br>福沢諭吉 | もとおりのりなが<br>本居宣長 |
|---|---|---|---|---|---|

**得点UP
コーチ↑**

**1** (3)江戸幕府と同じく，明治政府もはじめはこの宗教を禁止していた。
(5)1877年につくられた。

**2** (1)「学問のすゝめ」は，「天は人の上に人をつくらず，人の下に人をつくらず」で始まる。

発 展

**3** 明治初期の教育について，次の問いに答えなさい。

✔ チェック P29 **3**①(各7点×3　21点)

(1) 1872年に出され，満6歳以上の男女が小学校教育を受けることを定めた法令を何というか。

(2) 地元の住民の寄付などで，立派な校舎が立てられた，長野県松本市にある小学校を現在は何というか。

(3) 明治初期に就学率が低い理由を，次のア～ウから一つ選び記号で答えなさい。

　ア　小学校の数がほとんどなかったから。

　イ　授業料が高く，親の負担が重かったから。

　ウ　各地に江戸時代からの寺子屋があり，子どもがそこに通っていたから。

**4** 新しい文化について，次の問いに答えなさい。

✔ チェック P29 **3**③(各7点×4　28点)

(1) 1872年，欧米諸国にならって，日本で採用された暦は何か。

(2) 次の{ }の中から，明治初期に関係のあるものを二つ選んで書きなさい。

{ 飛脚　金閣　ガス灯　高床倉庫　洋館 }

(3) 右の絵は，当時の社会の様子をえがいたものだが，欧米の文化の導入による生活上の大きな変化を何というか。

得点UP
コーチ↑

**3** (1)すべての国民に小学校教育を受けさせようとした。(3)はじめは，授業料を負担できない親が多かった。

**4** (1)農村では旧暦が使われていた。
(2)飛脚，金閣，高床倉庫は，いずれも江戸時代以前。

まとめの
ドリル

13 明治維新
# 明治維新

1600　　　　1700　　　　1800　　　　1900　　　　2000

学習する年代 明治時代

**1** 明治維新について，次の問いに答えなさい。

✓ チェック P28 **1**（各7点×3　21点）

(1)　次のア〜オから，①版籍奉還にあてはまるものと，②廃藩置県にあてはまるものを一つずつ選び，記号で答えなさい。　①□□□　②□□□

　ア　すべての土地と人民を国家のものとし，戸籍に基づいて6歳以上の男女に口分田をあたえた。

　イ　中央から府知事や県令(県知事)を派遣して治めさせた。

　ウ　田畑の広さやよしあしを調べ，その収穫高を石高であらわした。

　エ　諸大名から土地と人民を天皇に返上させた。

　オ　中央の貴族が国司に任命され，地方に派遣された。

(2)　明治政府は，①および②を実行して幕藩体制を解体し，どのような仕組みの国家をつくろうとしたか答えなさい。　□□□□□□国家

**2** 明治初期の思想と教育について，次の問いに答えなさい。

✓ チェック P29 **3**（各4点×4　16点）

(1)　1872年に発布され，近代的な学校制度の基本が定められた。この法令を何というか。

(2)　それまで垣根が低かった神道と仏教を分けるように定めた法律を何というか。

(3)　福沢諭吉があらわした，人間の平等と学問の大切さを説いた書物は何か。

(4)　ルソーの考えを日本に紹介した，思想家の名を答えなさい。

得点UP
コーチ➚

**1** アは公地公民と班田収授法，ウは太閤検地，オは律令に基づく，地方の政治について述べている。

**2** (1)この法令により，各地に小学校が設立された。(2)1868年に出された。(3)自主独立の精神が，高らかにうたわれている。

---

**3**　次の文を読んで，あとの問いに答えなさい。

✓ **チェック** P28 **1**，**2** (各7点×9　63点)

**A**　新政府は1868年，天皇が公家（くげ）・大名を率いて神にちかう形で，| ① |を出した。

**B**　| ② |を廃止し，県や府を置き，中央から役人を派遣した。

**C**　天皇の一族を皇族，公家と大名を華族（かぞく），武士を士族，百姓（ひゃくしょう）と町人を| ③ |とし，㋐え

たやひにんの身分を廃止するという布告を出した。

**D**　全国の土地の面積やよしあしを調べ，土地の値段である地価を定め，地価の3％にあ

たる額を現金で納めさせた。

**E**　1873年に| ④ |を出して，満20歳以上の男子に3年間兵役（へいえき）につくことを義務づけた。

**F**　政府は欧米（おうべい）から機械を買い，国が運営する| ⑤ |工場をつくった。⑤の工場としては，

㋑富岡（とみおか）製糸場が有名である。

(1)　①～⑤にあてはまる語句を書きなさい。

| ① | | ② | |
|---|---|---|---|
| ③ | | ④ | |
| | | ⑤ | |

(2)　下線部㋐について，この布告を何と呼ぶか。

| |
|---|

(3)　Dのできごとを何というか。漢字四文字で書きな

さい。

| |
|---|

(4)　Dで，土地の所有者にあたえた証明書を何というか。

| |
|---|

(5)　下線部㋑の位置を右の地図のア～エから一つ選び，記

号で答えなさい。

| |
|---|

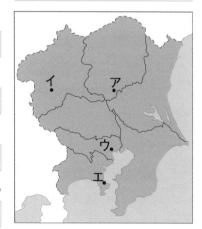

---

**得点UP コーチ**

**3**　(1)①外国の文化を取り入れるなど，新
政府の方針を内外に明らかにした。④近代
的な装備を持つ新しい軍隊ができた。

(4)住所や名前，地価の値段，税額などが書
かれた証明書。

# 14 近代日本のあゆみ

## 1 国際関係　ドリル P44

### ①明治初期の国際関係

● **条約改正の努力**…**岩倉使節団**を欧米に派遣(1871年) ➡ **失敗**に終わる。国力の充実が必要と分かる。
→岩倉具視(ともみ)が全権大使

● **中国(清)**…**日清修好条規**を結んで国交を開く。
→1871年

● **朝鮮**…**江華島事件**をきっかけに**日朝修好条規**。
カンファド　→1875年　　　　　　　　　　→1876年

● **ロシア**…**樺太・千島交換条約**。
からふと　ちしまこうかん　→1875年

● **領土の確定**…琉球を琉球藩とし,次いで沖縄県(**琉球処分**)
りゅうきゅう　→1872年　　　　　　　　　　　　→1879年,軍隊の力で
とした。また,**小笠原諸島の領有を宣言**した。北海道に**開拓使**を置き,**屯田兵**が開拓した。また,1895年に尖閣諸島が,1905年に竹島が,内閣の決定により日本領に編入された。
たくし　おがさわら　→1876年
とんでんへい　→防衛も担う
たけしま

▲日本の領土と東アジア

## 2 専制政治への不満　ドリル P46

### ①明治政府の専制政治

● **民撰議院設立の建白書**…政府を去った**板垣退助**らが国会開設を要求 ➡ 議会政治の実現をめざす。
みんせん　→1874年　　　　　　　　→征韓論を主張した人々

### ②士族の反乱

● **士族の反乱**…政府の改革に不満を持つ士族らが,各地で反乱
→刀を差すなどの特権をうばわれる
➡ **西郷隆盛**を中心とする鹿児島の士族らが起こした
さいごうたかもり
**西南戦争**が最大 ➡ 武力から言論による**批判**に転換。
→1877年　　　　　　　　　　　　→藩閥政治(28ページ参照)への批判

### ③自由民権運動

● **運動の起こり**…板垣退助らが高知で**立志社**を結成し,議会の開設や憲法の制定をめざす**自由民権運動**を起こす。
→1874年　　　　　　→フランス革命の影響を受ける

● **運動の広がり**…**国会期成同盟**を結成 ➡ 全国の民権運動
→1880年
の指導者が大阪に集まり,国会開設の請願書を出す。
せいがんしょ

覚えると得

**樺太・千島交換条約**
ほうき
日本は樺太を放棄し,ウルップ島以北の千島を領有することになった。

**征韓論**
せいかんろん
さこく
鎖国を続ける朝鮮を武力で開国させようとする主張。西郷隆盛,板垣退助らは征韓論を主張し,それに反対する岩倉具視,大久保利通らと政争となった。その結果,西郷,板垣らは政府を去った。
おおくぼとしみち

**江華島事件**
ぐんかん
日本の軍艦が朝鮮の江華島付近で演習や測量を行ったため,朝鮮から砲撃された事件。
ほうげき

**民間の憲法**
民権派の植木枝盛が東洋大日本国国憲按を起草するなど,各地で憲法草案をつくる動きが強まった。
うえきえもり
こっけんあん

- **国会開設の勅諭**…北海道開拓使官有物払い下げ事件で民権
  <sub>ちょくゆ</sub>
  └→1881年
  派による政府批判が高まる ■■》 <u>国会開設を約束する。</u>
  <sub>はら　さ</sub>
- **政党の結成**…<u>自由党</u>(板垣退助)，<u>立憲改進党</u>(大隈重信)。
  └→1890年開設　　　　　　　おおくましげのぶ
  1881年　1882年，イギリスのような立憲政治をめざす←┘
- **自由民権運動の激化**…農村の深刻な不景気 ■■》 各地方で，
  自由党員らが警察と<u>衝突</u>。板垣らは自由党を<u>一時解散</u>する。
  <sub>しょうとつ</sub>
  └→埼玉県の秩父事件など　　　　　　　　　└→のちに再結成

## ③ 立憲制国家の成立

ドリル》 **P48**

### ① 憲法の制定

- **憲法の準備**…ヨーロッパ各国の
  憲法のうち，君主権の強い**ドイツ**
  天皇制強化に都合よい←┘
  (プロイセン)憲法をもとに草案
  が作成された。
- **内閣制度創設**…**伊藤博文**が初代
  <sub>い　とうひろぶみ</sub>
  └→1885年
  の内閣総理大臣となる。
- **大日本帝国憲法の発布**…1889年
  <sub>ていこく</sub>
  2月11日。

  | 天皇 |
  |---|
  | **枢密院**<br><sub>すうみついん</sub><br>(天皇の質問に<br>こたえ重要な<br>問題を審議) |

  | 陸海軍 | 裁判所 | 内閣 | 帝国議会 |
  |---|---|---|---|
  | (政府の指揮を受けない) | (天皇の名により裁判) | (天皇の行政を補佐) | 貴族院　衆議院<br>(立法権の協賛) |
  | (徴兵) | | | (選挙) |

  | 臣　民 |
  |---|

  ▲大日本帝国憲法による国
  の仕組み

- **憲法の内容**…<u>天皇が国の元首</u>。帝国議会の<u>召集</u>，軍隊の指
  └→天皇主権　　　　　　　　　　　　　　<sub>しょうしゅう</sub>
  揮などは天皇の権限で，<u>国民の権利は法律で制限された。</u>
  └→臣民とされた
- **教育勅語**…忠君愛国の道徳 ■■》 教育の柱となる。

### ② 議会の開設

- **帝国議会**…**貴族院**と**衆議院**の二院制。
- **貴族院**…皇族，華族，天皇が任命した議員などで構成。
  <sub>か ぞく</sub>

  ■■》 予算先議権を持たない以外は衆議院と対等。
  └→国が一年間で得る金額(歳入)と使う金額(歳出)の見積り
- **衆議院**…選挙によって選ばれる ■■》 <u>直接国税15円以上納</u>
  └→農村の地主など
  <u>める満25歳以上の</u><u>男子</u>のみ，選挙権があった。
  <sub>さい</sub>
- **議会**…民党が多数を占め，国民の負担の軽減などを主張し
  <sub>し</sub>
  て政府と対立した。

  ■■》 日本は，アジア
  で初めて憲法に基づ
  <sub>もと</sub>
  いて政治が行われる
  国家(**立憲制国家**)
  となった。

▲選挙の様子

**覚えると得**

**北海道開拓使官有物
払い下げ事件**
開拓使の施設を，薩
<sub>し せつ</sub>　　　<sub>さっ</sub>
摩出身の商人に，安
<sub>ま</sub>
く払い下げようとし
たことが明らかに
なった事件。政府へ
の非難がいっそう激
しくなった。

**選挙権の制限**
第一回衆議院議員選
挙は，一定以上の税
金を納める満25歳
以上の男子だけが選
挙できる制限選挙で，
その数は総人口の
1.1％だった。財産
の制限がない普通選
<sub>ふつう</sub>
挙が行われたのは，
1925年に普通選挙
法が制定されてから
であり，女子が選挙
権を得たのは，第二
次世界大戦後のこと
である。

**選挙の結果**
制限選挙であったに
もかかわらず，第一
回選挙では自由党や
立憲改進党などの民
党(自由民権運動の
流れをくむ政党)が
過半数を占めて，政
府と激しく対立した。

41

# スタートドリル

# 近代日本のあゆみ

学習する年代　明治時代

## 1　次の文の{　}の中から，正しい語句を選んで書きなさい。

(各5点×11　55点)

(1)　1871年，日本は中国(清)と{　日清修好条規　　日朝修好条規　}を結んだ。

(2)　1875年，{　アメリカ　　ロシア　}と樺太・千島交換条約を結んだ。

(3)　1874年，{　板垣退助　　岩倉具視　}らは民撰議院設立の建白書を政府に提出し，国会の開設を要求した。

(4)　政府の政策に不満を持つ士族らが，各地で反乱を起こしたが，その中で最大のものは{　大久保利通　　西郷隆盛　}を中心とする西南戦争であった。

(5)　板垣退助らは議会の開設や憲法の制定をめざして，{　自由民権運動　　尊王攘夷運動　}を起こした。

(6)　1881年，国会開設の勅諭が出ると，板垣退助は{　自由党　　立憲改進党　}を結成した。

(7)　農村の深刻な不景気のため，埼玉県では{　秩父事件　　福島事件　}が起こった。

(8)　1885年，伊藤博文は{　内閣制度　　学制　}をつくり，初代内閣総理大臣となった。

(9)　伊藤博文がドイツ(プロイセン)の憲法をもとに草案を作成し，1889年2月11日，天皇の権力が強い{　日本国憲法　　大日本帝国憲法　}が発布された。

(10)　帝国議会は，衆議院と{　貴族院　　参議院　}の二院制であった。

(11)　第一回衆議院議員選挙の選挙権があたえられたのは，直接国税15円以上を納める，満{　25　　20　　18　}歳以上の男子である。

**2** 次の略年表を見て，あとの問いに答えなさい。

(各5点×9　45点)

| 時代 | 年 | 政治・できごと | 外交・領土 |
|---|---|---|---|
| ① ___ 時代 | 1871 | ② ___ 使節団 が欧米に派遣される | 日清修好条規 琉球を琉球藩にする（1872） |
| | 1873 | 西郷隆盛・板垣退助らが政府を去る | |
| | 1874 | ③ ___ 設立の建白書 └→板垣退助ら 立志社結成 | 江華島事件（1875） ⑧ ___ 交換条約（1875） 日朝修好条規 小笠原諸島の領有を宣言（1876） |
| | 1877 | ④ ___ 戦争が起こる └→西郷隆盛 | 琉球処分（1879）➡沖縄県の成立 |
| | 1880 | ⑤ ___ 同盟の結成 | |
| | 1881 | 国会開設の勅諭 | |
| | 1885 | ⑥ ___ 制度 | |
| | 1889 | ⑦ ___ 帝国憲法の発布 | 尖閣諸島（1895），竹島（1905）を編入 |

(1) 年表の①〜⑧にあてはまる語句を書きなさい。

(2) この時代の動きについて，（　　）にあてはまる語句を書きなさい。

　政府を去った板垣退助らは，大久保利通の政治を専制政治であると批判し，国民が政治に参加すべきだとして（　　）の開設を求めた。

___

書き込み
ドリル

14 近代日本のあゆみ

1 国際関係

1600　　　　　　　1700　　　　　　　1800　　　　　　　1900　　　　　200

学習する年代 明治時代

## 基本

### 1　次の文の{ }の中から，正しい語句を選んで書きなさい。

✓ チェック P40 1 (各6点×5　30点)

(1)　1871年に{　日朝修好条規　　日米和親条約　　日清修好条規　}が結ばれた。

(2)　1875年，ロシアと{　日ソ不可侵　　樺太・千島交換　　北方領土返還　}条約を結び，北方の領土が確定した。

(3)　日本は江華島事件をきっかけに，1876年に{　中国　　琉球　　朝鮮　}と不平等条約を結び，開国させた。

(4)　1876年に，日本は{　小笠原諸島　　五島列島　　歯舞群島　}の領有を宣言した。

(5)　琉球に中国（清）との関係を断たせ，1879年には{　朝鮮府　　台湾政府　　沖縄県　}を置いた。

### 2　次の文に関係の深い語句を，下の　　　から選んで書きなさい。

✓ チェック P40 1 (各6点×3　18点)

(1)　鎖国を続ける朝鮮を武力で開国させようとする主張。

(2)　1871年，条約改正のため，欧米に派遣された使節団の全権大使。

(3)　開拓および防衛のために北海道に送られた人々のこと。

> 征韓論　　屯田兵　　岩倉具視　　津田梅子　　社会契約論

---

得点UP
コーチ↑

1 (1)初めて対等な立場で結ばれた条約。
(2)この条約により，樺太はロシア領，千島は日本領となった。

2 (1)西郷隆盛，板垣退助らがこれを主張した。

**発展**

**3** 次の問いに答えなさい。

✓ **チェック** P40 **1** (各7点×4　28点)

(1) 日本が朝鮮を開国させ，日朝修好条規を結ばせる口実とした事件は何か。

(2) 樺太・千島交換条約について，次の文の □ にあてはまる語句を書きなさい。

日本は ① を放棄（ほうき）し，② 島以北の千島を領

有することになった。

(3) 1876年に日本が領有を宣言した地域を，次の{ }から一つ選んで書きなさい。

{ 台湾　北海道　五島列島　沖縄諸島　小笠原諸島 }

**4** 次の問いに答えなさい。

✓ **チェック** P40 **1** (各6点×4　24点)

(1) 征韓論を主張した人物を，次の{ }から二人選ん

で書きなさい。

{ 板垣退助　大久保利通（おおくぼとしみち）

岩倉具視　西郷隆盛 }

(2) 右の地図で，1871年に結ばれた①の条約と，

1876年に結ばれた②の条約を書きなさい。

①

②

▲日本の領土と東アジア

**得点UP コーチ**

**3** (1)日朝修好条規は，不平等条約だった。日本に対してアメリカが行ったやり方をまねた。

**4** (1)残りの二人は征韓論に反対し，武力行使は行われなかった。その結果，征韓論者は政府を去った。

書き込み
ドリル

14 近代日本のあゆみ
2 専制政治への不満

1600　　　　1700　　　　1800　　　　1900　　　200

学習する年代 明治時代

## 基本

### 1　次の文の{ }の中から，正しい語句を選んで書きなさい。

✓ チェック P40 **2** (各7点×5　35点)

(1)　1874年，板垣退助や後藤象二郎らは{　五箇条の御誓文　　国会開設の勅諭　　民撰

議院設立の建白書　}を政府に提出した。

(2)　(1)のような動きや，高知で立志社を結成するなど，議会や憲法の設定をめざす運動を，

{　自由民権　　普通選挙　}運動という。

(3)　各地で士族の反乱が起きたが，1877年鹿児島で起きた{　秋月の乱　　秩父事件

西南戦争　}は，最も規模の大きなものだった。

(4)　1880年，全国の自由民権運動の指導者が{　自由党　　国会期成同盟　}を結成した。

(5)　北海道開拓使官有物払い下げ事件などで政府批判が高まると，政府は勅諭を出し，

{　憲法制定　　国会開設　　税率軽減　}の実現を約束した。

### 2　次の文にあてはまる人物を，下の□□□から選んで書きなさい。

✓ チェック P40 **2** ②, ③(各5点×3　15点)

(1)　西郷隆盛や板垣退助らの征韓論に反対した薩摩藩出身の高官。西南戦争にあたっては，

政府軍の最高責任者。

(2)　自由党を結成して，党首となった。

(3)　立憲改進党を結成し，その党首となった。

> 板垣退助　　西郷隆盛　　大隈重信　　大久保利通　　福沢諭吉　　伊藤博文

得点UP
コーチ↑

**1** (3)秩父事件は，困民党を組織した埼玉
県秩父地方の農民たちが自由党員と蜂起し
て始まった事件。

**2** (2)民撰議院設立の建白書を政府に提出
した中心人物。

**発展**

**3** 次の文の □ にあてはまる語句を書きなさい。

✔ チェック P40 **2** ②，③（各6点×5　30点）

(1) ① □□□□□□ が認められず，政府を去った人々と，地元の不平士族が各地

で反乱を起こした。1877年，最大の反乱であった ② □□□□□□ が鎮圧され

ると，政府の批判は言論によるものに転換していった。

(2) 1881年，① □□□□□□ の勅諭が出されると，各地で自主的に憲法をつく

る動きが高まった。欧米の思想に基づいた民権論を主張した ② □□□□□□ は，

③ □□□□□□ 国憲按を起草した。一方で，過激化した自由党員が警察と衝突

する事件も起きた。

**4** 専制政治に反対する動きについて，次の文にあてはまる語句を □ に書きなさい。

✔ チェック P40 **2** ②，③（各4点×5　20点）

必出 (1) 新政府の政策に不満を持つ士族らが，1877年に鹿児島で起こした反乱は，何と呼ば

れるか。 □□□□□□

(2) (1)のあと，一部の藩の出身者が政治の中心を占める政治体制が言論により批判された。

この政治体制を何というか。 □□□□□□

必出 (3) 高知で立志社を起こし，のちに自由党を結成した人物はだれか。

□□□□□□

(4) イギリスの立憲政治の実現をめざして，立憲改進党をつくり，党首となった人物の名

を書きなさい。 □□□□□□

(5) 1884年，埼玉県秩父地方の農民たちが，借金の帳消しなどを要求して蜂起し，警察

や軍隊と衝突を起こした事件を何というか。 □□□□□□

**得点UP**
**コーチ**

**3** (2)③他にも，私擬憲法案や，五日市憲
法などがある。

**4** (3)おもに士族や農村の豪農などの支持
を受けた。(4)おもに都市の商工業者や知識
人などの支持を受けた。

14 近代日本のあゆみ

# 3 立憲制国家の成立

## 基本

### 1　次の文の{ }の中から，正しい語句や数字を選んで書きなさい。

✓ チェック P41 3 (各6点×6　36点)

(1)　大日本帝国憲法の草案は，君主権の強い{　ドイツ　　フランス　　イギリス　}の憲法をもとにつくられた。

(2)　内閣制度が創設され，{　伊藤博文　　大隈重信　}が初代内閣総理大臣となった。

(3)　大日本帝国憲法の下では，外国と条約を結んだり，戦争を始めたりすることは，すべて{　天皇　　議会　　内閣　}の権限に属していた。

(4)　憲法発布の翌年，{　学制　　学校令　　教育勅語　}が出され，国民教育のよりどころとされた。

(5)　帝国議会は，貴族院と{　参議院　　衆議院　　元老院　}の二院制がとられた。

(6)　第一回の総選挙時に選挙権をあたえられたのは，総人口の約{　10.1　　4.5　　1.1　}％に過ぎなかった。

### 2　次のA〜Dのうち，正しいことがらを二つ選び，記号で答えなさい。

✓ チェック P41 3 (各4点×2　8点)

A　忠君愛国の道徳を基本とする教育勅語が発布され，国民教育の基礎とされた。

B　議会には，貴族院と衆議院の二院があり，それぞれ選挙によって選ばれた。

C　憲法制定後，欧米を参考にした内閣制度が設けられた。

D　第一回衆議院議員選挙では，民党が議会の多数を占めた。

得点UP
コーチ↑

1 (6)満25歳以上の男子という条件は，1945年までかわらない。

2 A教育勅語は，太平洋戦争後に失効された。D日本はアジアで最初の立憲制国家となった。

学習日　　月　　日　得点　　点

**発展**

**3** 右の史料は，1889年に発布された憲法の一部である。これを読んで，次の問いに答えなさい。

✅ チェック P41 **3** ①(各7点×4　28点)

> 第一条　大日本帝国ハ万世一
> 　系ノ□之ヲ統治ス
> 第三条　□ハ神聖ニシテ侵
> 　スヘカラス
> 第二十条　日本臣民ハ法律ノ
> 　定ムル所ニ従ヒ兵役ノ義務
> 　ヲ有ス

(1) この憲法の名称を書きなさい。

(2) 史料中の□に共通してあてはまる語句を書きなさい。

(3) この憲法は，どこの国の憲法をもとにつくられたか。次のア～エから一つ選び，記号で答えなさい。

ア　三権分立が発達したアメリカ　　イ　君主権の強いドイツ

ウ　議会政治が発達したイギリス　　エ　共和制のフランス

(4) この憲法の草案を中心となって作成した人物で，初代の内閣総理大臣に就任したのはだれか。

**4** 帝国議会について，次の問いに答えなさい。

✅ チェック P41 **3** ②(各7点×4　28点)

(1) 帝国議会は，貴族院と□□□の二院制である。このうち選挙で選ばれるのは□□□議員である。□□□にあてはまる語句を書きなさい。

(2) 選挙権は一部の者だけにあたえられた。直接国税を15円以上を納めること以外の条件は何か。

(3) 自由民権運動の流れをくむ政党を何と呼ぶか。

(4) 貴族院議員は，皇族や□□□などを中心に選ばれた。□□□にあてはまる語句を{ }の中から選んで書きなさい。{　士族　　平民　　華族　}

┌─────┐
│ 得点UP │
│ コーチ↑ │
└─────┘

**3** (2)この憲法は，だれに強大な権限があたえられていたかを考える。(3)プロイセンを中心として1871年に成立した国。

**4** (1)貴族院は，衆議院とほぼ同等の権限を持っていた。(2)財産制限はしだいにゆるめられた。(4)他にも多額納税者など。

49

# 近代日本のあゆみ

| 1600 | 1700 | 1800 | 1900 | 200 |

学習する年代 明治時代

---

**1** 右の年表を見て，次の問いに答えなさい。

✓ チェック P40 **2**，P41 **3**（各7点×8 56点）

(1) 年表中の□にあてはまることがらで，忠君愛国の道徳を示し，その後の国民教育のよりどころとされたものは何か。

(2) 下線部①をきっかけに全国に広まった，議会の開設や憲法の制定などを政府に要求する運動は，何と呼ばれたか。

(3) 下線部②と同じ年のできごとを，次のア～エから一つ選び，記号で答えなさい。

ア 地租が地価の2.5％に引き下げられた。
ウ 北海道開拓使官有物の払い下げが中止された。
イ 立憲改進党が結成された。
エ 西南戦争が起こった。

| 年代 | で　き　ご　と |
|---|---|
| 1874 | ①民撰議院設立の建白書が出される |
| | A ↕ |
| 1881 | ②国会開設の勅諭が出される |
| | B ↕ |
| 1884 | ③秩父事件が起こる |
| | C ↕ |
| 〔 〕 | ④大日本帝国憲法が発布される |
| | D ↕ |
| 1890 | ⑤衆議院議員総選挙が行われる |
| | □が発布される |

(4) 下線部③の年，各地で政党の党員が関わる同様な事件があいついだ。党員を統率できなくなったため，いったん解党したのは何党か。

(5) 下線部④が発布されたのは，西暦何年か。

(6) 下線部⑤で投票できたのは，直接国税15円以上を納める満25歳以上の男子だけであった。このような選挙を何というか。

(7) 下線部⑤の衆議院とともに帝国議会を構成していた，皇族・華族・多額納税者などから選ばれた議員で構成される議院を何というか。

(8) 内閣制度が創設された時期をA～Dから選び，記号で答えなさい。

---

得点UP
コーチ ↑

**1** (4)この事件の二年前にも，農民が県に反抗した福島事件が起こっている。
(6)財産制限がある選挙のこと。

(8)自由民権運動から議会の開設までの流れは，確実におさえる。内閣制度も議会開設に備えて創設された。

**2** 次のA～Cの絵と最も関係の深いことがらを，下のア～エから一つずつ選び，記号で答えなさい。

✓ **チェック** P40 **2**，P41 **3** (各4点×3　12点)

A 　B 　C

ア　第一回衆議院議員総選挙のとき選挙権を持っていた人は，人口の約1.1%であった。

イ　天皇が神々にちかうという形で，新政府の方針が発表された。

ウ　天皇が国民にあたえるという形で，大日本帝国憲法が発布された。

エ　議会の開設を求める運動が広まると，政府は厳しくこれを取りしまった。

A ☐　　　　B ☐　　　　C ☐

**3** 次の⑴～⑷にあてはまる人物名・語句を書きなさい。

✓ **チェック** P40 **2**，P41 **3** (各4点×8　32点)

⑴　明治維新の功労者の一人だが，新政府の方針とあわず，最大の士族の反乱を起こした人物名と反乱の名称。☐　☐

⑵　中心となって憲法草案の作成にあたり，初代の内閣総理大臣となった人物名と，憲法の手本となった国の名。☐　☐

⑶　国を治める権力は国民にあるという考えのもとに，1881年に結成された党の名称と党首の名前。☐　☐

⑷　イギリスのような議会政治をめざして結成された党の名称と党首の名前。☐　☐

- - - - - - - - - - - - - - - - - - - - - - - - - - - - - - - - - - - - -

**得点UP コーチ**

**2** いずれも史料として出題されることが多い。Aは，警察官が演説を中止させようとしているところである。

**3** ⑴の人物は薩摩藩，⑵の人物は長州藩，⑶の人物は土佐藩，⑷の人物は肥前藩(佐賀)の出身者だった。

## 明治維新／近代日本のあゆみ

**1** 右の年表を見て，下の問いに答えなさい。

✔ **チェック** P40 **2**, P41 **3** (各6点×9　54点)

| 年代 | で　き　ご　と |
|---|---|
| 1874 | ①民撰議院設立の建白書が出される |
| | ②立志社が結成される |
| 1877 | ③〔　　　　〕が起こる |
| 1881 | ④国会開設の勅諭が出される |
| 1884 | ⑤秩父事件が起こる |
| 1885 | ⑥内閣制度が設けられる |
| 1889 | ⑦大日本帝国憲法が発布される |
| 1890 | ⑧帝国議会が開かれる |

(1) 年表の①をきっかけに広まった，議会の開設や憲法の制定を求める運動を何というか。

(2) ①と②の両方にかかわり，のちに自由党を結成した人物はだれか。

(3) ③の西郷隆盛を中心とした士族の反乱を何というか。

(4) 年表中の④の翌年，大隈重信らによって結成された政党を何というか。

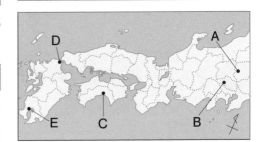

(5) 年表中の⑤は，農民が警察や軍隊と衝突した事件である。地図中の A ～ E のどこで起きたか。記号で答えなさい。

(6) ⑥で初代内閣総理大臣となった人物はだれか。

(7) ⑦の憲法は，ドイツの憲法を参考にしたものだが，その理由を簡潔に書きなさい。

(8) 大日本帝国憲法に定められている内容として最も適当なものを，次のア～ウから一つ選び，記号で答えなさい。

　ア　国会は，衆議院と参議院で構成される。

　イ　天皇は，外国と条約を結ぶ権限を持つ。

　ウ　都道府県知事は，住民によって直接に選挙される。

(9) 年表中の⑧について，皇族や華族，天皇から任命された議員で構成された議院を何というか。

**2** 欧米の文化と明治時代に関する次の問いに答えなさい。

✓ チェック P29 **3**, P40 **2**(各8点×2  16点)

(1) 日本の自由民権運動は，欧米の啓蒙（けいもう）思想の影響（えいきょう）を受けている。資料は，欧米のある国の革命のさいに発表された宣言文である。何と呼ばれる革命か書きなさい。

|  |
|---|

> 1　人は，生まれながらにして自由で平等の権利を持つ。
> 2　あらゆる政治的団結の目的は，生まれつきのもので侵（おか）すことのできない人権を維持することにある。その権利とは，自由・所有権・安全および圧政への抵抗（ていこう）である。
> 3　すべて主権は本来国民のものである。

(2) 人民主権を説いた啓蒙思想家ルソーの思想を日本に紹介（しょうかい）した人物はだれか。

|  |
|---|

**3** 明治維新について，次の問いに答えなさい。

✓ チェック P28 **1**, **2**, P29 **3**(各5点×6  30点)

(1) 次の文の下線部の政策を，それぞれ何というか。

　　政府はまず，①藩主から土地と人民を返させ（はんしゅ），さらに，②藩を廃止（はいし）して府と県を置いた。そして府知事・県令を中央から派遣（はけん）し，中央集権国家の確立を図（はか）った。

①　|  |　　②　|  |
|---|

(2) 右の写真と関係の深い語句を，次の{ }から選んで書きなさい。

{ 四民平等　　文明開化　　学校令　　地租改正（ちそ）　　藩閥政治（はんばつ）　　徴兵令（ちょうへい） }

|  |
|---|

(3) 殖産興業政策（しょくさん）の一環（いっかん）として，富岡製糸場（とみおか）をはじめとする，製糸・紡績（ぼうせき）などの工場が各地に建設された。これらの工場は何と呼ばれていたか。

|  |
|---|

(4) 人間の平等と民主主義をわかりやすい表現で説いた「学問のすゝめ（す）」をあらわした人物は，当時の青年たちに大きな影響をあたえた。その人物の名前を書きなさい。

|  |
|---|

(5) 500以上の企業（きぎょう）の設立に関わり，「日本資本主義の父」といわれた人物の名前を書きなさい。

|  |
|---|

## 1 欧米の侵略と条約改正 ドリル P58

### ① ヨーロッパの動き

- **資本主義の発達**…イギリス，ドイツ，アメリカで経済が発達し，資本家が経済を支配。

- **列強の動き**…アメリカ，イギリス，ドイツ，フランス，ロシアの国々は**列強**と呼ばれ，軍事力と経済力を背景に世界に進出。

- **帝国主義**…列強は，アジア，アフリカの国々を植民地とした。

### ② 日本の条約改正

- **領事裁判権（治外法権）の撤廃**…外相陸奥宗光がイギリスとの間で，最初に達成。
  └→1894年
  └→日英通商航海条約

- **関税自主権の回復**…小村寿太郎がアメリカとの間で達成。
  └→1911年　└→こむらじゅたろう

## 2 日清戦争 ドリル P60

### ① 日清戦争と下関条約

- **起こり**…経済が混乱した朝鮮で**甲午農民戦争**が起きる。
  └→1894年，東学を信仰する農民らの反乱
  ▶ 日本と清は，これを機に朝鮮に出兵。
  └→朝鮮政府から要請があった

- **日清戦争**…朝鮮から清の影響力をのぞくために清を攻撃 ▶ 近代軍備を整備しつつあった日本が勝利。

- **下関条約**…清は，朝鮮の独立を認め，**遼東半島**・**台湾**・**澎湖諸島**を割譲，賠償金2億両を支払う。
  └→リアオトン　　　　　└→ポンフー
  └→軍備拡張に使う

▲アフリカの分割

リベリア　エチオピア

| | イギリス領 |
| | フランス領 |
| | ドイツ領 |
| | イタリア領 |
| | スペイン領 |
| | ポルトガル領 |
| | ベルギー領 |

0　1000km

| 列強国 | 東南・南アジアの植民地 |
|---|---|
| イギリス | インド，ビルマ，マレーシア |
| フランス | ベトナム，カンボジア |
| オランダ | インドシナ |
| アメリカ | フィリピン |

▲下関講和会議
└→日本側の全権は伊藤博文，陸奥宗光

## 覚えると得

**帝国主義**
軍事力を背景に，アジア・アフリカの経済を握り，植民地などを増やす動きのこと。

**英国とロシアの対立**
アジアでは，南から北に勢力を伸ばそうとするイギリスと，中国へ南下政策をとるロシアが対立。

**独立を守った国**
アジアではタイ，アフリカではエチオピアとリベリアが植民地化されなかった。

**条約改正への過程**
①岩倉使節団の交渉，②井上馨の欧化政策（鹿鳴館時代），③大隈重信らによる交渉（外国人判事の採用）。①～③の交渉は，いずれも失敗した。

## 重要 テストに出る！

条約改正が成功したのは，日本が憲法を制定し，議会政治を行うなど，近代国家と認められたから。

## ② 三国干渉と列強の中国分割

- **三国干渉**…ドイツ, フランス, ロシアの勧告で遼東半島を返還。
- **列強の中国分割**…港湾の<u>租借権</u>や鉄道の敷設権を得る。
  - → 中国から借りて統治する権利

## 3 日露戦争　`ドリル P62`

### ① 日露戦争直前のアジア

- **義和団事件**…扶清滅洋 ▶
  - → 各国の公使館を包囲　　→ 清をたすけ, 外国を滅ぼす
  - 8か国連合軍が中国に出兵した。ロシアは満州を占領。
    - → イギリス, アメリカ, フランス, イタリア, ロシア, 日本など
- **<u>日英同盟</u>**…ロシアに対して, イギリスと日本が結んだ。
  - → 1902年　　　　→ 南下政策

### ② 日露戦争

- **国内の様子**…軍備が増強され, 新聞や雑誌は開戦を主張。それに対し, <u>内村鑑三</u>, <u>堺利彦</u>, <u>幸徳秋水</u>らは戦争に反対。
  - → キリスト教徒　→ 社会主義者, 幸徳秋水は大逆事件で死刑になる
- **<u>日露戦争</u>**…日本が宣戦を布告して, 満州の各地や日本海で, 戦闘が行われた。
  - 戦闘 → 1904年

### ③ ポーツマス条約

- **日本の事情**…兵力・財力がとぼしく, 戦争続行が不可能に。
  - → 増税と物価上昇で国民の生活も苦しくなった
- **ロシアの事情**…専制政治に反対する革命運動が起こる。
- **<u>ポーツマス条約</u>**…日本は, 韓国の優越権や南樺太の支配権, <u>南満州鉄道</u>をゆずり受けるが, <u>賠償金は得られなかった</u>。
  - → 1905年, アメリカの仲介による
  - → 講和内容に反対する民衆の暴動が起こった（日比谷焼き打ち事件）

### ④ 韓国併合

- **日本の韓国併合運動**…韓国各地の抵抗運動を軍隊の力でおさえ, 1910年に併合。**朝鮮総督府**を設置し, 支配した。
  - → 1897年, 大韓帝国となる
- **植民地政策**…同化政策。学校では日本史や日本語を重視。

### ⑤ 満州へ勢力拡大

- **南満州鉄道株式会社**…これを基盤に満州へ勢力を広げた。
- **<u>辛亥革命</u>**…**孫文**を臨時大総統とする**中華民国**が成立。やがて**袁世凱**が独裁政治を始める。袁世凱の死後, 中国は各地の**軍閥**が支配。
  - → 1911年

### 地図

▲日露戦争の戦場

- 東清鉄道
- 奉天(瀋陽) シェンヤン
- 清
- 大連 ターリエン
- 旅順 リュイシュン
- 韓国
- 平壌 ピョンヤン
- 漢城(ソウル)
- 日本海海戦
- 釜山 プサン
- 下関
- 日本

— 日本軍の進路
— ロシア艦隊の進路

### グラフ

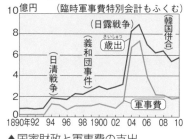

10億円 （臨時軍事費特別会計もふくむ）

（日清戦争）／（義和団事件）／（日露戦争）／（韓国併合）／歳出／軍事費

1890年 92 94 96 98 1900 02 04 06 08 10

▲国家財政と軍事費の支出

ドリル P62

---

## 覚えると得

**立憲政友会**

軍備拡大のため, 国会の協力も必要となり, 伊藤博文が結成した。これ以降, 政党政治が発達した。

**軍事費の増大**

日露戦争では, 多くの死傷者が生じ, また膨大な戦費が使われた。多額の戦費は国民の税金によってまかなわれ, 国民は大きな犠牲をしいられた。

**君死にたまふことなかれ**

歌人の与謝野晶子が, 出兵した弟を思う歌を発表した。

**日露戦争後の社会**

アジアの国々では, 日本の勝利をみて, 民族運動がさかんになった。日本には大国意識が生まれた。

**辛亥革命**

武昌(武漢)ウーチャン ウーハンでの軍隊の反乱がきっかけ。多くの省が清から独立した。

**三民主義**

中国の革命運動の指導者であった孫文が主張した, 民族主義・民権主義・民生主義の三つをいう。

スタート
ドリル

15 日清・日露戦争
# 日清・日露戦争

1600　　　　1700　　　　1800　　　　1900　　　　2000

学習する年代 明治時代

**1** 次の文の{ }から，正しい語句を選んで書きなさい。

（各6点×8　48点）

(1) イギリス，アメリカ，フランスなどの列強は，経済力と軍事力を背景として，アジアやアフリカに進出し，やがてこれらの地域を植民地とした。このような動きを{ 帝国主義　資本主義 }という。

(2) 1894年，陸奥宗光外相はイギリスと日英通商航海条約を結び，{ 関税自主権　領事裁判権 }の撤廃に成功した。

(3) 1894年，朝鮮では東学を信仰する農民らが半島の南部一帯で蜂起した。この事件を{ 甲午農民戦争　義和団事件 }という。

(4) 日清戦争の結果，日本は{ 台湾　香港 }，遼東半島，澎湖諸島の支配権を得た。

(5) ロシア，フランス，ドイツは，日清戦争で日本が手に入れた{ 山東半島　遼東半島 }を清に返還するよう勧告してきた。これを三国干渉という。

(6) 日露戦争の講和条約を，{ 下関条約　ポーツマス条約 }という。

(7) 日露戦争の結果，日本は{ 南樺太　澎湖諸島 }をゆずり受けた。

(8) 日露戦争で，韓国への優越権を得た日本は，1910年，韓国を植民地とした。これを{ 韓国併合　征韓論 }という。

**2** 中国の動きについて，次の文の{ }の中から，正しい語句を選んで書きなさい。

（各6点×2　12点）

(1) 1911年，中国で{ 辛亥革命　独立革命 }が起こり，翌年，中華民国が成立した。

(2) 中華民国の臨時大総統となったのが，{ 袁世凱　孫文 }である。

**3** 次の略年表を見て，あとの問いに答えなさい。

(各5点×8　40点)

| 時代 | 年 | 政治・できごと | 不平等条約の撤廃と戦後の条約の内容 |
|---|---|---|---|
| ①〔　　　〕時代 | 1894 | ②〔　　　〕戦争<br>┗→日本，清両国が朝鮮に出兵した<br><br>③〔　　　〕戦争<br>┗→主に朝鮮半島やその近海で戦いが起こった | 領事裁判権の撤廃<br>┗→外相　陸奥宗光<br>（日英通商航海条約） |
| | 1895 | ④〔　　　〕条約<br><br><br>三国干渉…ドイツ・フランス・ロシアの勧告で遼東半島を返還する。 | ┌─④条約の内容─┐<br>清は朝鮮の独立を認める<br>遼東半島・澎湖諸島・台湾の割譲（かつじょう）<br>賠償金2億両の支払い（ばいしょうきん・テール・しはら）<br>┗→当時の日本の国家予算の約3.6倍 |
| | 1897 | 朝鮮が国名を大韓帝国（韓国）とする。 | |
| | 1900 | 義和団事件 | |
| | 1902 | ⑤〔　　　〕同盟<br>┗→南下するロシアをくい止めたい思惑（おもわく）が一致（いっち）した | |
| | 1904 | ⑥〔　　　〕戦争<br>┗→主に満州で戦いが起こった | ┌─⑦条約の内容─┐<br>日本の韓国への優越権を認める<br>南樺太の支配権<br>南満州鉄道（みなみまんしゅう）などの利権<br>賠償金はなし<br>┗→日比谷焼き打ち事件 |
| | 1905 | ⑦〔　　　〕条約<br>┗→アメリカの仲介（ちゅうかい）による | |
| | 1910 | 韓国併合 | 関税自主権の回復（1911）<br>┗→外相　小村寿太郎 |

(1) 年表中の①～⑦にあてはまる語句を書きなさい。

(2) 次の文の（　）にあてはまる語句を書きなさい。

　　資本主義の発展とともに，イギリス・アメリカ・フランスなどの欧米（おうべい）の列強は，経済力・軍事力を背景にアジア・アフリカに進出し，これらの地域を植民地として支配した。この動きを（　　　）主義という。

〔　　　　　　　〕

**15 日清・日露戦争**

# ① 欧米の侵略と条約改正

## 基本

**1** 次の文の{ }の中から，正しい語句を選んで書きなさい。

✓ チェック P54 **1** ②(各6点×4　24点)

(1) 明治のはじめ，{ 大久保利通　　西郷隆盛　　岩倉具視 }を全権大使とする使節団が欧米各国をまわり，不平等条約改正を交渉した。

(2) 井上馨は鹿鳴館で舞踏会をもよおすなど{ 国際化　欧化　上流化 }政策をすすめ，不平等条約改正を図ろうとした。

(3) ロシアとの対立から，日本との関係強化をのぞんだイギリスは，{ 領事裁判権　国民主権　関税自主権 }の撤廃に応じた。

(4) { 領事裁判権　　国民主権　　関税自主権 }の回復は，1911年のアメリカとの条約調印で，ようやく実現した。

**2** 次の文にあてはまる語句を，下の◯◯◯から選んで書きなさい。

✓ チェック P54 **1** ①(各6点×4　24点)

(1) 19世紀末，ベトナムやカンボジアを植民地とした国はどこか。

(2) アフリカで，エジプトから南アフリカにわたる南北に広い地域を植民地としていた国はどこか。

(3) 19世紀末，フィリピンを植民地とした国はどこか。

(4) シベリア鉄道を建設し，南下政策のもとに植民地を広げようとした国はどこか。

> フランス　　イタリア　　イギリス　　ドイツ　　ロシア　　アメリカ

**得点UP**
**コーチ**

**1** (3)外国人が日本国内で犯罪をおかしても，日本の法律では裁判を行えないことをいう。

**2** (1)東南・南アジアには，イギリス・フランス・オランダなどが進出した。

学習日　月　日　得点　点

発展

**3** 欧米列強の動きについて，次の問いに答えなさい。

✔ チェック P54 **1**①(各7点×4　28点)

(1) 右の地図中のA・Bの地域を植民地としていた国はどこか。

A _____

B _____

(2) アフリカはほとんどがヨーロッパ諸国の植民地となったが，その中で独立を守ったのはリベリアともう一つはどこか。

_____

(3) 軍事力や経済力を背景に，アジアやアフリカに植民地を広げていった，この列強の動きを何というか。

_____

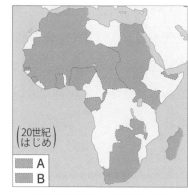

(20世紀 はじめ)

■ A
■ B

**4** わが国の条約改正のあゆみについて述べた文を読んで，下の問いに答えなさい。

✔ チェック P54 **1**②(各6点×4　24点)

A　岩倉使節団は，不平等条約の改正を各国と交渉しようとしたが，果たせなかった。

B　1894年，外相陸奥宗光は，イギリスとの間で□□の撤廃に成功した。

C　1911年，外相□□はアメリカとの間で，関税自主権の回復に成功した。

(1) Aの下線部について，江戸幕府が1858年にアメリカとの間で結んだ条約は何か。

_____

(2) Bは，何という条約を結んだときに実現したものか。

_____

(3) Bの□□にあてはまる語句を書きなさい。

_____

(4) Cの外相は，第二次桂太郎内閣のときの外相であった。名を書きなさい。

_____

............................................................

得点UP コーチ↗

**3** (2)旧約聖書にも登場する歴史の古い国。20世紀半ばに，イタリアが占領するまで，独立を保った。

**4** (1)大老井伊直弼が，朝廷の許可を得ないで結んだ条約。(4)1911年のことで，条約改正の達成までに約50年かかった。

書き込み
ドリル

15 日清・日露戦争
2 日清戦争

| 1600 | 1700 | 1800 | 1900 | 2000 |

学習する年代 明治時代

## 基本

**1** 次の文の{ }の中から，正しい語句を選んで書きなさい。

✓ **チェック** P54 **2** ①(各6点×4　24点)

　1894年，(1){　日本　　朝鮮　　清　}の南部で，外国人の排斥や，政治改革を求める農民が蜂起して(2){　西南戦争　　甲午農民戦争　　太平天国の乱　}が起こった。これを鎮圧することをきっかけに起こったのが，(3){　日露戦争　　日清戦争　　日英戦争　}である。戦争は8か月ぐらいで日本が勝利し，山口県の下関で講和条約が結ばれた。この条約により，(4){　朝鮮　　台湾　　満州　}が日本の植民地となった。

| (1) | (2) |
|---|---|
| (3) | (4) |

**2** 次の文にあてはまる語句を，下の　　から選んで書きなさい。

✓ **チェック** P55 **2** ②(各5点×4　20点)

(1)　下関条約調印後，フランス，ドイツとともに，清から日本にゆずられた地域の返還を勧告してきた国はどこか。

(2)　勧告に従い，日本が返還した地域はどこか。

(3)　勧告に従わざるを得なかった日本では，その後，大規模な軍備の拡張などが図られた。この勧告を何というか。

(4)　日清戦争後，欧米諸国が争って中国から獲得していった権利のうち，港湾などの重要地域を借りて統治する権利を何というか。

| アメリカ | ロシア | 遼東半島 リアオトン | 江華島 カンファド | 朝　鮮 | 三国通商 |
| イギリス | 台　湾 | 植民地 | 租借権 | 居留地 | 三国干渉 |

- - - - - - - - -

**得点UP
コーチ↑**

**1** (3)日清戦争の戦場となったのは，朝鮮半島だった。(4)朝鮮の清からの独立が認められ，日本が進出しやすくなった。

**2** (4)「眠れる獅子」として欧米から警戒されていた清が日本に敗れると，列強の中国分割は進んだ。

**発展**

**3** 次の文章を読んで，下の問いに答えなさい。

✓ チェック P54 **2** ①，P55 **2** ②（(3)完答，各7点×8　56点）

A　ロシア，フランス，ドイツは，遼東半島の返還を日本に求めた。

B　日本の勝利は中国分割を加速させ，列強は〔 ア 〕の敷設権などを獲得していった。

C　下関条約により，日本は賠償金や，遼東半島，台湾などの領有権を獲得した。

D　日本は江華島事件を口実に，〔 イ 〕と不平等条約を結んだ。

E　朝鮮では，外国の勢力を追放し，政治改革を求める農民の蜂起が起きた。

(1)　日本はAの内容に従い，遼東半島を返還したが，この返還要求を何というか書きなさい。

(2)　Bの〔 ア 〕にあてはまる語句を漢字二文字で書きなさい。

(3)　Cの条約が結ばれたときの日本側の全権を二人書きなさい。

(4)　Cの賠償金の6割ほどの費用を使って，日本が行ったことは何か。簡潔に書きなさい。

(5)　Dの文の〔 イ 〕にあてはまる国名を書きなさい。

(6)　Eの農民の蜂起は，何と呼ばれているか書きなさい。

(7)　朝鮮政府から，農民蜂起を鎮圧するため出兵を要請された国はどこか。

(8)　A～Eを，起きた順に正しく並べられているものを番号で答えなさい。

①　B→D→E→A→C　　②　D→E→C→A→B

③　E→D→C→A→B　　④　C→E→D→A→B

**得点UP
コーチ**

**3** (1)ロシアは，満州や朝鮮への進出を図っていた。やがて，これらの地域をめぐって，日本と対立するようになった。(2)重要な港湾などの租借権を得て，そこを拠点に鉄道建設などを進めた。

書き込み
ドリル

15 日清・日露戦争
3 日露戦争

1600　　　1700　　　1800　　　1900　　　200

学習する年代 明治時代

## 基本

**1** 次の文の{ }の中から，正しい語句を選んで書きなさい。

✓ チェック P55 **3** ②〜⑤（各6点×4　24点）

(1) ロシアとの開戦を唱える声が高まる中で，キリスト教徒の立場から戦争に反対したのは，{ 内村鑑三　幸徳秋水　堺利彦 }である。

(2) 苦戦を続けながらもロシアに勝利をおさめた日本は，アメリカの仲介で，{ 下関　ポーツマス　サハリン }条約を結んだ。

(3) 1910年，日本は{ 韓国　台湾　満州 }を併合する条約に調印させ，これを植民地とした。

(4) 1911年，中国で辛亥革命が起こり，翌年，{ 洪秀全　袁世凱　孫文 }を臨時大総統とする中華民国が成立した。

**2** 次の文の▢にあてはまる語句を，下の▢から選んで書きなさい。

✓ チェック P55 **3** ①（各5点×4　20点）

中国では，帝国主義諸国の侵略に反対し，1900年，(1)＿＿＿＿＿が起こったが，日本やロシアなど8か国連合軍にしずめられた。その後，ロシアは満州にとどまり，周辺国への影響力を強めた。(2)＿＿＿＿＿に勢力をのばそうとしていた日本は，ロシアとの対立を深めていき，一方，中国に利権を多く持つ(3)＿＿＿＿＿は，ロシアの南下をおさえるために日本に接近し，1902年，(4)＿＿＿＿＿を結んだ。

| 三国同盟 | イギリス | 中国 | 太平天国の乱 | 日英同盟 |
| アメリカ | フランス | 韓国 | 台湾 | 義和団事件 |

**得点UP
コーチ**

**1** (1)他の二人は社会主義者。(2)講和会議が開かれたアメリカの都市名がついている。

**2** (2)ロシアは，事実上満州を占領した。(4)日本国内ではロシアへの反感が高まり，主戦論が大勢を占めた。

62

学習日　月　日　得点　点

15 日清・日露戦争
スタート
ドリル　書き込み
ドリル❶　書き込み
ドリル❷　書き込み
ドリル❸　まとめの
ドリル

発展

**3** 右の年表を見て，次の問いに答えなさい。

✓ チェック P55 3 ①，②，③，④(各6点×6　36点)

(1) 各国の公使館が包囲された，年表中の ① にあてはまる語句を書きなさい。

(2) (1)の主張を，漢字四文字で書きなさい。

(3) 年表中の ② にあてはまる，日本がヨーロッパのある国と結んだ同盟を何というか。

(4) 年表中の ③ にあてはまる国はどこか。

(5) 1905年に結ばれた，年表中の下線部の戦争の講和条約は，何と呼ばれるか。

(6) (5)の条約の仲介(ちゅうかい)をした国はどこか。

| 年代 | で き ご と |
|------|------------|
| 1900 | 中国で ① 事件が起こる |
| 1902 | ② が結ばれる |
| 1904 | 日露(にちろ)戦争が起こる |
| 1910 | 日本が ③ を併合する |

**4** 中国の動きについて，次の問いに答えなさい。

✓ チェック P55 3 ⑤(各5点×4　20点)

(1) 中国では1911年，武昌(ぶしょう)(武漢(ぶかん))(ウーチャン ウーハン)で起こった軍隊の反乱をきっかけに，革命の動きが各地に広まった。このできごとは何と呼ばれるか。

(2) (1)の結果，1912年に成立した国を何というか。

(3) 中国の革命運動を指導し，(2)の国の臨時大総統となった人物はだれか。

(4) (3)の人物が唱えた，民族主義(民族の独立)，民権主義(政治上の平等)，民生主義(経済上の平等)の考え方は，合わせて何と呼ばれるか。

得点UP
コーチ

**3** (1)山東省(さんとう)(シャントン)で起きた反乱は華北(かほく)一帯に広がった。反乱は北京(ペキン)の各国の公使館を包囲した。

**4** (2)南京(ナンキン)を首都として成立した，アジアで最初の共和国。(3)のちに袁世凱に大総統の地位をゆずった。

まとめの
ドリル

15 日清・日露戦争
日清・日露戦争

1600　　1700　　1800　　1900　　200

学習する年代 明治時代

## 1　次の文を読んで，下の問いに答えなさい。

✓ チェック P54 1 ，2 ，P55 3 （各8点×7　56点）

　19世紀末になると，欧米列強は①自国の軍事力と経済力を背景に海外侵略を進め，植民地や勢力範囲を広げていった。その結果，アフリカの大部分はヨーロッパ諸国の植民地となり，アジアでも多くの国が欧米列強の植民地となっていった。

　東アジアでは，　ⓐ　をめぐって日本と清との対立が深まり，1894年，日清戦争が始まった。これに勝った日本は，1895年に　ⓑ　で結ばれた講和条約で②清の領土の一部などを手に入れた。その後，日本はロシアと対立するようになり，1904年に日露戦争が始まった。日本は苦しい戦いを続けながらも各地で勝利をおさめ，1905年，アメリカの仲介で③講和条約が結ばれた。

(1)　文中の　ⓐ　にあてはまる地域はどこか。

(2)　文中の　ⓑ　にあてはまる都市はどこか。

(3)　下線部①のような動きは何と呼ばれるか。

(4)　下線部②のうち，1945年まで日本の植民地とされた地域はどこか。

(5)　下線部②のうち，日本は遼東半島を清に返還した。フランス，ドイツとともに，ロシアが日本に対して行った勧告を何というか。

(6)　下線部③の内容にあてはまるものを，次のア〜エから一つ選び，記号で答えなさい。

ア　日本は多額の賠償金を手に入れた。　　イ　日本は南満州の鉄道をゆずり受けた。
ウ　日本は不平等条約を改正した。　　　　エ　日本は千島列島を領土とした。

(7)　日清・日露戦争の勝利などで日本の国際的地位が高まったため，1911年改正された不平等条約は，どのような内容であったか。

・・・・・・・・・・・・・・・・・・・・・・・・・・・・・・・・・・・・・・・・・・・・・・・・・・

得点UP
コーチ↑

1　(2)講和条約を結んだ地の名前が名称となっている。(7)領事裁判権（治外法権）の撤廃については，1894年に改正されている。　条約改正への過程について整理しておこう。

**2** 　右の地図を見て，次の問いに答えなさい。

✓ チェック　P54 **2**，P55 **3**（各6点×4　24点）

(1)　日本が清からゆずり受けたが，三国干渉（かんしょう）により清に返還された地域を地図中から選び，その地名を書きなさい。

（　　　　　　　　　　）

(2)　ロシアの南下政策に対抗するため，日本はヨーロッパのある国と同盟を結んだ。何という同盟か書きなさい。

（　　　　　　　　　　）同盟

(3)　日露戦争の結果，日本の領土となった地域を地図中から選び，その地名を書きなさい。

（　　　　　　　　　　）

(4)　1911年，清で革命が起こり，翌年，中華民国（ちゅうかみんこく）が成立した。この革命は何と呼ばれるか。

（　　　　　　　　　　）

**3** 　次の文にあてはまる人物名を答えなさい。

✓ チェック　P54 **1**，P55 **3**（各5点×4　20点）

(1)　1894年，イギリスとの間で，はじめて領事裁判権（治外法権）の撤廃（てっぱい）に成功した外相。

（　　　　　　　　　　）

(2)　日露戦争の開戦前，社会主義者の立場から戦争に反対する意見を発表した。のちに大逆事件（ぎゃく）（たいほ）で逮捕され，死刑（しけい）となった人物。

（　　　　　　　　　　）

(3)　ポーツマス条約の交渉にあたり，また，1911年にアメリカとの間で，最初に関税自主権の回復を果たした外相。

（　　　　　　　　　　）

(4)　中国において革命運動を指導し，中華民国が成立すると，その臨時大総統となった人物。

（　　　　　　　　　　）

┌─ 得点UP
│　コーチ↑
└

**2** (3)ポーツマス条約により，ロシアからゆずり受けた。しかし，賠償金は支払（しはら）われなかったため，国民は不満だった。

**3** (2)明治時代の社会主義運動の中心となっていた人物。(4)三民主義を唱え，清からの独立を指導した。

# 16 近代産業の発達

1600　1700　1800　1900　200

学習する年代 明治時代

## 1 産業革命の進展

ドリル P70

### ① 日本の産業革命

● **軽工業の発達**…**紡**
せき せい し　→日清戦争前後
**績・製糸業が発達。**
　　　　→機械による大量生産
中国・朝鮮向けの綿
ちゅうごく ちょうせん
糸，アメリカ向けの
きいと
**生糸**の輸出が増加。
　→日本のおもな輸出品

万t

（「日本経済統計集」「横浜市史」）

国内生産量

輸出量

輸入量

1890年　95　　1900　　05　　10

▲綿糸の生産と貿易の変化

● **重工業の発達**…官営の**八幡製鉄所の設立** ▶ 近くに炭鉱
　→製鉄，造船，車両，兵器など軍需産業　　や はた　→1901年，日清戦争の賠償金の一部があてられた
があり，原料となる中国の鉄鉱石
を輸入するのに好立地。

● **交通・通信の発達**…各地で鉄道を
建設 ▶ 国有化。電話の利用も
始まる。

● **財閥の形成**…**三井・三菱・住友・**
さいばつ　みつい　みつびし　すみとも
**安田**などの大資本家が経済を支配。
やすだ

▲八幡製鉄所の溶鉱炉
ようこう ろ

### ② 社会問題の発生

● **農村の変化**…農作物が商品化され，綿・麻などが衰退し，
あさ　すいたい
**くわの栽培や養蚕**がさかんになる。
さいばい ようさん
　→カイコガの幼虫のエサ　　→長野県，群馬県で製糸業

● **小作人の増加**…高い地租などのため困窮 ▶ 農地を売る。
ち そ　こんきゅう

● **労働問題の発生**…紡績業は女性労働者，重工業は農村から
　　　　　　　　　　　　→工女と呼ばれた
出てきた男性労働者 ▶ 賃金も安く，労働時間も長かった。
　　　　　　　　　　　　　→待遇改善を求めてストライキなど労働争議が起こる

● **社会主義の広まり**…社会問題が広がり，**社会主義の政党誕生**
　　　　　　　　　　　　　　　　　　　　　　　→1901年
▶ **政府の厳しい弾圧。**
　　　　　　だんあつ
　　　　→大逆事件

● **足尾銅山鉱毒事件**…足
あし お
尾銅山開発により公害
が発生し，**田中正造**らが
た なかしょうぞう
操業停止を求めた ▶
**公害問題**の原点。

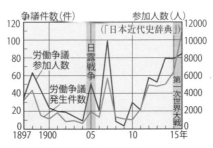

争議件数(件)　　　　参加人数(人)

120　　　　　　　　　　　　12000
（「日本近代史辞典」）
100　　　　　　　　　　　　10000
労働争議
80　参加人数　日　　　　　8000
　　　　　　　露
60　　　　　　戦　　　　　　6000
　　　　　　　争
40　労働争議　　　　　　　　4000
　　発生件数　　　　　第
20　　　　　　　　　　　一　2000
　　　　　　　　　　　次
　　　　　　　　　　　世
　　　　　　　　　　　界
1897　1900　05　　10　　15年大
戦

▲労働争議の件数と参加人員

## 覚えると得

**軽工業から重工業へ**

綿織物や生糸の輸出
で得た外貨を，鉄鋼
ぐんかん
や軍艦の輸入にあて
近代的な軍備を整え
た。さらに日清戦争
ばいしょうきん
後，清の賠償金に
よって軍需工業はじ
め重工業が発達した。

**都市問題**

都市には，貧しい労
働者が住む地域がで
かんきょう
き，生活や環境・衛
生の面で深刻な問題
が生じた。

**大逆事件**
たいぎゃく
1910年，天皇暗殺を
くわだてたとして社
たい ほ
会主義者が逮捕され，
こうとくしゅうすい
翌年幸徳秋水ら12
しょけい
名が処刑された。

**足尾銅山鉱毒事件**
お
1890年ごろ水質汚
せん　えんがい　こうずい
染，煙害，洪水など
ひがい
の被害が社会問題と
なった。政府は操業停
止には応じず，1907
や なか　はいそん
年に洪水対策として
谷中村を廃村とし，
遊水池とした。

## 2 近代文化の形成 ドリル P72

### ① 教育の普及と科学の発達
→1872年, 学制から始まる
- **国定教科書**…1903年から小学
→文部省が著作したもののみ使用
校の教科書が国定となり, 政府
の統制が強くなった ■■▶ 1907
→1890年教育勅語
年に義務教育を**4年**から**6年**に
→1886年, 学校令
延長。

▲岩倉使節団の女子留学生

- **女子に進学の道**…女子教員を養
成する東京女子師範学校が設立された。また, **津田梅子**が
→現在のお茶の水女子大学
私立の**女子英学塾**を設立した。
→現在の津田塾大学
- **科学の発達**…帰国した留学生たちが, お雇い外国人にかわ
り教育や研究の中心となり, 世界的な研究が行われるよう
になった ■■▶ **北里柴三郎**, **野口英世**。

**覚えると得**

**個人よりも家を重視**
民法が制定され, 一夫一婦制が制度化された。個人よりも, 「家」や国家が重視され, 家長の権限が大きかった。

**私立学校の設立**
福沢諭吉の慶應義塾, 新島襄の同志社英学校, 大隈重信の東京専門学校(現在の早稲田大学)など。

### ② 近代文学の発展
- **近代文学の出発点**…坪内逍遥が, 小説は人生や
→「小説神髄(しんずい)」
感情をありのままでえがくと主張 ■■▶ **二葉亭
四迷**が言文一致の文体で具体化した。
→話し言葉のままで文章を書く
- **ロマン主義**…人間の自由な感情を重視する
■■▶ **樋口一葉**, **与謝野晶子**など。
→小説　→短歌
- **自然主義**…社会の現実を直視する。
→日露戦争ごろ
- **知識人の視点**…夏目漱石, 森鷗外。

### ③ 新しい芸術
- **日本画**…フェノロサが**岡倉天心**と協力して日本
画の復興に努力 ■■▶ **横山大観**らが日本画の技
→「無我」
法を近代美術として再興した。
- **洋画**…フランスに留学した**黒田清輝**が, 「湖畔」
「読書」などで, 印象派の画風を日本に紹介。
- **彫刻**…日本の技術に西洋の技法がとり入れられ
た。高村光雲の木彫など。
- **音楽**…**滝廉太郎**が「荒城の月」「花」を作曲。西洋
音楽は学校教育にも採用された。

| 医学 | 北里柴三郎 | 破傷風の血清療法の発見 |
|---|---|---|
| | 志賀 潔 | 赤痢菌の発見 |
| 薬学 | 鈴木梅太郎 | ビタミンB₁の精製 |
| | 高峰 譲吉 | タカジアスターゼの創製 |
| 物理 | 長岡半太郎 | 原子模型の研究 |
| 天文 | 木村 栄 | 緯度変化の研究 |
| 地震 | 大森 房吉 | 地震計の発明 |

▲おもな医学者・科学者とその実績

| 二葉亭四迷 | 「浮雲」 |
|---|---|
| 樋口 一葉 | 「たけくらべ」「にごりえ」 |
| 正岡 子規 | 俳誌「ホトトギス」主宰 |
| 夏目 漱石 | 「吾輩は猫である」「坊っちゃん」 |
| 森 鷗外 | 「舞姫」 |
| 国木田独歩 | 「武蔵野」 |
| 島崎 藤村 | 「若菜集」「破戒」 |
| 与謝野晶子 | 「みだれ髪」 |
| 石川 啄木 | 「一握の砂」 |

▲おもな文学者とその作品

# スタートドリル

# 近代産業の発達

学習する年代 明治時代

**1** 産業の発達について，次の文の{ }の中から，正しい語句を選んで書きなさい。

(各6点×5　30点)

(1) 1880年代の半ばごろから，日本の経済は紡績，製糸などの{ 軽工業　重工業 }が発展し，産業革命の時代をむかえた。

(2) 日清戦争の賠償金の一部があてられ，1901年，官営の{ 富岡製糸場　八幡製鉄所 }が操業を開始した。近くに炭鉱があり，原料の鉄鉱石は中国から輸入した。

(3) 三井・三菱・住友・安田などの少数の大資本家が{ 財閥　株仲間 }を形成し，日本の経済を支配した。

(4) 農村では，高い地租や肥料購入のために困窮し，農地を売る農民が増えたため，{ 地主　小作人 }が増加した。

(5) 栃木県の{ 足尾　別子 }銅山の開発による公害により，渡良瀬川流域の住民に水質汚染や煙害，洪水などの大きな被害が出た。

**2** 近代文化の形成について，次の文の{ }の中から，正しい語句を選んで書きなさい。

(各6点×5　30点)

(1) 高等女学校のほかに，中学校，師範学校，実業学校がつくられ，{ 大隈重信　福沢諭吉 }が慶應義塾という私立学校をつくった。

(2) 近代文学では，{ 正岡子規　二葉亭四迷 }が「浮雲」という作品で，言文一致の文体を具体化した。

(3) 日清戦争前後に主流となったロマン主義の影響を受けた{ 樋口一葉　夏目漱石 }が「たけくらべ」などを発表した。

(4) アメリカ人の{ ハリス　フェノロサ }が岡倉天心と協力して日本画の復興に努力し，横山大観らが日本画の技法を近代美術として再興した。

(5) ドイツに留学して医学を学んだ{ 北里柴三郎　野口英世 }は，破傷風の血清療法を発見した。

**3** 次の略年表を見て，あとの問いに答えなさい。

（各5点×8　40点）

| 時代 | 年 | 産業 | 文化 |
|---|---|---|---|
| 明治時代 | | ① [　　　] 工業の発達（1880年代後半）<br>└ 紡績・製糸業 | |
| | 1891 | ② [　　　] が被害を訴える<br>└ 足尾銅山鉱毒事件を議会で取り上げる | 北里柴三郎が伝染病の研究施設をつくる（1892） |
| | 1894 | 日清戦争 | |
| | 1895 | 下関条約 | ④ [　　　] が「たけくらべ」を連載する（1895～） |
| | | <br> ⋮ | ⑤ [　　　] が赤痢菌発見の報告をする（1897）<br><br>⑥ [　　　] が「荒城の月」を作曲する（1900） |
| | 1901 | ③ [　　　] 製鉄所が操業開始 | |
| | 1904 | 日露戦争 | |
| | 1905 | ポーツマス条約 | ⑦ [　　　] が「坊っちゃん」を発表する（1906） |
| | 1911 | 工場法公布…労働時間の制限など | |

(1) 年表の①～⑦にあてはまる語句を書きなさい。

(2) 次の文の（　）に，共通してあてはまる語句を書きなさい。

　　1880年代半ばから，紡績，製糸などのせんい工業を中心に機械による大量生産が行われ，（　　　）が始まった。日本の（　　　）は，イギリスより約100年おくれて進展した。

[　　　　　　]

69

16 近代産業の発達

# 1 産業革命の進展

## 基本

**1** 次の文の{ }の中から，正しい語句を選んで書きなさい。

✓ チェック P66 **1**（各7点×4　28点）

必出 (1) 鉄鉱石の輸入先である中国に近い九州に，官営の{ 富岡製糸場　三田育種場　八幡製鉄所 }が設立された。

(2) 政府から鉱山や工場を払い下げられた，三井，三菱などの大資本家は，{ 華族　財閥　財界 }と呼ばれ，大きな力を持つようになった。

(3) 1910年，天皇の暗殺を計画したとして社会主義者などがとらえられ，幸徳秋水ら12名が死刑となった。このできごとを{ 秩父事件　大逆事件　加波山事件 }という。

必出 (4) 足尾銅山の開発によってひき起こされた公害に対し{ 田中正造　板垣退助　大隈重信 }がその救済に力をつくした。

**2** 次の文の＿＿にあてはまる語句を，下の＿＿から選んで書きなさい。

✓ チェック P66 **1**①（各6点×5　30点）

イギリスより約100年おくれで始まった日本の (1)＿＿＿＿＿＿　では，まず紡績業や製糸業が発達し，綿糸や (2)＿＿＿＿＿＿　の輸出が増えていった。その影響で，農村ではくわ畑が増え， (3)＿＿＿＿＿＿　がさかんになる地域もあらわれるなど，農作物が商品化されていき，農村の自給自足体制はくずれていった。

また，軍備増強や鉄道建設のため鉄鋼の需要が高まり，九州に (4)＿＿＿＿＿＿　が建設されるなど，産業の中心は (5)＿＿＿＿＿＿　に移行していった。

> 重工業　綿織物　産業革命　軽工業　養蚕業　生糸　八幡製鉄所

得点UP
コーチ↑

**1** (1)今の北九州市に建設され，1901年に操業を開始した。(3)わが国の社会主義運動は，大きな打撃を受けた。

**2** (2)生産量は1880年からの20年間に約4倍に増えた。(4)日清戦争の賠償金の一部が使われて建設された。

# くもんの中学生用
# ドリル・参考書

くもんの学習書はどのドリルも参考書も
「自分でスラスラ学べる」ことを第一に考えて作られています。
だから、「勉強のしかたがわからない」
「部活や塾で毎日いそがしい」「そもそも勉強なんてめんどうくさい」
…という中学生のみなさんでも、
ひとりひとり、自分のペースで、勉強に取り組むことができます。

 問題を解く本。くもんのドリルは、新しい内容でも問題を解き進めながら、自力でスラスラ理解できます。

くもんのドリルは、問題の単なる寄せ集めではありません。1問1問、内容や順番、例題に工夫をこらし、新しいことに無理なく気づいたり、力を高めたりできるようにしています。

### ⇒日常学習の柱に! 毎日の学習のペースメーカー

 解き方などの解説を読む本。くもんの参考書は独自のステップアップ方式だから、わかりやすさナンバー1。

くもんの参考書は、「新しい内容」を「知っていること」を踏み台にして説明するステップアップ方式が中心。ポイントをスッキリ理解できます。

### ⇒疑問やあやふやを作らない! しっかり頼れる名コーチ

**目的に応じて「ドリル」と「参考書」を組み合わせて勉強すれば**
**授業も定期テストも受験も、自信100%でのぞめます!**

2021年2月現在

## くもんのドリル

### ●中学基礎がため100% シリーズ

基本 標準 発展

主要5教科を、学年別・分野別に完全ラインアップ。
書き込み式でスラスラできて、
学校の授業がびっくりするほどわかるようになる！

| 英語 | 文法／単語・読解［全6巻］ |
|---|---|
| 数学 | 中1…計算／関数・図形・データの活用 |
| | 中2・3…計算・関数／図形・データの活用［全6巻］ |
| 国語 | 読解／文法／漢字［全5巻］ |
| 理科 | 物質・エネルギー（1分野）／生命・地球（2分野）［全6巻］ |
| 社会 | 地理／歴史／公民［全5巻］ |

### ●スタートでつまずかない シリーズ

基本 標準 発展

英語 数学 国語 ［全3巻］

### ●これでだいじょうぶ！数学 シリーズ［全5巻］ 基本 標準 発展

### ●2時間でニャンとかできる中学歴史 シリーズ［全5巻］

基本 標準 発展

## くもんの参考書

### ●スーパーステップ シリーズ

基本 標準 発展

きめ細かい学習ステップで、わかりやすく確実に力をつける。
基礎から受験まで。中学参考書の決定版！

| 英語 | 中学英文法／中学英語リーディング／中学英語リスニング 他多数 |
|---|---|
| 数学 | 中学数学 |

［対応問題集］

| 英語 | 中学英文法問題集 |
|---|---|

## 高校入試対策用

### ●こわくない シリーズ

基本 標準 発展

英語 ［全2巻］ 数学 ［全2巻］ 国語 ［全3巻］

### ●20日で追いつく シリーズ

基本 標準 発展

英語 数学 国語 ［各1巻］

くわしい情報は、くもん出版のホームページ⇒ https://www.kumonshuppan.com/

# できた！
# 中学社会
## 歴史

# 中学基礎がため100%

# 教科書との内容対応表

※令和3年度の教科書からは、
こちらの対応表を使いましょう。

● この表の左側には、みなさんが
使っている教科書の内容を示して
あります。右側には、それらに対応
する「基礎がため100%」のペー
ジを示してあります。

● できた！ 中学社会 歴史は、「上」と
「下」の2冊があり、それぞれの
ページが示してあります。勉強を
するときのページ合わせに活用し
てください。

## くもん出版

### 東京書籍
#### 新しい社会　歴史

教科書の内容　　　　　　　　基礎がため100%の
　　　　　　　　　　　　　　　ページ

**第1章　歴史へのとびら**

**第2章　古代までの日本**
　1　世界の古代文明と宗教のおこり‥(上)4〜15
　2　日本列島の誕生と大陸との交流…(上)16〜27
　3　古代国家の歩みと東アジア世界…(上)30〜51

**第3章　中世の日本**
　1　武士の政権の成立 ………………(上)54〜65
　2　ユーラシアの動きと武士の政治の展開…(上)66〜79

**第4章　近世の日本**
　1　ヨーロッパ人との出会いと全国統一 (上)82〜93
　2　江戸幕府の成立と対外政策…(上)94〜105
　3　産業の発達と幕府政治の動き…(上)108〜131

**第5章　開国と近代日本の歩み**
　1　欧米における近代化の進展
　2　欧米の進出と日本の開国 }‥‥(下)4〜25
　3　明治維新 ………………………(下)28〜51
　4　日清・日露戦争と近代産業 ……(下)54〜75

**第6章　二度の世界大戦と日本**
　1　第一次世界大戦と日本
　2　大正デモクラシーの時代 }‥(下)78〜91
　3　世界恐慌と日本の中国侵略
　4　第二次世界大戦と日本 }…(下)92〜105

**第7章　現代の日本と私たち**
　1　戦後日本の出発
　2　冷戦と日本の発達 }…(下)108〜131
　3　新たな時代の日本と世界

## 教育出版
### 中学社会　歴史　未来をひらく

教科書の内容　　　　　　　　　　基礎がため100%の
　　　　　　　　　　　　　　　　　　　　　ページ

**第1章　歴史のとらえ方・調べ方**

**第2章　原始・古代の日本と世界**
1　人類の出現と文明のおこり………（上）4〜15
2　日本の成り立ちと倭の王権……（上）16〜27
3　大帝国の出現と律令国家の形成…（上）30〜41
4　貴族社会の発展 ………………（上）42〜51

**第3章　中世の日本と世界**
1　武士政治の始まり ……………（上）54〜65
2　ユーラシアの動きと武家政治の変化 ⎫
3　結びつく民衆と下剋上の社会 　　　⎭…（上）66〜79

**第4章　近世の日本と世界**
1　結びつく世界との出会い ⎫
2　天下統一への歩み 　　　⎭……（上）82〜105
3　幕藩体制の確立と鎖国 ⎫
4　経済の成長と幕政の改革 ⎭…（上）108〜131

**第5章　日本の近代化と国際社会**
1　近代世界の確立とアジア ⎫
2　開国と幕府政治の終わり ⎭………（下）4〜25
3　明治維新と立憲国家への歩み…（下）28〜51
4　激動する東アジアと日清・日露戦争…（下）54〜65
5　近代の産業と文化の発展 ………（下）66〜75

**第6章　二度の世界大戦と日本**
1　第一次世界大戦と民族独立の動き ⎫
2　大正デモクラシー 　　　　　　 ⎭…（下）78〜91
3　恐慌から戦争へ ⎫
4　第二次世界大戦と日本の敗戦 ⎭…（下）92〜105

**第7章　現代の日本と世界**
1　日本の民主化と冷戦 ⎫
2　世界の多極化と日本 ⎬…（下）108〜131
3　冷戦の終結とこれからの日本 ⎭

## 帝国書院
### 中学生の歴史　日本の歩みと世界の動き

教科書の内容　　　　　　　　　　基礎がため100%の
　　　　　　　　　　　　　　　　　　　　　ページ

**第1部　歴史のとらえ方と調べ方**

**第2部　歴史の大きな流れと時代の移り変わり**
**第1章　古代国家の成立と東アジア**
1　人類の登場から文明の発生へ…（上）4〜15
2　東アジアの中の倭（日本）………（上）16〜27
3　中国にならった国家づくり………（上）30〜41
4　展開する天皇・貴族の政治………（上）42〜51

**第2章　武家政権の成長と東アジア**
1　武士の世の始まり……………（上）54〜65
2　武家政権の内と外 　　　　　⎫
3　人々の結びつきが強まる社会 ⎭…（上）66〜79

**第3章　武家政権の展開と世界の動き**
1　大航海によって結びつく世界 ⎫
2　戦乱から全国統一へ 　　　　⎪
3　武士による全国支配の完成 　⎬…（上）82〜131
4　天下泰平の世の中 　　　　　⎪
5　社会の変化と幕府の対策 　　⎭

**第4章　近代国家の歩みと国際社会**
1　欧米諸国における「近代化」 ⎫
2　開国と幕府の終わり 　　　　⎭…（下）4〜25
3　明治政府による「近代化」の始まり ⎫
4　近代国家への歩み 　　　　　　　 ⎭…（下）28〜51
5　帝国主義と日本 ……………（下）54〜65
6　アジアの強国の光と影…………（下）66〜75

**第5章　二度の世界大戦と日本**
1　第一次世界大戦と民族独立の動き ⎫
2　高まるデモクラシーの意識 　　　⎭…（下）78〜91
3　戦争に向かう世論 ⎫
4　第二次世界大戦の惨禍 ⎭……（下）92〜105

**第6章　現在に続く日本と世界**
1　敗戦から立ち直る日本 ⎫
2　世界の多極化と日本の成長 ⎬…（下）108〜131
3　これからの日本と世界 ⎭

## 日本文教出版

### 中学社会　歴史的分野

教科書の内容　　　　　　基礎がため100％の
　　　　　　　　　　　　　　　　ページ

**第1編　私たちと歴史**

**第2編　古代までの日本と世界**
　1　人類の始まりと文明 ……………（上）4〜15
　2　日本列島の人々と国家の形成
　3　古代国家の展開 ⎬……（上）16〜51

**第3編　中世の日本と世界**
　1　古代から中世へ
　2　鎌倉幕府の成立 ⎬……………（上）54〜79
　3　室町幕府と下剋上

**第4編　近世の日本と世界**
　1　中世から近世へ ………………（上）82〜93
　2　江戸幕府の成立と東アジア
　3　産業の発達と元禄文化 ⎬…（上）94〜131
　4　幕府政治の改革と農村の変化

**第5編　第1章　近代の日本と世界　日本の近代化**
　1　欧米の発展とアジアの植民地化 ⎬…（下）4〜25
　2　近世から近代へ
　3　近代国家へのあゆみ
　4　立憲制国家の成立 ⎬…………（下）28〜51
　5　日清・日露の戦争と東アジアの動き…（下）54〜65
　6　近代の日本の社会と文化 ………（下）66〜75

**第5編　第2章　近代の日本と世界　二度の世界大戦と日本**
　1　第一次世界大戦と戦後の世界 ⎬…（下）78〜91
　2　大正デモクラシーの時代
　3　世界恐慌と日本
　4　第二次世界大戦と日本 ⎬……（下）92〜105

**第6編　現代の日本と世界**
　1　平和と民主化
　2　冷戦下の世界と経済大国化する日本 ⎬…（下）108〜131
　3　グローバル化と日本の課題

## 山川出版社

### 中学歴史　日本と世界

教科書の内容　　　　　　基礎がため100％の
　　　　　　　　　　　　　　　　ページ

**第1章　歴史との対話**

**第2章　古代までの日本**
　1　世界の諸文明 ……………………（上）4〜15
　2　日本文化のあけぼの ……………（上）16〜27
　3　律令国家の形成 …………………（上）30〜41
　4　貴族政治と国風文化 ……………（上）42〜51

**第3章　中世の日本**
　1　中世社会の成立 …………………（上）54〜65
　2　武家社会の成長 …………………（上）66〜79

**第4章　近世の日本**
　1　一体化へ向かう世界 ⎬………（上）82〜93
　2　近世社会の成立
　3　幕藩体制の確立 …………………（上）94〜105
　4　幕藩体制の展開 ⎬…………（上）108〜131
　5　幕藩体制の動揺

**第5章　近代の日本と国際関係**
　1　欧米諸国の近代化と日本への接近 ⎬…（下）4〜25
　2　開国と幕末の動乱
　3　立憲国家への道 …………………（下）28〜51
　4　日清・日露戦争とアジア …………（下）54〜65
　5　近代日本の産業と文化 …………（下）66〜75

**第6章　二つの世界大戦と日本**
　1　第一次世界大戦と日本 …………（下）78〜91
　2　国際協調の崩壊 ⎬…………（下）92〜105
　3　第二次世界大戦と日本

**第7章　現代の日本と世界**
　1　戦後の日本と国際社会 ⎬…（下）108〜131
　2　新たな時代の日本と世界

## 育鵬社
### 新しい日本の歴史

教科書の内容　　　　　　　基礎がため100%の
　　　　　　　　　　　　　　　　　　ページ

**序章**
**第1部**
**第1章　原始と古代の日本**
　1　日本のあけぼのと世界の文明 ····· (上) 4〜27
　2　「日本」の国の成り立ち········· (上) 30〜51

**第2章　中世の日本**
　1　武家政治の成立 ⎫
　　　　　　　　　　　⎬ ··············· (上) 54〜79
　2　武家政治の動き ⎭

**第3章　近世の日本**
　1　ヨーロッパとの出会い ⎫
　　　　　　　　　　　　　　⎬ ·········· (上) 82〜93
　2　信長・秀吉の全国統一 ⎭
　3　江戸幕府の政治 ⎫
　4　産業・交通の発達と町人文化 ⎬ ··· (上) 94〜131
　5　幕府政治の改革 ⎭

**第2部**
**第4章　近代の日本と世界**
　1　欧米諸国の進出と幕末の危機···· (下) 4〜25
　2　明治・日本の国づくり ⎫
　　　　　　　　　　　　　　⎬ ··· (下) 28〜65
　3　アジア最初の立憲国家・日本 ⎭
　4　近代産業の発展と近代文化の形成 ··· (下) 66〜75

**第5章　二度の世界大戦と日本**
　1　第一次世界大戦前後の日本と世界 ··· (下) 78〜91
　2　第二次世界大戦終結までの日本と世界··· (下) 92〜105

**第6章　現代の日本と世界**
　1　第二次世界大戦後の占領と再建 ⎫
　　　　　　　　　　　　　　　　　⎬ ··· (下) 108〜131
　2　経済大国・日本の国際的役割 ⎭

## 学び舎
### ともに学ぶ人間の歴史 中学社会 歴史的分野

教科書の内容　　　　　　　基礎がため100%の
　　　　　　　　　　　　　　　　　　ページ

**第1部　原始・古代**
　**第1章　文明の始まりと日本列島**······ (上) 4〜27

　**第2章　日本の古代国家** ········· (上) 30〜51

**第2部　中世**
　**第3章　武士の世** ····················· (上) 54〜79

**第3部　近世**
　**第4章　世界がつながる時代** ⎫
　　　　　　　　　　　　　　　　⎬ ··· (上) 82〜131
　**第5章　百姓と町人の世** ⎭

**第4部　近代**
　**第6章　世界は近代へ** ················· (下) 4〜25

　**第7章　近代国家へと歩む日本**····· (下) 28〜51

**第5部　二つの世界大戦**
　**第8章　帝国主義の時代** ············ (下) 54〜91

　**第9章　第二次世界大戦の時代**··· (下) 92〜105

**第6部　現代**
　**第10章　現代の日本と世界** ····· (下) 108〜131

学習日　　月　　日　得点　　　　点

16 近代産業の発達

スタート
ドリル｜書き込み
ドリル❶｜書き込み
ドリル❷｜まとめの
ドリル

**発展**

**3** 明治時代の産業や社会について述べた次の文の□に，あてはまる語句を書きなさい。

✓ チェック P66 **1** (各6点×4　24点)

(1) 日本の産業革命は，紡績業・製糸業などの　　　　　　　　　　　　から始まり，やがて鉄鋼業などの重工業が発達していった。

(2) 産業革命の進展とともに多くの企業を支配した，三井，三菱，住友など大資本家は　　　　　　　　　　　と呼ばれ，台湾や朝鮮，満州に進出し利益を独占した。

(3) 高い地租による現金の支出が増えたことなどから，土地を売る農家があとを絶たず，　　　　　　　　　人になる者も多かった。

(4) 農村から製糸工場などに働きに出た若い女子労働者の環境や，大工場や鉱山の労働者の環境は劣悪なもので，各地で団結して仕事を休む　　　　　　　　などの労働争議が起こった。

**4** 右の地図を見て，次の問いに答えなさい。

✓ チェック P66 **1** (各6点×3　18点)

(1) 地図中の**A**の地域に設立され，1901年に操業を開始した官営の製鉄所を何というか。

(2) 地図中の**B**の銅山から渡良瀬川に流れ出た鉱毒による水質汚染や開発による煙害などは，周辺の農民や漁民に大きな被害をあたえた。**B**の銅山の名称を書きなさい。

(3) **B**で発生した鉱毒事件で，鉱山の操業停止を求める運動を行うなど，農民や漁民を救うため献身的な努力をした人物はだれか。

　　　　　　　　　　　　　　　　　　　　　　　　　　　　　　　　

**得点UP
コーチ**

**3** (3)地主から土地を借りて耕作する農民のこと。(4)労働者たちは労働組合をつくって運動を行った。

**4** (1)**A**に製鉄所がつくられたのは，近くに炭田があったことと，当時の鉄鉱石の輸入先の中国に近かったことによる。

書き込み
ドリル

16 近代産業の発達
**2 近代文化の形成**

1600　　　1700　　　1800　　　1900　　　2000

学習する年代 明治時代

## 基本

### 1 次の文の{ }の中から，正しい語句を選んで書きなさい。

✓ チェック P67 **2** ①（各5点×3　15点）

(1) 日露戦争後，義務教育の期間は{　4年　　6年　　9年　}に延長され，就学率も100%に近づいた。

(2) 自由の気風をもつ私立学校もつくられるようになり，{　大隈重信　津田梅子　福沢諭吉　}の東京専門学校などが知られる。

(3) ドイツに留学した{　北里柴三郎　志賀潔　野口英世　}は，破傷風の血清療法を発見した。

### 2 次の文にあてはまる人物を，下の　　　から選んで書きなさい。

✓ チェック P67 **2** ②，③（各6点×5　30点）

(1) 学校の唱歌集にも収められた「荒城の月」や「箱根八里」を作曲した。

(2) 「浮雲」を口語であらわし，近代文学の出発点とした。

(3) 原子の構造を研究し，原子模型の理論を発表した。

(4) 欧米文化に向きあう知識人の視点から個人や社会を見つめ，「吾輩は猫である」などのすぐれた小説を残した。

(5) 「湖畔」「読書」などの作品を発表し，フランスから印象派の画風を伝え，洋画の発展の基礎を築いた。

| | | | | |
|---|---|---|---|---|
| 長岡半太郎 | 鈴木梅太郎 | 横山大観 | 島崎藤村 | 黒田清輝 |
| 滝廉太郎 | 二葉亭四迷 | 野口英世 | 夏目漱石 | 森鷗外 |

**得点UP
コーチ↑**

**1** (2)他にも，新島襄の同志社英学校などがあった。(3)ドイツで細菌学者のコッホに学んだ。

**発展**

**3** 次の文の　　　にあてはまる語句や数字を，下の　　　から選んで書きなさい。

✓ チェック P67 **2** ①(各5点×4　20点)

　わが国の近代の教育制度の出発点となったのは，全国に小学校を置くことなどを定めた，1872年の (1)　　　　　　　　　　である。その後，1886年の学校令により，小学校

(2)　　　　　　　　　年間が義務教育とされ，1907年には，その年限が

(3)　　　　　　　　　年間に延長された。

　また，民法では個人よりも (4)　　　　　　　　　　や国家が重視され，男子に比べて女子の地位は低かったが，東京女子師範学校が設立されるなど女子の進学の道も開かれた。

```
    4      6      9      学制      家      児童      軍人      教育勅語
```

**4** 次の文の下線部が正しければ○を書き，まちがっていれば正しい人名に直して書きなさい。

✓ チェック P67 **2** ②，③(各7点×5　35点)

(1)　野口英世は，赤痢菌を発見した。　　　　　　　　　　　　　　　　　

(2)　歌集「みだれ髪」で知られる与謝野晶子は，日露戦争の際，戦場にいる弟の生死を気づかう詩を発表した。　　　　　　　　　　　　　　　　

(3)　日本美術のすぐれた価値を認めた黒田清輝は，弟子の岡倉天心とともに，その復興に努めた。　　　　　　　　　　　　　　　　

(4)　島崎藤村は，社会生活の現実を見つめて，すぐれた和歌をつくった。歌集「一握の砂」はその代表作である。　　　　　　　　　　　　　　　　

(5)　ドイツから帰国した夏目漱石は，翻訳・文芸評論とともに「舞姫」などをあらわし，新しい作風を示した。　　　　　　　　　　　　　　　　

得点UP
コーチ↑

**3** (2)(3)義務教育の年限はしだいに延長された。(4)日本初の女子留学生の一人津田梅子も，帰国後女子教育につくした。

**4** (1)北里柴三郎に学んだ。(3)アメリカの哲学者。日本画の価値は西洋人によって認められた。

# 近代産業の発達

1600　　　　　1700　　　　　1800　　　　　1900　　　　2000

学習する年代 明治時代

**1** 日本の産業革命について，以下の問いに答えなさい。

✓ **チェック** P66 **1** (各7点×8　56点)

A　兵器原料の国産化をめざして，北九州に官営の　(1)　製鉄所をつくった。

B　日露戦争の開戦前，社会主義者の立場から戦争に反対した　(2)　は，のちに大逆事件
　　で逮捕され，多くの社会主義者とともに死刑になった。

C　栃木県の足尾銅山では，栃木県から群馬県にまたがる渡良瀬川に鉱毒が流れ出し，流
　　域に多大な被害をおよぼした。

D　長野県などで　(3)　が，大阪などでは紡績業が近代的な工場経営で行われた。

(1)　Aの文にある　(1)　に入る語句を書きなさい。

(2)　Bの文に書かれた　(2)　の人物はだれか。

(3)　Dの文の長野県でさかんに行われていた　(3)　の工業は何か書きなさい。

(4)　Aの官営の工場が北九州につくられたのは，地理的に中国の（　　　）を輸入しやす
　　かったことと，炭鉱が近くにあったからである。（　）に入る語句を書きなさい。

(5)　Cの足尾銅山鉱毒事件で，被害民の救済をうったえ，鉱山の操業停止を求める運動の
　　先頭に立った人物の名前を書きなさい。

(6)　Dの紡績工場で生産された綿織物は中国などに輸出され，一方生糸の多くはある国に
　　輸出された。輸出先の国名を書きなさい。

(7)　日本の産業革命の始まりの様子を書きあらわしているのは，A～Dのうちのどの文か。
　　記号で答えなさい。

(8)　Aの建設には，ある戦争の賠償金があてられた。この戦争を何というか。

**得点UP
コーチ↗**

**1** (1)民間でも，造船業や九州や北海道の
石炭産業がさかんになった。(3)工場で働い
ていたのは，農村出身の若い女子労働者

だった。
(8)1894年に起こった戦争。

74

**2** 明治の教育について，以下の問いに答えなさい。

✓ **チェック** P67 **2** (各6点×4　24点)

(1) 6歳以上のすべての男女に学校教育を受けさせるため，1872年に制定された①の法律は何か。

（解答欄）

(2) 1890年に発布された，忠君愛国を第一とする②は何か。

（解答欄）

(3) ③に入る数字を書きなさい。

（解答欄）

| 年代 | で　き　ご　と |
|---|---|
| 1872 | 〔　①　〕の発布 |
| 1886 | 学校令制定。義務教育は4年 |
| 1890 | 〔　②　〕 |
| 1903 | 小学校では国定教科書となる |
| 1907 | 義務教育の期間が〔　③　〕年に延長される |
| 1910 | 義務教育就学率98％となる |

(4) 明治に入ると私学も次々とつくられた。大隈重信の東京専門学校，新島襄の同志社英学校などより早い時期に，慶應義塾のもととなる私塾をつくった人物はだれか。

（解答欄）

**3** 次の文にあてはまる人物名を答えなさい。　✓ **チェック** P67 **2** (各4点×5　20点)

(1) 「無我」などの日本画を発表し，欧米の技術を取り入れた近代の日本美術を切り開いた。

（解答欄）

(2) 初めて言文一致の文体を実現し，口語による小説「浮雲」を発表した。

（解答欄）

(3) 「荒城の月」や「花」などを作曲し，近代音楽への道を開いた。

（解答欄）

(4) ドイツに留学してコッホに学び，破傷風の血清療法を発見した。帰国後，伝染病研究所を創設した。

（解答欄）

(5) 私立の女子英学塾を設立した。

（解答欄）

**得点UP　コーチ**

**2** (3)日清戦争後から，義務教育就学率は急速にのびた。(4)新しい時代の女子教育も始まった。

**3** (2)口語による文学の先がけとなった。(4)伝染病研究所(のちの北里研究所)は，1892年に創立。

## 日清・日露戦争／近代産業の発達

**1** 右の年表を見て，次の問いに答えなさい。

✓ **チェック** P54 **1**，P55 **3**，P66 **1**（各6点×8　48点）

(1) 年表中の□□□にあてはまる，中国で反乱を起こした民衆の組織を何というか。

(2) 年表中のAの直前，外相陸奥宗光はイギリスとの間で条約の改正に成功し，日本にとって不平等な内容を撤廃した。それは何か，漢字五文字で書きなさい。

| 年代 | で き ご と |
|---|---|
| 1894 | 日清戦争が起こる……………A |
| 1900〜1901 | 中国で□□□事件が起こる |
| 1902 | 日英同盟が結ばれる…………B |
| 1904 | 日露戦争が起こる……………C |
| 1905 | ポーツマス条約が結ばれる……D |
| 1910 | 日本が〔　　〕する…………E |
| 1911 | 中国で辛亥革命が起こる………F |

(3) 年表中のBの同盟は，日本とイギリス両国と対立するある国に対抗するために結ばれた。ある国とはどこか書きなさい。

(4) 年表中のCの戦争に反対した社会主義者で，1910年，天皇暗殺をくわだてたとしてつかまり，翌年死刑になった人物はだれか。

(5) 年表中のCのころの，わが国の社会・文化について述べているものを，次のア～エから一つ選び，記号で答えなさい。

ア 暦は，欧米と同じ太陽暦が採用された。

イ 学制が定められ，各地に小学校がつくられ始めた。

ウ 本居宣長が「古事記伝」をあらわし，国学を大成した。

エ 足尾銅山の鉱毒流出に対する反対運動が激しくなった。

(6) 年表中のDに対して不満を持った国民は，日比谷焼き打ち事件などを起こした。国民がこの条約に不満を持った理由を簡潔に述べなさい。

(7) 年表中のEで韓国を植民地にしたことを何というか。

(8) 年表中のFにより，1912年に成立したアジアで最初の共和国を何というか。

**2** 次の文が説明していることがらを答えなさい。

✓ チェック P54 **1** , **2** , P55 **3** (各8点×4　32点)

(1) 19世紀後半から欧米諸国の間で見られるようになった，軍事力を背景に植民地や勢力範囲を広げようとする動き。

(2) 下関条約によって，日本が遼東半島を得たことに対して，ロシア・フランス・ドイツがその返還を日本に勧告したこと。

(3) 日露戦争に出兵した弟を思う「君死にたまふことなかれ」という詩を発表した歌人。

(4) 中国の革命運動の指導者孫文が唱えた，民族主義・民権主義・民生主義の三つを合わせた主張。

**3** 明治時代の経済について，次の問いに答えなさい。

✓ チェック P66 **1** (各4点×5　20点)

(1) 日本の産業革命は1880年代後半から始まった。このころの日本の様子を説明した文として正しいものを，次のア〜エから一つ選び，記号で答えなさい。

ア　製糸工場は輸出のしやすい臨海部に多くつくられた。

イ　綿糸はおもに中国，朝鮮に，生糸はおもにアメリカに輸出された。

ウ　電話の利用や飛脚の運用が始まった。

エ　社会主義経済の仕組みがととのった。

(2) 産業の発達とともに大きな力を持つようになった，三井や三菱などの大資本家を何というか。

(3) 農村では，カイコガの幼虫が食べる植物の栽培がさかんになった。この植物を何というか。

(4) 日清戦争の賠償金の一部をもとに，多額の資金をかけて北九州につくられた官営の製鉄所を何というか。

(5) 栃木県から群馬県にかけて流れる渡良瀬川に流れこんだ鉱毒による被害や煙害が，農民や漁民の生活をおびやかす事件が起こった。この銅山の名称を書きなさい。

**要点チェック**

# 17 第一次世界大戦とアジア・日本

## 1 第一次世界大戦と日本

ドリル P82

### ① 第一次世界大戦（1914 ～ 1918年）

- **列強の対立**…<u>三国同盟</u>と<u>三国協商</u> ■▶ 各地の利権
  └→ドイツ・オーストリア・イタリア　　└→イギリス・フランス・ロシア
  をめぐる争い。**イタリア**は連合国側へ。
  └→オーストリアとの関係悪化

- **バルカン半島**…民族独立運動が盛んで**ヨーロッパ**
  └→オスマン帝国の支配のおとろえ
  **の火薬庫**と呼ばれる ■▶ **サラエボ事件**で大戦が勃
  　　　　セルビア人青年がオーストリア皇位継承者夫妻を暗殺←┘
  発する。

- **総力戦**…国民・資源・経済などを総動員する戦い。

- **ヨーロッパ諸国の荒廃**…<u>新兵器</u>などで死者多数。
  └→戦車・飛行機・毒ガス・潜水艦

### ② 日本の参戦と大戦景気

- **日本の参戦**…日英同盟を理由に連合国側で参戦。
  └→中国のドイツ権益を攻める

- **二十一か条の要求**…ドイツ権益の継承。日本の権益の拡大
  └→1915年、中国政府に認めさせる　　　└→中国の山東省
  ■▶ 中国国内の反日運動。欧米諸国の日本に対する警戒。

- **大戦景気**…連合国へ軍需品の供給と重化学工業の発展。
  └→成金の出現

### ③ 社会主義革命と大戦の終結

- **ロシア革命**…戦争・専制への不満で皇帝が退位した。レー
  └→1917年
  ニンの指導の元，**ソビエト社会主義共和国連邦**が成立。
  　　　　　　　　　　　　　　　　　　　　　　　　　　└→1922年

- **大戦の終結**…**アメリカ**が連合国側で参戦し，同盟国は翌年
  └→1917年
  降伏した。

## 2 国際協調の時代

ドリル P84

### ① パリ講和会議…第一次世界大戦の講和会議。
└→1919年

- **十四か条の平和原則**…「軍備縮小，民族自決」などを提案。
  └→アメリカ大統領ウィルソン　　　　　　　戦勝国は認めず←┘

- **ベルサイユ条約**…ドイツ ■▶ 海外領土を失う。多額の賠償
  └→日本は中国でのドイツ権益とドイツ領南洋諸島の委任統治権を獲得
  金。軍備の縮小。東欧諸民族の民族自決。
  　　　　　　　　　　　　└→アジア・アフリカの諸民族には認めず

- **民族自決**…それぞれの民族は民族自身に決定権がある。

### ② 国際連盟の成立…ウィルソンの提唱。

- **国際連盟**…世界平和と国際協調を目的。ジュネーブに本部。
  └→1920年、42か国参加　　　　　　　　　　　　　　└→スイス

- **大国の不参加**…アメリカの不参加。ソ連・ドイツの除外。
  └→イギリス・フランス・イタリア・日本が常任理事国

▲第一次世界大戦中のヨーロッパ

　連合国側
　同盟国側

## 覚えると得

**シベリア出兵**

ロシア革命に干渉するために，日本が約7万人の軍隊をシベリアに出兵した。各国が撤退する中で最後まで軍隊をとどめ，1922年，多数の死傷者を出して撤退した。

**米騒動**

1918年，シベリア出兵を見こした米の買い占めなどで米価が高騰。富山県の漁民の主婦達が，商家を襲ったことから全国へ波及。政府は軍隊を出動させて鎮圧した。

**成金**

大戦景気により急に金持ちになった人。

③軍縮と国際協調

● ワシントン会議…海軍軍備の制限。太平洋地域の平和と現
→1921〜1922年　→ワシントン海軍軍縮条約　→四か国条約。日英同盟廃止
状維持。中国の独立尊重と領土保全。
→九か国条約。日本の山東省の権益返上

## 3 民主主義と民族運動　ドリル▶P86

①民主主義の進展…**女性参政権，労働者の権利の獲得。**

● **男女普通選挙**…アメリカ，イギリスなどで実現。
→1920年　→1928年。初の労働党内閣成立(1924年)
● **ワイマール憲法**…普通選挙や働く権利の保障などを実現。
→1919年，ドイツ共和国憲法

②アジアの民族運動

● **中国**…**五・四運動** ■▶学生・労働者の反日運動。
→1919年5月4日
● **朝鮮**…**三・一独立運動** ■▶朝鮮総督府が武力で弾圧。
→1919年3月1日
● **インド**…ガンディーが非暴力・不服従を唱え反英運動。
→イギリスが大戦後の自治を約束したが守らず

## 4 大正デモクラシー　ドリル▶P88

①**第一次護憲運動**…藩閥政治を批判し立憲政治を守る。
→尾崎行雄，犬養毅
■▶藩閥の桂太郎内閣が53日で退陣する。

②**政党政治と普通選挙法の成立**

● 民本主義…**吉野作造**。一般民衆の意向で政策を決める。
● 天皇機関説…**美濃部達吉**。天皇は国の最高機関。

■▶二つの考え方が政党政治の確立を望む世論を高める。

● **原敬内閣**…陸軍・海軍・外務以外の大臣を衆議院第一党の
→1918年。立憲政友会
党員で組織する**初の本格的な政党内閣**。政党の党首が組閣。
● **普通選挙法**…**第二次護憲運動**のあと成立する。
→1925年。満25歳以上の男子に選挙権　→加藤高明護憲三派内閣の成立

③**社会運動の高まり**

● 労働運動…日本初のメーデーが行われ，**日本労働総同盟**誕生。
→1921年
● 農民運動…**小作争議**が多発し，**日本農民組合**が結成。
→小作料の減免要求　→1922年
● 反差別運動…**全国水平社**。北海道アイヌ協会。
1922年結成，部落解放運動　→1930年結成
● 女性運動…手塚らいてうが**青鞜社**，**新婦人協会**を設立。
(ちょう)　→1911年　→1920年，市川房枝らと

④**大衆文化の登場**

● **大衆娯楽**…新聞・雑誌の普及，映画・**ラジオ放送**。歌謡曲，
→1925年放送開始
野球などのスポーツ。
● **西洋風文化の普及**…洋間 ■▶文化住宅の流行。都市では
ガス・水道・電気の使用が広がる。洋服。洋食。
ライスカレー・トンカツ・コロッケ←

**覚えると得**

**社会主義運動**
社会運動の高まりとともに，社会主義運動も活発となり，1922年には日本共産党が結成された。

**関東大震災**
1923年9月1日，関東地方を大地震が襲い，日本経済は大打撃を受けた。この混乱の中で朝鮮人や社会主義者が暴動を起こすという流言が流され，多くの人々が殺された。

**治安維持法**
普通選挙法と同年に制定された，共産主義などを取りしまる法律。

**憲政の常道**
1924〜32年，憲政会と立憲政友会が交互に政権を担当する政党政治の時代。

**大正時代の文学**
志賀直哉(白樺派)，谷崎潤一郎，芥川龍之介，小林多喜二(プロレタリア文学)などが優れた作品を書いた。

**女性の社会進出**
電話交換手，バスガールなど，働く女性の出現。

79

# 第一次世界大戦とアジア・日本

**スタート ドリル**

| 1600 | 1700 | 1800 | 1900 | 200 |
|---|---|---|---|---|

学習する年代 明治・大正時代

**1** 次の文の{ }の中から，正しい語句を選んで書きなさい。

(各6点×7　42点)

(1) イギリス・フランス・ロシアは{　三国協商　　三国同盟　}を結び，ドイツ・オーストリア・イタリアに対抗した。

（　　　　　　　）

(2) 第一次世界大戦中の1917年，{　オスマン帝国　　ロシア　}で社会主義の革命が起こり，大戦後の1922年，ソビエト社会主義共和国連邦が成立した。

（　　　　　　　）

(3) 第一次世界大戦後の1919年，中国で{　五・四運動　　三・一独立運動　}と呼ばれる反日運動が起こった。

（　　　　　　　）

(4) {　美濃部達吉　　吉野作造　}は民本主義を唱え，普通選挙や政党内閣によって国民の意向を政治に反映させることを主張し，大正デモクラシーの思想を広めた。

（　　　　　　　）

(5) シベリア出兵をきっかけとして米の値段が上がったので，{　打ちこわし　米騒動　}が全国に広がった。

（　　　　　　　）

(6) 1918年，立憲政友会の総裁の{　原敬　　伊藤博文　}は，日本で最初の本格的な政党内閣を組織した。

（　　　　　　　）

(7) 1925年，共産主義に対する取りしまりを強化するため，{　治安維持法　　治安警察法　}が制定された。

（　　　　　　　）

**2** 生活や文化について，次の文の{ }の中から，正しい語句を選んで書きなさい。

(各6点×3　18点)

(1) 部落差別に苦しんでいた人々は，1922年に{　全国水平社　　日本農民組合　}を結成し，部落解放運動を進めた。

（　　　　　　　）

(2) 1923年に{　関東大震災　　阪神・淡路大震災　}が起こり，東京，横浜などが壊滅状態となった。

（　　　　　　　）

(3) 1925年に東京などで{　テレビ　　ラジオ　}放送が始まり，新聞とともに情報源となった。

（　　　　　　　）

**3** 次の略年表を見て，あとの問いに答えなさい。

(各5点×8　40点)

| 時代 | 年 | 日本の対外政策 | 国内のできごとと政治 |
|---|---|---|---|
| 大正時代 | | | 第一次護憲運動（1912）…藩閥の桂太郎内閣が倒れる |
| | 1914 | ① 　　　　　　　を理由にドイツに宣戦布告する | |
| | | | 大戦景気・芥川龍之介「羅生門」 |
| | 1915 | 二十一か条の要求 | |
| | 1918 | ② 　　　　　　　出兵 | ⑤ 　　　　　　　が起こる |
| | | | ⑥ 　　　　　　　内閣ができる ↳本格的な政党内閣 |
| | 1919 | パリ講和会議 ③ 　　　　　　　条約 | |
| | 1920 | ④ 　　　　　　　への参加 ↳本部　ジュネーブ | 平塚らいてう，市川房枝らが新婦人協会をつくる |
| | 1921 | ワシントン会議…軍縮・日英同盟廃止・山東省権益返上 | 日本労働総同盟・野口雨情「シャボン玉」全国水平社（1922）第二次護憲運動→加藤高明内閣（1924）⑦ 　　　　　　　法（1925）↳満25歳以上の男子に選挙権治安維持法（1925） |

(1) 年表中の①～⑦にあてはまる語句を書きなさい。

(2) 次の文の（　）にあてはまる語句を書きなさい。

　　この時代，電話交換手やバスガールなど，働く（　　　　　）が増加し，（　　　　　）の社会進出が進んだ。

17 第一次世界大戦とアジア・日本

# 1 第一次世界大戦と日本

| 1600 | 1700 | 1800 | 1900 | 200◦ |
|---|---|---|---|---|

学習する年代 明治・大正時代

## 基本

**1** 次の文の{ }の中から，正しい語句を選んで書きなさい。

✅ チェック **P78 1** ①(各6点×5 30点)

必出 (1) 列強は，ドイツ・オーストリア・イタリアの①{ 三国協商　三国同盟　連合国 }と，フランス・イギリス・ロシアの②{ 三国協商　三国同盟　同盟国 }とで対立した。

① [_____]　② [_____]

(2) 大戦が始まると{ ドイツ　オーストリア　イタリア }は，連合国側に立って参戦した。

[_____]

(3) 複雑な民族で構成される①{ イタリア　イベリア　バルカン }半島では，②{ イギリス　ロシア　オスマン帝国(ていこく) }の支配がおとろえて各国が進出し，緊張(きんちょう)が高まった。

① [_____]　② [_____]

**2** 次の文の□□にあてはまる語句を，下の▭から選んで書きなさい。

✅ チェック **P78 1** ①(各6点×5 30点)

必出 (1) 列強の各国が進出してその利害が激しく対立していたバルカン半島は「ヨーロッパの[_____]」と呼ばれた。

(2) ① [_____]人の青年が② [_____]の皇位継承者(けいしょう)夫妻を暗殺したサラエボ事件は，第一次世界大戦のきっかけとなった。

(3) 第一次世界大戦では，戦車・[_____]・毒ガスなどの新兵器が登場し，総力戦となって多数の民間人も犠牲(ぎせい)になった。

(4) おもな戦場となった[_____]では，産業がおとろえた。

| アジア　セルビア　オーストリア　ヨーロッパ　火薬庫　飛行機 |
|---|

**得点UP
コーチ**

**1** (2)イタリアとオーストリアは領土問題で対立していた。

**2** (2)サラエボ事件でオーストリアはセルビアに宣戦を布告した。(3)空中戦が戦われた。

発展

**3** 第一次世界大戦と日本について，次の問いに答えなさい。

✔チェック P78 **1** ②(各5点×4　20点)

(1)　第一次世界大戦で日本はどのような態度をとったか，記号を書きなさい。

　　ア　同盟国側に立って参戦した。　　イ　連合国側に立って参戦した。

　　ウ　大戦が終わるまで中立を保った。

(2)　(1)の理由として，次の文の□□□にあてはまる国名を書きなさい。

　　日本は　　　　　　　　と同盟を結んでいたから。

(3)　大戦中の日本の様子として，正しい文の記号を書きなさい。

　　ア　戦場となったため産業がおとろえた。

　　イ　政党の活動が停止された。

　　ウ　重化学工業が発展した。

(4)　(3)で急に金持ちになった，右の写真のような人々を何と呼ん

　　だか。

**4** 第一次世界大戦と各国の様子について，次の問いに答えなさい。

✔チェック P78 **1** ②, ③(各5点×4　20点)

(1)　中立国だったが1917年に連合国側に立って参戦し，勝敗に大きな影響をあたえた国

　　はどこか。

(2)　大戦中，日本が中国につきつけた要求は何か。

(3)　大戦末期にロシア革命を指導したのはだれか。

(4)　(3)の革命の結果，1922年に世界で初めて成立した社会主義国を何というか。

- - - - - - - - - - - - - - - - - - - - - - - - - - - - - - - - - - - - - - - - - - - - - - - - - - -

得点UP
コーチ↑

**3** (2)日露戦争の前に結ばれた同盟。

(3)大戦の主戦場となったのはヨーロッパ。

(4)多くは大戦後に没落した。

**4** (2)ドイツが持っていた中国に対する権益の継承など。(3)労働者と兵士・農民のソビエト(評議会)を率いた。

書き込み
ドリル

17 第一次世界大戦とアジア・日本

② 国際協調の時代

学習する年代 大正時代

1600　1700　1800　1900　200

## 基本

**1** 次の文の{ }の中から，正しい語句を選んで書きなさい。

✓チェック P78 **2** ①（各8点×4　32点）

(1) 第一次世界大戦後の講和会議は{　ワシントン　　ベルリン　　パリ　}で開かれた。

必出 (2) 民族自決などの原則と平和の実現を主張したアメリカの大統領は，{　リンカン　　ウィルソン　　ワシントン　}である。

必出 (3) 1919年，連合国とドイツの間で調印された講和条約は，{　ベルサイユ　　ポーツマス　　下関　}条約である。

(4) (3)の条約で，ドイツが中国に持っていた権益を引き継いだのは，{　イギリス　　フランス　　日本　}である。

**2** 次の文の▢にあてはまる語句を，下の▢から選んで書きなさい。

✓チェック P78 **2** ②，P79 ③（各4点×5　20点）

(1) 1920年，ウィルソンの提案で設立された ① ▢ は，世界に平和を確立することを目的とした世界最初の国際機構であった。イギリス・フランス・イタリア・日本は ② ▢ となった。議会の反対で加盟しなかった ③ ▢ をはじめ，ソ連や ④ ▢ もはじめは加盟を認められず，さまざまな問題をかかえていた。

必出 (2) 1921年には，アメリカで ▢ が開かれ，軍縮が進められた。

| | | | | |
|---|---|---|---|---|
| アメリカ | 国際連盟 | ベルサイユ条約 | パリ不戦条約 | ドイツ |
| スペイン | 日英同盟 | ワシントン会議 | 常任理事国 | 朝鮮 |

得点UP
コーチ↑

**1** (1)フランスの首都。(3)下関は日清戦争，ポーツマスは日露戦争の講和条約が調印された都市。

**2** (1)③提案国でありながら，議会の反対で加盟できなかった。④敗戦国ということで，はじめ除かれていた。

**発展**

**3** パリ講和会議とベルサイユ条約について，次の問いに答えなさい。

✓ **チェック** P78 **2** ①(各6点×4　24点)

(1) パリ講和会議で，ウィルソンは「十四か条の平和原則」を示したが，その中で，民族は みずからあゆむべき道を求めるべきだ，とする原則は何と呼ばれるか。

(2) ウィルソンの提案に対し，戦勝国として自国の利益を主張した国はどこか。次の{ } から二つ選びなさい。

{ オーストリア　フランス　アメリカ　イギリス　中国 }

(3) ベルサイユ条約の内容としてあてはまらないものを，次のア～ウから一つ選び，記号 で答えなさい。

ア　ドイツは軍備を制限された。

イ　ドイツは本国の一部と，海外の全植民地を失った。

ウ　ウィルソンの提案により，賠償金の支払いは最小限におさえられた。

**4** 国際協調の動きについて，次の問いに答えなさい。

✓ **チェック** P78 **2** ②，P79 ③(各6点×4　24点)

(1) 国際連盟の本部が置かれた都市はどこか。

(2) ワシントン会議の四か国条約で廃止された同盟は何か。

(3) ワシントン会議の九か国条約で，山東省の権益を中国に返上した国はどこか。

(4) 1921年から22年にかけて開かれた，各国の主力艦の合計数や，1艦の大きさに制限 をかけるなどをした条約を何というか。

**得点UP コーチ** **3** (1)この原則によって各地で民族運動が 起こり，中でも東欧諸民族は次々と独立を 達成していった。

**4** (1)スイスの一都市。(3)ベルサイユ条約 でその権益を得たが，九か国条約で手離す ことになった。

# ③ 民主主義と民族運動

## 基本

**1** 次の文の{ }の中から，正しい語句を選んで書きなさい。

✓ チェック P78 **2** ①，P79 **3** ②(各6点×5　30点)

(1) ベルサイユ条約では{ アメリカ　アジア　ヨーロッパ }の地域での民族自決は
認められなかった。

(2) ロシア革命やアメリカの{ ワシントン　ウィルソン　ペリー }の民族自決の提
案などで，各地で民族運動がさかんになった。

必出 (3) パリ講和会議で山東省の権益返還が認められないと，{ 朝鮮　中国　ドイツ }
では激しい反日運動が起きた。

(4) 朝鮮の独立運動に対して，{ 中国　アメリカ　日本 }は軍隊を動員して弾圧を
加えた。

(5) 第一次世界大戦中，{ イギリス　フランス　アメリカ }はインドに戦後の自治
を約束したが，その約束は守られなかった。

**2** 次の文の□□にあてはまる語句を，下の□□から選んで書きなさい。

✓ チェック P78 **1** ③，P79 **3** ①(各5点×5　25点)

第一次世界大戦後の世界では，(1)　　　　　　　　　　革命の影響もあって，民衆の権
利を拡大しようという動きが広がった。女性の(2)　　　　　　　　　を求める動きに応
えるように，1920年には(3)　　　　　　　　で，1928年には(4)　　　　　　
で，男女の(5)　　　　　　　　選挙が実現した。また，ドイツでは，働く人の権利を
保障したワイマール憲法が制定された。

アメリカ　イギリス　ロシア　裁判権　参政権　普通　制限

得点UP
コーチ

**1** (1)ベルサイユ条約で民族自決が認めら
れたのは，東欧諸国。(5)多数のインド人が
イギリス軍の兵士として戦った。

**2** (1)革命が各国に波及することを恐れ，
部分的に民衆の権利を拡大しようとした。
(5)納税額などの条件をつけない。

| 学習日 | 月 | 日 | 得点 | 点 |

**発展**

**3** 民族運動について，次の問いに答えなさい。

✓ **チェック** P78 **2** ①，P79 **3** ②(各5点×6　30点)

(1) 第一次世界大戦後，世界の各地で民族運動がさかんになった背景として，まちがっている文の記号を書きなさい。

ア　大戦に勝利したヨーロッパの帝国主義国が，強大な力を持つようになった。

イ　ロシア革命の成功は，しいたげられていた人々に勇気をあたえた。

ウ　ウィルソンの唱えた民族自決の呼びかけに，植民地の人々が期待を持った。

(2) 次のアジアの国で起こった民族運動を何というか。

① 日本のドイツ権益の継承に反対して中国で起こった。

② 朝鮮で独立を求める人々が起こした。

(3) インドで反英運動の中心となった人物はだれか。

(4) (3)の人物が運動の中でとった戦術は何か。□にあてはまる漢字を書きなさい。

① □　暴力・② □　服従

**4** 民主主義の発展について，次の問いに答えなさい。

✓ **チェック** P79 **3** ①(各5点×3　15点)

(1) 1919年にドイツで制定された憲法を何というか。

(2) (1)の正式名称を次から選んで記号を書きなさい。

ア　ドイツ民族憲法　　イ　ドイツ王国憲法　　ウ　ドイツ共和国憲法

(3) (1)が民主的だといわれる理由として，まちがっている文の記号を書きなさい。

ア　男女の普通選挙を認めた。　　イ　国王の権力は神があたえたものだとした。

ウ　労働者の働く権利を保障した。

**得点UP コーチ**　**3** (1)ヨーロッパの列強は戦争に勝ったものの国力はおとろえた。(2)①は1919年5月4日，②は同年3月1日に始まった。

**4** (1)ワイマールで開かれた国民議会で制定された。(3)イは王権神授説。

## 基本

**1** 次の文の ☐ にあてはまる語句を，下の ☐ から選んで書きなさい。

✓ チェック P79 4 ①，②(各7点×4　28点)

(1) 第一次世界大戦後，日本でも民主主義の風潮が高まった。この動きは当時の年号から

☐ と呼ばれる。

必出 (2) 1918年，米商人がシベリア出兵を見こして米の買い占めを行ったことなどが原因で

米価が急に高くなり，富山県で ☐ が起こり，全国に広がった。

(3) 1923年，不景気のさなか， ☐ が起こり，日本経済に大きな打撃

をあたえた。

必出 (4) 1925年，加藤内閣は ☐ を制定し，満25歳以上のすべての男子が

選挙権を持つことになった。

| 米騒動 | 関東大震災 | 制限選挙 | 大正デモクラシー | 普通選挙法 |
|---|---|---|---|---|
| 土一揆 | 打ちこわし | 明治維新 | 天明のききん | 治安警察法 |

必出 **2** 次の文の{ }の中から，正しい語句を選んで書きなさい。

✓ チェック P79 4 ②(各8点×3　24点)

(1) 吉野作造は{ 三権分立　民本主義　三民主義 }を唱えて，議会政治を実現させ

る必要性を説いた。 ☐

(2) 立憲政友会の総裁の{ 伊藤博文　大久保利通　原敬 }は，日本最初の本格的な

政党内閣を組織した。 ☐

(3) 1925年，政府は共産主義の高まりを警戒して{ 治安維持法　徴兵令　生類憐み

の令 }を制定した。 ☐

得点UP
コーチ↑

**1** (1)民主主義を英語でデモクラシーという。(3)関東地方を中心におそった大地震。(4)財産による制限がない選挙。

**2** (1)吉野作造によって唱えられた民主主義思想。(2)平民宰相と呼ばれた。(3)普通選挙法と同年に制定された。

**発展**

**3** 民主主義の高まりについて，次の問いに答えなさい。

✓チェック P79 **4** ①，②(各8点×3　24点)

(1) 第一次護憲運動によって退陣(たいじん)した内閣の総理大臣の名前を書きなさい。

(2) 日本最初の本格的な政党内閣を組織した，原敬の所属する政党名を書きなさい。

(3) 右のグラフは，有権者数の変化を示している。第一回男子普通選挙では，有権者数の割合は1920年実施(じっし)の選挙時の約何倍になったか。整数で答えなさい。　約　　　　倍

| 改正年 | 実施年 | 有権者数(万人)<br>1000　2000　3000　4000 |
|---|---|---|
| 1889年 | 1890年 | 1.1% 男子25歳(さい)以上 直接国税15円以上 |
| 1900年 | 1902年 | 2.2% 男子25歳以上 直接国税10円以上 |
| 1919年 | 1920年 | 5.5% 男子25歳以上 直接国税3円以上 |
| 1925年 | 1928年 | 20.0% 男子25歳以上 普通選挙 |
| 1945年 | 1946年 | 男女20歳以上 普通選挙 48.7% |

(%で示した数値は全人口に占める割合)

**4** 経済と社会の動きについて，次の問いに答えなさい。

✓チェック P79 **4** ③(各6点×4　24点)

(1) 第一次世界大戦後の不景気について，□にあてはまる語句を書きなさい。

　ヨーロッパ諸国の復興などによって戦後日本は不況(ふきょう)となり，倒産(とうさん)や失業があいついだ。都市では労働争議が，農村では ① 　　　　が多発し，社会主義運動もふたたび活発になって，1922年には ② 　　　　党も結成された。

(2) 厳しい部落差別を受けてきた人々が，みずから解放運動を進めるために，1922年に結成した組織は何か。

(3) 1920年，女性解放・女性参政権などを求めて，平塚(ひらつか)らいてうが市川房枝(いちかわふさえ)らと結成した組織は何か。

**得点UP コーチ**

**3** (1)犬養毅(いぬかいつよし)，尾崎行雄(おざきゆきお)が中心の運動であった。(3)1919年と1925年(いずれも改正年)の数値を比べる。

**4** (1)①小作料の減免(げんめん)を要求した動きのこと。1922年には，日本農民組合が結成された。

# 第一次世界大戦とアジア・日本

学習する年代 明治・大正時代

1600　　　　1700　　　　1800　　　　1900　　　2000

---

**1** 次の文を読んで，下の問いに答えなさい。

✓ **チェック** P78 **1**，P79 **3**（各5点×11　55点）

〈三国同盟〉

A　サラエボ事件をきっかけに，セルビアに宣戦した。

B　A国との領土問題が原因で，大戦中は連合国側に立って参戦した。

C　大戦末期に革命が起こり，<u>民主的な憲法</u>が制定された。

〈三国協商〉

D　大戦中に<u>革命</u>が起こり，世界で最初の社会主義政府が誕生した。

E　<u>大戦後の講和会議</u>は，この国の首都で開かれた。

F　C国が中立国のベルギーに侵攻（しんこう）したため，C国に宣戦した。

(1)　A～Fの国名を書きなさい。

| | | | |
|---|---|---|---|
| A | | B | |
| C | | D | |
| E | | F | |

(2)　Cの下線部について，当時最も民主的といわれたこの憲法を何というか。

(3)　Dの下線部について，この革命の指導者はだれか。

(4)　Dの下線部の革命に対し，E国・F国・アメリカ・日本などが行った干渉（かんしょう）戦争を何と呼ぶか。

(5)　Eの下線部について，このときウィルソンの提案により設立が決定された，世界最初の国際機構は何か。

(6)　日本が第一次世界大戦に参戦する口実とした，F国との同盟を何というか。

---

**得点UP
コーチ**

**1** (1)Aオーストリアの皇位継承者夫婦がセルビア人青年に暗殺された事件をサラエボ事件という。(3)1917年11月にソビエト政府が成立し，1922年にはソ連が成立した。(5)ウィルソンは「十四か条の平和原則」で民族自決・軍備縮小などを主張した。

---

**2** 右の年表を見て，次の問いに答えなさい。

✓ **チェック** P78 **1**，P79 **4**（各6点×5　30点）

(1) 年表中の ☐ にあてはまる語句を書きなさい。

① _____

② _____

③ _____

| 年代 | で　き　ご　と |
|------|----------------|
| 1912 | 第一次護憲運動が起こる |
| 1914 | 第一次世界大戦に参戦する |
| 1915 | 中国に ① を出す |
| 1917 | ロシア革命が起こる |
| 1918 | シベリア出兵 ……………………………… A |
|      | 原敬が本格的な ② をつくる |
| 1923 | 関東大震災が起こる |
| 1925 | 普通選挙制が実現する ………………… B |
|      | 共産主義者を取りしまる ③ が制定される |

(2) 年表中の A について，このころ富山県で起こり，全国に広がった民衆の暴動を何というか。

_____

(3) 年表中の B について，このとき選挙権があたえられたのは，満何歳以上のすべての男子か。

満 ☐ 歳以上

---

**3** 次の問いに答えなさい。

✓ **チェック** P79 **4**（各5点×3　15点）

(1) 右のグラフは，日本の輸出入額の変化を示したものである。グラフ中の B は，輸出，輸入のどちらがあてはまるか。

_____

(2) 右のグラフから見て，第一次世界大戦後の日本の景気は，どのようになったと考えられるか。

_____

(3) 1921年に誕生した，労働組合の全国組織は何か。次の{ }から選んで書きなさい。

{ 日本農民組合　全国水平社　日本労働総同盟　立憲政友会 }

_____

億円

（第一次世界大戦）

（経済企画庁編「基本日本経済統計」）

---

**得点UP コーチ**

**2** (1)②ほとんどの閣僚が衆議院の第一党である立憲政友会の党員で占められていた。

**3** (1)大戦中，日本は連合国へ軍需品を輸出し，アジアへの輸出をのばした。

(2)輸出入とも大きく落ちこんでいる。

## **1** 世界恐慌とブロック経済

ドリル **P96**

### ① 世界恐慌と各国の対策

- ●**世界恐慌**…株式市場で株価が暴落し，恐慌が世界へ。
  - └→ニューヨーク　　　　　└→1929年10月24日。暗黒の木曜日
- ●**ブロック経済**…植民地との経済関係を強化する一方で，他
  - └→イギリス・フランス
  国製品に高関税をかけてしめ出す。
- ●**ニューディール**…公共事業を起こし，失業者を救済。
  - └→アメリカ。新規まき直し　　　　　└→労働組合の保護

### ②**ファシズム**…反民主主義・反自由主義の**全体主義**。
- └→大衆と結びついて成立　　　　　　　　　　　└→国家の利益を優先
- ●**ヒトラーのドイツ**…**ナチス**が政権をにぎると，独裁と再軍備
  - └→ナチ党ともいう　　　　└→1933年　ベルサイユ条約破棄←┘
  に向かい，秘密警察による監視や，ユダヤ人を迫害する。
  - └→かんし　　　　　　　　　　　　　　└→はくがい
- ●**ムッソリーニのイタリア**…ファシスト党。エチオピア侵略。
  - └→1922年政権奪取　　　　　　　　　　　　　　└→しんりゃく

### ③ 日本経済・外交の行きづまり

- ●**昭和恐慌**…世界恐慌の影響。農作物の価格暴落に，大凶作
  - └→えいきょう　　　　　　　　　　　　　　　　　└→だいきょうさく
  も重なり，**労働争議**や**小作争議**が多発した。
- ●**ロンドン海軍軍縮条約**…協調外交 ■》軍人などからの反発。
  - └→1930年，浜口内閣
- ●**経済の回復**…円の価値が下がり，輸出が増える。
  - └→新しい財閥の成長

## **2** 日本の中国侵略

ドリル **P98**

### ① 中国侵略の拡大

- ●**中国の動き**…国民政府による中国統一。中国共産党弾圧。
  - └→だんあつ
  - └→中国国民党の蔣介石が南京に樹立
- ●**満州事変**…柳条湖事件を起こし，満州を軍事占領。
  - └→まんしゅうじへん　└→りゅうじょうこ　　　└→中国の東北部
  - └→リウティアオフー　└→せんりょう
- ●**満州国建国**…清朝最後の皇帝溥儀が元首。**国際連盟脱退**へ。
  - └→こうていふぎ　└→プーイー　　　　　　　　└→だったい
- ●**軍部の台頭**…**五・一五事件**と**二・二六事件**。
  - └→ごいちご　　　└→にろく
  - 海軍将校らの犬養毅首相暗殺。1932年┘　└→青年将校率いる陸軍部隊のクーデター。1936年

### ② 日中戦争

- ●**日中戦争**…**盧溝橋事件** ■》**南京占領** ■》**南京事件**。
  - └→ろこうきょう　　└→北京郊外　日本軍が中国人を虐殺したといわれる
  - └→ルーコウチアオ
- ●**抗日運動**…国民党と共産党の合作 ■》**抗日民族統**
  - └→こうにち　　　　└→蔣介石　└→毛沢東
  **一戦線の結成** ■》戦争の長期化。

### ③ 戦時下の国内統制

- ●**経済・社会の統制**…**国家総動員法**の制定。**隣組**。
  - └→たいせいよくさんかい 1938年，資源や国民を戦争に動員　└→住民同士で監視　└→となりぐみ
- ●**大政翼賛会，産業報国会** ■》**挙国一致**。
  - └→1940年，政党の解散　└→労働組合の改組　　└→きょこくいっち
- ●**植民地支配強化**…**皇民化政策**，志願兵制度など。
  - └→朝鮮・台湾　　　　　　└→日本式の名前，日本語の使用など

覚 え る と 得

恐慌
好景気から急激に不
景気になること。
ニューディール
（新規まき直し）
ローズベルト大統領
が行った経済政策。
公共事業を起こすこ
とや農産物の政府買
い付けなど，それま
での自由放任の経済
に対し，国が経済に
積極的に関与してい
く始めとなった。
ソ連の五か年計画
1928年から行われ
た計画経済政策。ス
ターリンの指導のも
と，重工業中心の工
業化と農業の集団化
を進め，世界恐慌の
影響は受けなかった。
しかし，その過程で
計画に反対した多数
の人々が粛清された。
└→しゅくせい

▲二・二六事件

**3 第二次世界大戦**

ドリル P100

① 第二次世界大戦の開始…<u>枢軸国</u>と<u>連合国</u>
　　　　　　　　　　　　→ファシズム　　→反ファシズム

- **ドイツの侵略**…オーストリアなど併合。**<u>独ソ不可侵条約</u>**。
　　　　　　　　　　　（へいごう）　　　　　　　　→1939年8月
- **イギリス・フランスの参戦**…ドイツのポーランド侵攻によ
　→1939年9月　　　　　　　　　　　　　　　　（しんこう）
　る。パリが占領されフランスは降伏。イタリアが参戦した。
　　　　　　　（こうふく）
- **独ソ戦**…<u>ドイツがソ連侵攻</u>。
　　　　　　　→1941年6月
- **大西洋憲章**…アメリカとイギリスが発表した平和構想。

② **太平洋戦争**…日本は**大東亜共栄圏**の建設をめざすと唱えた。
　　　　　　　　　　　　（だいとう あ きょうえいけん）
　　　　　　　　　　　→欧米勢力を排除した日本中心のアジア秩序

- **日本の南進**…資源確保，中国への補給路(援蔣ルート)の遮断。
　　　　　　　　　　　　　　　　　　　　　　（えんしょう）
　→フランス領インドシナ侵攻，日本への経済封鎖が進む
- **日独伊三国同盟**…枢軸国(日本・ドイツ・イタリア)の結束
　→1940年
　強化。**日ソ中立条約**締結。
　　　　　（ていけつ）　→1941年
- **ハワイ真珠湾攻撃**…アメリカ・イギリスと開戦。
　（しんじゅわんこうげき）
　→イギリス領マレー半島にも上陸　→ドイツ・イタリアと開戦
- **日本の占領**…資源の収奪。住民の強制労働 ■■▶ 抗日運動。
　　　　　　　　　　　（しゅうだつ）

**4 戦争の終結**

ドリル P102

① 戦争と国民生活

- **苦しい生活**…**配給制**。**勤労動員**，**学徒出陣**。
　（くうしゅう）　　　　女学生などが工場で労働←　　（しゅつじん）→学生も戦場へ
- **空襲の激化**…都市への爆撃 ■■▶ 疎開。
　　　　　　　　　　　　　（ばくげき）　（そ かい）
- **統制の強化**…反対者は非国民。
　→報道や言論の激しい統制

② ヨーロッパの終戦

- **連合軍の反攻**…ソ連軍反攻。**イタリア降伏**。パリ解放。
　　　　　　　　　　→1943年2月　　→1943年9月　　→1944年8月
　ドイツ降伏。
　→1945年5月
- **ヤルタ会談**…ドイツの戦後処理とソ連の対日参戦を約束。
　→アメリカ・イギリス・ソ連

③ 太平洋戦争の終戦

- **アメリカ軍の反撃**…ミッドウェー海戦を契機に各地で日
　　　　　　　　　　　　　　　　　　　　（けい き）
　　　　　　　　　　　→1942年6月。敗戦
　本軍が敗退 ■■▶ **沖縄戦**で県民に多数の死者。
- **東京大空襲**…焼夷弾による無差別爆撃 ■■▶ 死者約10万人。
　　　　　　　　（しょう い だん）
- **ポツダム宣言**…**ポツダム会談** ■■▶ 連合国が日本の降伏
　　　　　　　　　　→アメリカ・イギリス・ソ連が日本の戦後処理を相談
　条件を提示 ■■▶ 日本は無視。
- **原爆投下**…<u>広島</u>，<u>長崎</u>に投下 ■■▶ 数十万人の犠牲。
　（げんばく）
　1945年8月6日←　　→8月9日　　　　　　　　（ぎ せい）
- **日本の降伏**…ヤルタ会談に基づきソ連参戦。
　　　　　　　　　　　　　　　　（もと）
　　　　　　　　　　　　→8月8日，日ソ中立条約破棄
　　■■▶ **ポツダム宣言**を受諾。
　　　　　　　　　（じゅだく）
　　　　→8月14日受諾決定，8月15日玉音放送

**覚えると得**

**ＡＢＣＤ包囲陣**

南進する日本に対して，アメリカ・イギリス・中国・オランダが，日本を経済的に封鎖した。
（ふう さ）

**東条英機**
（とうじょうひで き）

陸軍の軍人で，首相時，アメリカとの戦争に踏み切った。
（ふ き）

**沖縄戦**

1945年3月，アメリカ軍が沖縄に上陸し，日本国内で唯一地上戦が戦われた。
　　　　　　　（ゆいいつ）
日本軍は全滅し，県民にも12万人の犠牲者が出た。
（ぜんめつ）

**日独伊三国同盟**

三国はヨーロッパ，アジアにおける指導的地位を強め，第三国の攻撃に対して，互いに援助するなど
（たが）
を約束。

▲長崎に投下された原子爆弾

93

# 第二次世界大戦とアジア

1600　　　　　1700　　　　　1800　　　　　1900　　　　2000

学習する年代 昭和時代

**1**　次の文の{　}の中から，正しい語句を選んで書きなさい。

(各6点×7　42点)

(1)　世界恐慌に対して，イギリス・フランスは{　ニューディール　　ブロック経済　}という政策をとった。

(2)　ドイツでは，ナチスを率いる{　ヒトラー　　ムッソリーニ　}が民主主義や自由主義を否定する全体主義の体制をとった。これをファシズムという。

(3)　1931年9月，関東軍は奉天郊外の柳条湖で南満州鉄道の線路を爆破し，軍事行動を開始した。これを{　日中戦争　　満州事変　}という。

(4)　1932年5月15日，{　犬養毅　　東条英機　}首相が海軍の将校によって暗殺された。これを五・一五事件という。

(5)　1939年9月，ドイツがポーランドに侵攻すると，イギリス・フランスがドイツに宣戦布告した。こうして{　第一次世界大戦　　第二次世界大戦　}が始まった。

(6)　1941年12月，日本軍がハワイの真珠湾を攻撃して{　太平洋戦争　　日中戦争　}が始まった。

(7)　1945年8月，日本は{　ポツダム宣言　　ヤルタ協定　}を受け入れて降伏した。

**2**　この時代の生活について，次の文の{　}の中から，正しい語句を選んで書きなさい。

(各6点×3　18点)

(1)　1938年，日本政府は国の物資や労働力を，議会の承認なしに戦争に動員できる{　国家総動員法　　大政翼賛会　}をつくった。

(2)　戦争が長びくと，大学生も軍隊に召集された。これを{　学徒出陣　　勤労動員　}という。

(3)　空襲が激しくなると，都市の小学生は農村に集団で{　疎開　　配給　}した。

**3** 次の略年表を見て，あとの問いに答えなさい。

(各5点×8　40点)

| 時代 | 年 | 国内の動き | 国外の動き |
|---|---|---|---|
| ① ［　　］時代 | | 憲政の常道（1924～）<br>二大政党の党首が交互に内閣を組織 | |
| | 1927 | 金融恐慌 | ⑤ ［　　　　　　］（1929～）<br>└→ニューヨーク市場の株価の大暴落が発端 |
| | 1930 | 昭和恐慌 | |
| | | 浜口雄幸内閣【協調外交】<br>…ロンドン海軍軍縮条約（1930）<br>…中国の国民政府との関係改善<br>→首相が東京駅で狙撃される | ⑥ ［　　　　　　］（1931）<br>└→南満州鉄道を爆破し，軍事行動 |
| | 1932 | ② ［　　　　　　］が起こる<br>└→海軍の青年将校が犬養毅首相を暗殺 | |
| | | 政党政治が終わる | 国際連盟脱退（1933） |
| | 1936 | ③ ［　　　　　　］が起こる<br>└→陸軍の青年将校が大臣などを殺傷 | |
| | 1938 | 国家総動員法の制定 | 日中戦争が始まる（1937～） |
| | 1940 | 日独伊三国同盟<br>大政翼賛会 | ⑦ ［　　　　］がポーランドに侵攻し，<br>第二次世界大戦が始まる（1939）<br>日ソ中立条約（1941）<br>太平洋戦争の開始（1941） |
| | 1945 | ④ ［　　　　　　］宣言受諾 | |

(1) 年表中の①～⑦にあてはまる語句を書きなさい。

(2) 次の文の（　）にあてはまる人物名を書きなさい。

　　フランス領インドシナに軍を進めた日本に対し，アメリカは石油輸出を禁止した。日米交渉でアメリカから最後通告を受け，当時の内閣総理大臣の（　　　）は，アメリカとの戦争を決定した。

［　　　　　　　　］

| 1600 | 1700 | 1800 | 1900 | 200 |
|------|------|------|------|-----|

学習する年代 昭和時代

## 基本

**1** 次の文の{ }の中から，正しい語句を選んで書きなさい。

✓チェック P92 **1** ①(各6点×5　30点)

(1) 1929年10月24日，{ ロンドン　東京　ニューヨーク }株式市場の株価大暴落が引き金となって世界恐慌が起こった。

(2) 植民地との経済関係を強化して他国製品に高関税をかけた①{ イギリス　アメリカ　ソ連 }などの経済政策を，②{ ニューディール　五か年計画　ブロック経済 }という。　①＿＿＿＿　②＿＿＿＿

(3) ①{ フランス　ドイツ　アメリカ }は，大規模公共事業をおこして失業者の救済を図るなど，②{ ニューディール　五か年計画　ブロック経済 }という経済政策をとった。　①＿＿＿＿　②＿＿＿＿

**2** 次の文の＿＿にあてはまる語句を，下の＿＿から選んで書きなさい。

✓チェック P92 **1** ②(各6点×5　30点)

多額の賠償金支払いに苦しんだドイツは，(1)＿＿＿＿が政権をにぎると暴力や秘密警察を使って反対派を弾圧し，(2)＿＿＿＿政治を行った。また，(3)＿＿＿＿条約を破棄して再軍備を進めた。

植民地を多く持たない(4)＿＿＿＿は，戦勝国にもかかわらず経済が苦しく，ムッソリーニが率いるファシスト党が政権をにぎると(5)＿＿＿＿への侵略を行い，これを併合した。

```
ベルサイユ      民主      イタリア      ヒトラー
エチオピア      独裁      フランス      ローズベルト
```

得点UP
コーチ↑

**1** (1)「暗黒の木曜日」と呼ばれる。
(2)フランスも同じような政策をとった。
(3)テネシー川開発計画などが行われた。

**2** (1)ワイマール憲法を無視し，ナチス(ナチ党)以外の政党を禁止した。(3)第一次世界大戦の講和条約。

学習日　　月　　日　得点　　点

**発展**

**3** 右のグラフは，おもな国の鉱工業生産の変化を示している。このグラフを見て，次の問いに答えなさい。 ✔チェック P92 **1** ①，③(各5点×4　20点)

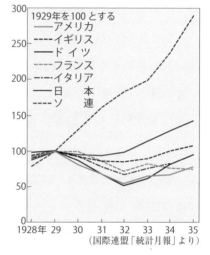

1929年を100とする
―― アメリカ
----- イギリス
―― ド イ ツ
----- フランス
―― イタリア
―― 日　　本
----- ソ　　連

(国際連盟「統計月報」より)

(1) 世界恐慌の影響を受けずに，順調に生産をのばしている国はどこか。

(2) (1)の国がとった計画経済を何というか。

(3) この時期の日本の様子としてまちがっている文の記号を書きなさい。

　ア　企業の倒産などで失業者が急増した。

　イ　大凶作が起こり農村で娘の身売りなどが行われた。

　ウ　シベリア出兵により，米騒動が起こった。

(4) この時期の日本で，企業などを合併して産業の支配力を増していったものは何か。{ }から正しい語句を選びなさい。{　軍閥　　藩閥　　財閥　}

**4** 次の問いに答えなさい。

✔チェック P92 **1** (各4点×5　20点)

(1) ニューディールを行ったアメリカの大統領はだれか。

(2) ファシスト党の党首はだれか。

(3) ヒトラーが党首だった政党をカタカナ三文字で何というか。

(4) 反民主主義・反自由主義の全体主義を何というか。

(5) 世界恐慌の影響を受けておこった日本の恐慌を何というか。

**得点UP コーチ**

**3** (1)世界恐慌の影響を受けなかったのは，資本主義国ではない。(3)米騒動は第一次世界大戦中の1918年。

**4** (2)ファシスト党はイタリアの政党。(3)国民社会主義ドイツ労働者党の通称。(4)ファシスト党に由来する。

書き込み
ドリル

18 第二次世界大戦とアジア
② 日本の中国侵略（ちゅうごくしんりゃく）

1600　　　1700　　　1800　　　1900　　　2000
学習する年代 昭和時代

## 基本

**1** 次の文の{　}の中から，正しい語句を選んで書きなさい。

✓チェック P92 **2** ①，②(各5点×5　25点)

(1) 中国国民党の{　孫文（スンウェン）　毛沢東（マオツォトン）　蔣介石（チャンチェシー）　}は，南京（ナンキン）に国民政府を樹立して民族の

独立と国内の統一を進めた。

必出 (2) 1931年，日本軍は柳条湖事件（りゅうじょうこ リウティアオフー）を理由に軍事行動を起こし①{　満州国（まんしゅうこく）　朝鮮国（ちょうせんこく）

台湾国（たいわんこく）　}を建国した。これに対し，②{　国際連合　国際連盟　国際司法裁判所　}

は日本軍の撤兵（てっぺい）を勧告（かんこく），日本は②を脱退（だったい）して国際的な孤立（こりつ）を深めた。

①　　　　　　　　　　　②

必出 (3) 1937年，日本軍は北京郊外（ペキンこうがい ルーコウチアオ）の盧溝橋で中国軍と衝突（しょうとつ）し，{　日中戦争　義和団事件（ぎわだん）

日清戦争　}が始まった。

(4) 日本の侵略（しんりゃく）に対し{　中国共産党　中国国民党　中国社会党　}は，国民政府に抗（こう）

日民族統一戦線（にち）の結成を呼びかけた。

**2** 次の文の[　]にあてはまる語句を，下の[　]から選んで書きなさい。

✓チェック P92 **2** ①，②(各5点×3　15点)

(1) 1931年に日本軍が満州全体を占領（せんりょう）した事件を[　　　　　]という。

必出 (2) 1932年，軍部の独走に批判（ひはん）的だった犬養毅（いぬかいつよし）首相は[　　　　　]で海軍将校

に暗殺された。

(3) 日本軍に対し，それまで対立していた中国の国民党と共産党が[　　　　　]

を結成し，日本に対抗した。

> 五・一五事件（ご いちご）　満州事変　生麦事件（なまむぎ）　抗日民族統一戦線（に にろく）　二・二六事件

得点UP
コーチ↗

**1** (1)孫文は「革命未だならず」の言葉を残
し1925年に死去した。(2)南満州鉄道を爆（ばく）
破（は）し，中国軍のしわざとした。

**2** (2)政党内閣はこの事件で終わった。

| 学習日 | 月 | 日 | 得点 | 点 |

## 発展

**3** 右の年表を見て，次の問いに答えなさい。

✓ **チェック** P92 **2** （各6点×10 60点）

(1) 年表の①②にあてはまる事件名を書きなさい。

① ［　　　　　　］事件

② ［　　　　　　］事件

(2) ①②の事件の説明にあう文の記号を書きなさい。 ① ［　　　］ ② ［　　　］

ア 青年将校に率いられた陸軍部隊が，東京の中心部を占拠し，大臣らを暗殺した。

イ 警護の警察官がロシア皇太子を暗殺しようとして傷を負わせた。

ウ 海軍将校らのグループが，当時の首相を暗殺した。

| 年代 | で き ご と |
|---|---|
| 1931 | 満州事変が起こる……………………A |
| 1932 | ① 事件が起こる |
| 1933 | 国際連盟を脱退する………………B |
| 1936 | ② 事件が起こる |
| 1937 | 日中戦争が起こる…………………C |
| 1938 | 国家総動員法が公布される………D |
| 1940 | 大政翼賛会ができる………………E |

(3) Aで日本軍が満州につくった国の元首となった溥儀（プイ）は，中国の何という王朝の最後の皇帝（こうてい）だったか。 ［　　　　　　　　］

(4) Bで，国際連盟が日本に勧告しなかったことは何か。記号を書きなさい。

ア 日本の国民政府への援助（えんじょ）　　イ 日本軍の満州からの撤兵

ウ 日本の満州国承認の取り消し ［　　　　　　　　］

(5) Cのきっかけとなった盧溝橋事件は，何という都市の郊外で起こったか。 ［　　　　　　　　］

(6) Dの制定でどんなことができるようになったか。□にあう語句を書きなさい。

政府は資源などを［　　　　　　　　］の承認なしにを戦争に動員できる。

(7) Eの結果，解散することになったのは何か。 ［　　　　　　　　］

(8) 住民を相互に監視（かんし）させる仕組みを何というか。 ［　　　　　　　　］

- - - - - - - - - - - - - - - - - - - - - - - - - - - - - - - - - - - -

**得点UP コーチ**

**3** (2)イは，明治時代の大津事件（おおつ）のこと。(3)辛亥革命（しんがい）でたおされた王朝。(4)国民政府は日本の行動を国際連盟にうったえた。(5)国民政府の中国軍は，北京まで進出していた。(7)「挙国一致（きょこくいっち）」が唱えられた。(8)約10戸ごとにまとめられた。

# ③ 第二次世界大戦

## 基本

**1** 次の文の{ }の中から，正しい語句を選んで書きなさい。

**✓チェック P93 ③** (各6点×4　24点)

(1) 1939年，ドイツが①{ チェコスロバキア　ポーランド　ハンガリー }に侵攻
すると，イギリス・フランスがドイツに宣戦し，ここに②{ 第一次世界大戦　第二次
世界大戦　サラエボ事件 }が始まった。

①␣␣␣␣␣␣

②␣␣␣␣␣␣

(2) 1941年12月8日，日本軍は①{ サイパン　グアム　ハワイ }にあるアメリカ
軍基地を攻撃すると同時に，マレー半島に上陸し，ここに②{ 太平洋戦争　日中戦争
南北戦争 }が始まった。

①␣␣␣␣␣␣

②␣␣␣␣␣␣

**2** 次の文の□□にあてはまる語句を，下の▫▫から選んで書きなさい。

**✓チェック P93 ③** (各5点×4　20点)

(1) ドイツはソ連と␣␣␣␣␣を結んでいたが，東欧での利害が対立すると，
1941年にこれを破棄してソ連に侵入した。

**必出** (2) 1940年，日本・ドイツ・イタリアは␣␣␣␣␣を結び，軍事的な結束を
強めた。

(3) 日本は①␣␣␣␣␣の建設をめざし，南進政策をとるようになった。1941
年には，ソ連と②␣␣␣␣␣を結び，インドシナ南部へ進出した。

> 樺太・千島交換条約　　日独伊三国同盟　　大東亜共栄圏　　三国協商
> 日露和親条約　　独ソ不可侵条約　　日ソ共同声明　　日ソ中立条約

**得点UP
コーチ↩** **1** (1)②世界の多くの国々が，連合国と枢軸国に分かれて戦った。(2)②日本軍とアメリカ軍を中心とした戦争。　**2** (3)②北方の安全を図るために結ばれた。

100

学習日　月　日　得点　点

18 第二次世界大戦とアジア

スタート
ドリル｜書き込み
ドリル❶｜書き込み
ドリル❷｜書き込み
ドリル❸｜書き込み
ドリル❹｜まとめの
ドリル

**発展**

**3** 右の年表を見て，次の問いに答えなさい。

**✓ チェック** P93 **3** ②(各8点×7　56点)

| 年代 | で　き　ご　と |
|------|------------|
| 1939 | ☐ が結ばれる…………A |
|      | 第二次世界大戦が始まる……………B |
| 1940 | 日独伊三国同盟が結成される…………C |
| 1941 | 日ソ中立条約が結ばれる……………D |
|      | 太平洋戦争が始まる……………E |

(1) 年表中の**A**について，☐にあてはまる語句を，次の**ア〜ウ**から一つ選び，記号で答えなさい。

　　ア　日独不可侵条約

　　イ　独ソ不可侵条約

　　ウ　日ソ不可侵条約

(2) 年表中の**B**について，大戦が起こるきっかけとなったのは，ドイツがどこに侵攻したからか。国名を書きなさい。

(3) 年表中の**C**の同盟の内容について，誤って述べているものを，次の**ア〜ウ**から一つ選び，記号で答えなさい。

　　ア　いずれか一か国でも他国より攻撃を受けた場合は，共同してこの敵にあたる。

　　イ　たがいに領土を尊重し，他国との戦争が始まった場合は中立を守る。

　　ウ　ドイツ・イタリアはヨーロッパ，日本はアジアでの指導的地位を持つ。

(4) 年表中の**D**について，次の文の☐にあてはまる語句を書きなさい。

　　日本は，長びく　①　戦争を打開し，不足する資源を確保するため，ソ連と中立条約を結んで北方の安全を図り，　②　領インドシナ南部に進出した。

(5) 年表中の**E**について，次の文の☐にあてはまる語句を書きなさい。

　　日本軍はアメリカ軍基地があるハワイの　①　を攻撃すると同時に，　②　半島のイギリス軍にも攻撃を加えた。

**得点UP
コーチ**

**3** (2)ドイツが侵攻すると同時にソ連も侵攻し，この国は分割占領された。

(3)相互の軍事援助を取り決めた。

(4)①援蒋ルートと呼ばれる支援路を封鎖する目的もあった。

(5)1941年12月8日。

18 第二次世界大戦とアジア
④ 戦争の終結

| 1600 | 1700 | 1800 | 1900 | 2000 |

## 基本

**1** 文の□□□にあてはまる語句を，下の□□□から選んで書きなさい。

✓ チェック P93 ④(各7点×4  28点)

(1) 1942年の□□□□□□□の海戦以降，アメリカ軍が反撃に転じた。

(2) 1944年ごろから，アメリカ軍による日本本土への空襲が始まると，大都市では，児童の集団□□□□□□□が行われるようになった。

(3) 1945年，連合国は ①□□□□□□□ で会談を開き，ドイツの戦後処理と ②□□□□□□□ の対日参戦を決めた。

| 勤労動員 | ミッドウェー | ソ連 | 世界恐慌 | アメリカ |
| ヤルタ | デンマーク | 疎開 | 学徒出陣 | イギリス |

**2** 次の文の{ }の中から，正しい語句を選んで書きなさい。

✓ チェック P93 ④ ②，③(各7点×4  28点)

(1) 1945年5月，ベルリンが占領され，{ イギリス  中国  ドイツ }が降伏した。

□□□□□□□

必出 (2) 連合国は,日本の降伏と民主化を求める{ ポーツマス条約  ポツダム宣言  人権宣言 }を発表した。

□□□□□□□

(3) 世界ではじめて原子爆弾が投下されたのは，{ 広島  東京  長崎 }である。

□□□□□□□

(4) ヤルタ協定に基づき，終戦直前にソ連が{ ベルサイユ条約  不可侵条約  中立条約 }を破棄して，満州や樺太，千島列島に攻めこんできた。

□□□□□□□

得点UP
コーチ

**1** (1)太平洋上の島の名が入る。(2)都市から農村へ避難すること。(3)①黒海沿岸の都市。

**2** (2)アメリカ・イギリス・ソ連の首脳が会談し，アメリカ・イギリス・中国の名で発表された(のちにソ連も参加)。

④ 戦争の終結

学習日　　月　　日　得点　　　点

18 第二次世界大戦とアジア

スタート
ドリル｜書き込み
ドリル❶｜書き込み
ドリル❷｜書き込み
ドリル❸｜書き込み
ドリル❹｜まとめの
ドリル

**発展**

**3** 右の年表を見て，次の問いに答えなさい。

✓ **チェック** P93 **4** ②，③（各7点×5　35点）

(1) 年表中の□にあてはまる語句を，次の説明をもとにして書きなさい。

① アメリカ・イギリス・ソ連の首脳が会談を行い，ドイツの戦後処理などが話し合われた。

② 唯一，日本本土で陸上戦が行われた場所であり，民間人を含め，12万人以上の犠牲者が出た。

③ 日本ははじめこれを無視したが，1945年8月に受諾し，無条件降伏した。

| 年代 | で き ご と |
|---|---|
| 1942 | ミッドウェーの海戦 |
| 1943 | イタリアが降伏する |
| 1944 | サイパン島が占領される |
| 1945 | ① が行われる |
| | アメリカ軍が ② に上陸する |
| | ドイツが降伏する |
| | ③ が発表される |
| | 広島に〔　〕が投下される |
| | ソ連が対日参戦する……………A |
| | 長崎に〔　〕が投下される |

(2) 〔　〕に共通してあてはまる語句を書きなさい。

(3) 年表中のAのときに，ソ連が破棄した条約は何か。

**4** 戦時下の日本の国民生活として誤っているものを，次のア〜エから一つ選び，記号で答えなさい。

✓ **チェック** P93 **4** ①（9点）

ア 成年男子が徴兵されたため，女学生が工場へ勤労動員された。

イ 多くの人々がアメリカ軍の空襲で命を落とした。

ウ 学生は，新兵器を研究・開発するために，徴兵されなかった。

エ 戦争に疑問を持つ人々は「非国民」というレッテルをはられた。

**得点UP
コーチ**

**3** (1)①ソ連の対日参戦も決定された。(3)北方の安全を確保するため，1941年に結ばれた。

**4** 国内のすべての物資・国民が戦争遂行の目的のために動員された。

まとめの
ドリル

18 第二次世界大戦とアジア
# 第二次世界大戦とアジア

1600　　　1700　　　1800　　　1900　　　2000

学習する年代 昭和時代

**1** 次の文を読んで，下の問いに答えなさい。

✓ **チェック** P92 **1**，**2**（(1)は6点，(2)・(3)は各5点×6　36点）

　1929年に起こったニューヨークの株価大暴落は，資本主義諸国の経済に大きな打撃をあたえた。これを〔　　〕という。各国の経済が混乱する中で，アメリカや広大な植民地を持つイギリス・フランスは，**A**独自の経済政策を行って復興を図ったが，**B**ドイツやイタリア，日本では，ファシズムによって，この危機を脱しようとする政策がとられた。

(1)　文中の〔　〕にあてはまる語句を書きなさい。

(2)　下線部 **A** について，次の問いに答えなさい。

　①　アメリカでは，大規模な公共事業や農作物の政府買い入れなどが行われ，国民の購買力を高める政策がとられた。この政策を何というか。カタカナで書きなさい。

　②　イギリスやフランスでは，本国と植民地との間で関税率を下げ，閉鎖的な経済圏をつくって他国の影響を受けないようにする政策がとられた。この政策を何というか。

(3)　下線部 **B** について，次の問いに答えなさい。

　①　1933年，ドイツで政権をにぎったナチス（ナチ党）の党首はだれか。

　②　ムッソリーニの独裁政治のもとで植民地を拡大する政策がとられ，1936年，イタリアが併合したアフリカの国はどこか。

　③　日本で大陸侵略によって危機を脱しようとする声が高まったことを受けて1931年に起きた一連の軍事行動を何というか。

　④　日本の南進に対して，アメリカ，イギリス，中華民国，オランダが日本を経済的に封鎖した。この封鎖を何というか。

**得点UP
コーチ↗**

**1** (2)①ローズベルト大統領が行った経済政策。新規まき直しとも呼ばれる。
(3)①ベルサイユ条約を破棄して，再軍備を宣言した。②イタリアは，国際連盟の経済制裁にもかかわらず，この国を併合した。
③中国の東北地方のこと。

**2** 右の年表を見て，次の問いに答えなさい。

✅ チェック P92 **2**，P93 **3**，**4** ((6)完答，各8点×8　64点)

(1)　年表中の**A**について，この事件は何と呼ばれるか。

(2)　年表中の**A**と**B**の間に起こったできごとを，次のア～エから一つ選び，記号で答えなさい。

　ア　治安維持法が制定された。

　イ　ロンドン軍縮会議が開かれた。

　ウ　関東大震災が起こった。

　エ　日本が国際連盟を脱退した。

| 年代 | で　き　ご　と |
|---|---|
| 1931 | 満州事変が起こる |
| 1932 | 犬養毅が暗殺される……………A |
| 1936 | 二・二六事件が起こる………B |
| 1937 | 日中戦争が始まる……………C |
| 1938 | 　　　が制定される |
| 1939 | 第二次世界大戦が始まる………D |
| 1940 | 三国が軍事同盟を結ぶ…………E |
| 1941 | 太平洋戦争が始まる……………F |
| 1945 | 日本が降伏する…………………G |

(3)　年表中の**C**について，この戦争が長期化すると，日本は，欧米の植民地支配を排除し，アジア民族だけで繁栄する国際秩序の建設を主張した。この秩序を何というか書きなさい。

(4)　年表中の　　　には，政府が議会の承認なく物資や国民を動員できると定めた法令名があてはまる。この法令名を書きなさい。

(5)　年表中の**D**について，この戦争はドイツがある国に侵攻したことが引き金となった。その国はどこか。

(6)　年表中の**E**について，この軍事同盟を結んだ三国とはどこか。

　　　　　　　　　　　　　　・　　　　　　　　　　・

(7)　年表中の**F**について，このとき日本が宣戦布告をした国は，イギリスとどこか。

(8)　年表中の**G**について，このとき日本は，連合国が示していた降伏条件に関する宣言を受諾した。この宣言は何と呼ばれるか。

得点UP
コーチ↑

**2** (1)政党政治に不満を持つ一部の海軍将校たちが起こした事件。(2)アは1925年，イは1930年，ウは1923年。(3)太平洋戦争開始前，アメリカ・イギリス・中国・オランダは日本の南進に対して経済封鎖を行った。

## 第一次世界大戦とアジア・日本／第二次世界大戦とアジア

**1** 右の年表を見て，次の問いに答えなさい。

✓ **チェック** P78 **1**，**2**，P79 **3**，**4**（各6点×9 54点）

(1) 年表中の㋐について，次の文の□□□にあてはまる語句を書きなさい。

　□□□□□□□半島で起きたサラエボ事件をきっかけに，オーストリアがセルビアに宣戦し，やがて世界的な戦争が始まった。

(2) 年表中のAのころ，日本では，〔　〕への出兵を見こして大商人が米を買い占めたため，右の絵のようなさわぎが起こった。〔　〕にあてはまる語句を書きなさい。

(3) 年表中の㋑において，①アメリカ大統領ウィルソンが提案した，民族に関する原則は何か。また，②その影響を受けて，朝鮮で起こったできごとは何か。

　① □□□□□□□□
　② □□□□□□□□

| 年代 | で き ご と |
|------|-----------|
| 1914 | ㋐第一次世界大戦が始まる |
| | ↕ A |
| 1919 | ㋑パリ講和会議が開かれる。 |
| | ↕ B |
| 1921 | ワシントン会議が開かれる |
| | ↕ C |
| 1925 | ㋒普通選挙法が成立する |

(4) 年表中のBの時期にあてはまるものを，次のア〜エから一つ選び，記号で答えなさい。

　ア　中国に二十一か条の要求を示した。　　イ　国際連盟に加盟した。
　ウ　原敬の本格的な政党内閣が成立した。　エ　国家総動員法が制定された。

(5) 年表中のCのころ，日本の不景気に追い打ちをかけるような災害が起こった。関東地方を中心に起こったこの災害を何というか。

(6) 年表中の㋒について，①このとき選挙権をあたえられたのは，満何歳以上の男子か。また，②同年に定められた共産主義を取りしまるための法律は何か。

　① 満 □□□□ 歳以上　　　② □□□□□□□□

(7) ㋒のあと，五・一五事件まで政党政治が続いた。このことを何というか。

**2** 次の文を読んで，下の問いに答えなさい。

✓ チェック P92 **1**，**2**，P93 **3**(各4点×4　16点)

A　ベルサイユ条約を破棄し，軍備を増強して領土の拡大を図った。

B　国内の大規模な公共事業などを行い，恐慌で混乱した経済を立て直そうとした。

C　満州事変の翌年，海軍の青年将校が犬養毅首相を暗殺するという〔 ① 〕事件が起こり，以後，軍人や官僚出身者が組織する内閣がつくられるようになった。

D　A国が〔 ② 〕に侵攻すると，イギリスとともにA国に宣戦したが，第二次世界大戦中の1940年，枢軸国に降伏した。

(1)　A～Dの国名の組み合わせとして正しいものを，次のア～ウから一つ選び，記号で答えなさい。

　　ア　A―イタリア　　B―アメリカ　　C―日本　　D―オランダ

　　イ　A―ドイツ　　　B―フランス　　C―中国　　D―イタリア

　　ウ　A―ドイツ　　　B―アメリカ　　C―日本　　D―フランス

(2)　文中の〔　〕にあてはまる語句を書きなさい。　①

　　②

(3)　Bの経済政策は何と呼ばれるか。

**3** 太平洋戦争の終結について，次の問いに答えなさい。

✓ チェック P93 **4**(各6点×5　30点)

(1)　アメリカが広島と長崎に原子爆弾を投下した日付を，それぞれ答えなさい。

　　広島

　　長崎

(2)　終戦直前，ソ連は中立条約を破棄して日本に宣戦したが，これは，何という会談の協定に基づくものか。

(3)　ポツダム宣言の内容として正しいものを，次のア～エから一つ選び，記号で答えなさい。

　　ア　日本は枢軸国に占領される。　　　イ　日本軍の武装を解除する。

　　ウ　台湾と南樺太は日本の領土とする。　　エ　朝鮮は中国の委任統治とする。

(4)　昭和天皇がラジオで国民に降伏を知らせたときの放送を何というか。

## 1 占領と日本の民主化

ドリル P112

① **日本の占領**…ポツダム宣言に基づく連合国軍の進駐。

- **縮小した領土**…北海道・本州・四国・九州と周辺の島々。

- **アメリカの直接統治**…沖縄と奄美群島，小笠原諸島。

- **復員と引き上げ**…占領地や植民地からの帰国。

- **敗戦後の国民生活**…国土の荒廃，物資不足，食料難。
  └→インフレが起こる

- **連合国軍最高司令官総司令部（GHQ）**…間接統治。
  └→アメリカ軍が中心。マッカーサーが最高司令官

② **民主化指令**

- **軍国主義の解体**…極東国際軍事裁判。軍隊解散。職業軍人・
  └→東京裁判ともいう。A級戦犯7名死刑
  軍国主義者の公職追放。**天皇の人間宣言**。

- **治安維持法の廃止**…政治活動の自由。

- **選挙法の改正**…満20歳以上のすべての男女に選挙権。
  └→1946年の衆議院選挙で多数の女性議員が当選

- **政党政治の復活**…**日本社会党（社会党）**や**日本自由党**の結成。

  **日本共産党**が再建されるなど，戦時中に解散していた政党

  が活動を再開。

③ **日本国憲法の制定**

- **成立の過程**…GHQの示した案に基づく政府
  └→政府の原案は民主化が不徹底
  案を議会で審議・可決。

- **公布と施行**…**1946年11月3日**公布，**1947年**

  **5月3日**施行。

▲日本国憲法公布記念祝賀会

- **特色**…**国民主権，基本的人権の尊重，平和主義**。天皇は**象徴**。
  └→日本国憲法の三大原則

④ **経済の民主化**…日本を戦争に導いた体制を解体。

- **財閥解体**…財閥（三井・三菱・住友・安田など）を解体。
  └→ざいばつ  みつい みつびし すみとも やすだ

  **独占禁止法**の制定。
  └→1947年

- **農地改革**…地主の土地を買い上げ，小作人に安く売りわたす。
  └→多くの自作農が生まれた

- **労働三法**…**労働組合法**・労働関係調整法・**労働基準法**。
  └→1945〜47年  └→労働者の団結権，争議権を保障  └→労働条件の最低基準

⑤ **教育の民主化**…教育勅語の失効。

- **教育基本法の制定**…民主主義的な人間の形成をめざす。**男**
  └→ちょくご

  **女共学**と小中学校**9年**の義務教育。6・3・3・4制。

### 覚えると得

**民法改正**
「家」を中心とした戦前の制度は廃止され，1947年，個人の尊厳と男女の平等を基本原則に改正された。

**差別反対運動**
戦前に弾圧された水平社運動の流れをくむ部落解放運動の組織も再建された。北海道アイヌ協会も再組織された。

**重要** テストに出る！

不在地主の所有農地全部と在村地主の一町歩（本州）をこえる農地を強制的に買い上げ，小作人に安く売りわたした。

## 2 二つの世界とアジア

ドリル P114

① **国際連合の成立**…世界の平和を維持する機関。
　└本部はニューヨーク
- **国際連合憲章**…1945年4月に調印。10月成立。
- **安全保障理事会**…世界の安全を守る。武力制裁が可能。五
　　　　　　　　　　　　　　　　　　原加盟国51か国↵
大国が常任理事国で拒否権を持つ。
　　　　└きょひけん　　└二度の世界大戦の反省
　└米・英・仏・ソ・中

② **アジア諸国の独立**
- **植民地からの独立**…1945〜48年にかけてインドネシア・
　　　　　　　　　　　　　　　　　　　└オランダとの独立戦争
フィリピン・ベトナム・インド・パキスタン・ビルマ (ミャ
　　　　　　└フランスとの独立戦争
ンマー) などが独立を宣言。

③ **冷戦**…米ソが直接戦火を交えず政治・経済・軍事的に対立。
　└冷たい戦争ともいう　　　　　　　　　　　　└核を含む軍拡
- **東西両陣営の対立**…西の資本主義陣営と東の共産主義陣営
　└じんえい　　　　　　　└アメリカ中心　　　　　　└ソ連中心
- **ドイツの分裂**…西側 (西ドイツ) と東側 (東ドイツ) のそれぞ
　　　　└ぶんれつ　└1948年
れの占領地に分裂・独立 ▉▶ ベルリン封鎖。
　　　　　　　　　　　　　　　　　└ふうさ
- **中華人民共和国の成立**…共産党政権誕生。毛沢東国家主席。
　└ちゅうか　　　　　　　　　　　　　　　　└マオツォトン
　└1949年
国民党政権は台湾に逃れる。
　　　　└たいわん
- **二つの朝鮮**…大韓民国と朝鮮民主主義人民共和国の成立
　└ちょうせん　└だいかんみんこく　　　　　└きょうわこく
　└1948年　　　└韓国　　　　　　　└北朝鮮
▉▶ **朝鮮戦争** ▉▶ 米軍中心の国連軍と中国義勇軍がそれ
　　└1950年〜
ぞれ援助。1953年に北緯38度線を境に休戦。
　└えんじょ　　　　　└ほくい
- **軍事同盟**…北大西洋条約機構とワルシャワ条約機構。
　　　　　　└1949年, 西側, NATO　　└1955年, 東側, 1991年解体

## 3 国際社会に復帰する日本

ドリル P116

① **占領政策の転換**…民主化から経済復興へ。
　　　└てんかん
- **経済復興**…朝鮮戦争の特需景気で経済が立ち直る。
　　　　　　　　　　└とくじゅ　　　└国連軍の物資調達
- **警察予備隊**…朝鮮戦争の激化で創設 ▉▶ 自衛隊へ改組。
　└1950年　　　　　　　　　　　　　　　　└1954年

② **占領から独立へ**
- **サンフランシスコ平和条約**…西側48か国と
中国は招かれず, インドは参加せず, ソ連などは調印せず↵
調印 ▉▶ 独立回復。
　　└首席全権吉田茂首相
- **日米安全保障条約**…米軍の日本駐留継続。
　└日本の安全と東アジアの平和を守る目的, 日米安保条約ともいう　└けいぞく

③ **国際社会への復帰**
- **日ソ共同宣言**…ソ連との国交回復。
　　└1956年　└平和条約は調印せず
- **国連加盟**…ソ連の支持も得て加盟を実現。
　└1956年　└拒否権行使せず
- **東京オリンピック・パラリンピック**の開催へ。
　└1964年　　　　　　　　　　　└かいさい

---

## 覚 え る と 得

**国連の仕組み**

全加盟国からなる総会, 安全保障理事会, 多くの専門機関をたばねる経済社会理事会, 事務局, 国際司法裁判所などから構成されている。

**55年体制**

1955年に自由民主党 (自民党) が結成され, 野党第一党の社会党と対立しながら, 38年間政権を取り続けた。

## 重 要 テストに出る!

日ソ共同宣言で戦争状態の終結と国交回復は合意されたが, ソ連が北方領土の返還に応じず, 現在もロシアと平和条約は結ばれていない。
　　　　└へんかん

▲サンフランシスコ平和条約の調印

スタート
ドリル

19 日本の民主化と国際社会への参加

# 日本の民主化と国際社会への参加

1600　　1700　　1800　　1900　　200

学習する年代　昭和時代

**1** 次の文の{ }の中から，正しい語句を選んで書きなさい。

(各6点×7　42点)

(1) 日本は連合国軍に占領され，{ マッカーサー　　ワシントン }を最高司令官とする
連合国軍最高司令官総司令部（GHQ）の指令に従った。

[                    ]

(2) 1946年，国民主権，基本的人権の尊重，平和主義を三大原則とする{ 大日本帝国憲
法　　日本国憲法 }が公布された。

[                    ]

(3) 1945年10月，二度の世界大戦への反省から{ 国際連盟　　国際連合 }がつくられ
た。

[                    ]

(4) 1949年，毛沢東を主席とする{ 国民政府　　中華人民共和国 }が成立した。
マオツォトン

[                    ]

(5) 1950年，韓国と北朝鮮の対立から{ 朝鮮戦争　　ベトナム戦争 }が起こった。

[                    ]

(6) (5)の戦争が始まると，GHQの指令で{ 警察予備隊　　国家総動員法 }がつくられ
た。

[                    ]

(7) アメリカは東アジアでの日本の役割を重んじ，日本との講和を急いだ。1951年，日
本はアメリカなど48か国とサンフランシスコで{ 日米安全保障条約　　平和条約 }
を結んだ。

[                    ]

**2** 第二次世界大戦直後の経済・社会について，次の文の{ }の中から，正しい語句を
選んで書きなさい。

(各6点×3　18点)

(1) 日本の経済を支配してきた{ 財閥　　藩閥 }が解体された。

[                    ]

(2) 労働条件の最低基準を定める{ 労働基準法　　労働組合法 }が制定された。

[                    ]

(3) 地主が持つ小作地を国が買いあげて，小作人に安く売りわたす{ 地租改正　　農地
改革 }が行われた。

[                    ]

**3** 次の略年表を見て，あとの問いに答えなさい。

(各5点×8　40点)

| 時代 | 年 | 日本の政策 | 外国の状況 |
|---|---|---|---|
| 昭和時代 | 1945 | 選挙法の改正，労働三法制定（～47），治安維持法（ち あん い じ ほう）など廃止（はい し），財閥解体（～51），農地改革（～46） | ⑥ ［　　　　　］発足　→本部　ニューヨーク |
| | 1946 | ① ［　　　　　］憲法公布 | |
| | 1947 | ①の施行（し こう）　② ［　　　　　］の制定　→義務教育が9年になる　③ ［　　　　　］の改正　→男女平等の家族制度など | ベルリン封鎖（ふう さ）（1948）　大韓民国（だいかんみんこく）　朝鮮民主主義人民（ちょうせんみんしゅしゅぎ じんみん）共和国成立（1948）　北大西洋条約機構（1949）　中華人民共和国成立（1949） |
| | 1950 | 警察予備隊の設置 | ⑦ ［　　　　　］戦争（1950～）　→アメリカ中心の国連軍は韓国支援（し えん）　中国義勇軍は北朝鮮を応援 |
| | 1951 | ④ ［　　　　　］条約を結ぶ　→48か国，日本の独立回復　日米安全保障条約を結ぶ | ⑦の戦争の休戦（1953）　ワルシャワ条約機構（1955） |
| | 1956 | ⑤ ［　　　　　］　→ソ連（れん）との国交回復　日本の国際連合への加盟 | |

(1)　年表中の①～⑦にあてはまる語句を書きなさい。

(2)　この時代の背景について，次の文の（　）にあてはまる語句を書きなさい。

　　　ＧＨＱの占領政策は，日本の軍国主義を取りのぞくとともに，治安維持法の廃止など

　の（　　）化の実行であった。

［　　　　　］

111

書き込み
ドリル

19 日本の民主化と国際社会への参加
① 占領と日本の民主化

学習する年代 昭和時代

1600　　　　　1700　　　　　1800　　　　　1900　　　　200

## 基本

**1** 次の文の{ }の中から，正しい語句を選んで書きなさい。

✓ チェック P108 **1** ①，④(各5点×4　20点)

(1) 日本を占領した連合国軍最高司令官総司令部の最高司令官は，{ チャーチル
スターリン　マッカーサー }である。

(2) 日本の占領政策は，{ 独立宣言　ポツダム宣言　人権宣言 }に基づいて実施された。

(3) 総司令部は経済の民主化を図るために，{ 軍隊　政党　財閥 }の解体を指令した。

必出 (4) 1946年から，農村の民主化を図る目的で，{ 農地改革　太閤検地　廃藩置県 }が行われた。

**2** 次の文の▢▢にあてはまる数字や語句を，下の▢▢から選んで書きなさい。

✓ チェック P108 **1** ③，④，⑤(各5点×7　35点)

日本国憲法は，(1)▢▢▢▢▢年に公布され，(2)▢▢▢▢▢主権・
(3)▢▢▢▢▢の尊重・(4)▢▢▢▢▢主義を三大原則としている。また，天皇は，日本国や日本国民統合の(5)▢▢▢▢▢とされた。

一方，教育の民主化も図られ，1947年には，(6)▢▢▢▢▢法が制定され，社会の民主化では，労働条件の最低基準を定めた(7)▢▢▢▢▢法など，労働三法が定められた。

```
労働組合    1945    1946    1947    天皇    教育基本    平和
労働基準    戦争    教育勅語    基本的人権    象徴    国民
```

得点UP
コーチ

**1** (1)チャーチルはイギリスの首相，スターリンはソ連の書記長である。(2)日本はこの宣言を受け入れて降伏した。

**2** 日本国憲法の三大原則は正確に覚えておくこと。大日本帝国憲法では，天皇に主権があった。

発展

**3** 次の文を読んで，下の問いに答えなさい。

✓ チェック P108 **1** ②，④（各5点×9　45点）

　第二次世界大戦後，日本を占領した連合国軍の総司令部は，次々に指令を出し，広い範囲にわたる改革を行わせた。まず，陸・海の ① _____ を解散させ，戦争犯罪の疑いのある軍人や政治家をとらえて軍事裁判にかけ，職業軍人は公職から退けられた。そして㋐思想や言論の自由をおさえていた法律が廃止され，政治犯も釈放された。それにともなって㋑政党活動も復活し，日本社会党や日本自由党が結成され，② _____ が再建された。また，㋒選挙法も改正された。さらに，日本国憲法が公布され，この憲法に基づいて，㋓封建的な「家」の制度を認めていた法律も改正された。

　経済や社会制度でも大きな改革が行われた。中でも，経済の民主化では，㋔少数の者が利益を独占するような経済の営みを禁止する法律が定められた。そして，農村では多くの小作人が ③ _____ となった。

(1)　文中の ☐ にあてはまる語句を次の{ }から選んで書きなさい。

{ 日本共産党　立憲政友会　自衛隊　軍隊　自作農　水呑み百姓 }

(2)　下線部㋐の法律名を書きなさい。　_____

(3)　下線部㋑に最も関係の深い語句を，次の{ }から選んで書きなさい。

{ 国家総動員法　大政翼賛会　配給制　隣組 }　_____

(4)　下線部㋒について，次の文の ☐ にあてはまる数字や語句を書きなさい。

　選挙法が改正され，満〔 ① 〕歳以上のすべての〔 ② 〕に選挙権があたえられた。

① _____　② _____

(5)　下線部㋓について，改正された法律名を書きなさい。　_____

(6)　下線部㋔の法律名を書きなさい。　_____

**得点UP
コーチ**

**3** (1)①軍国主義の解体をめざした。③自分の土地を持つ農民。(2)はじめは共産主義を，のちに社会運動全体を取りしまる法律であった。(3)戦時中，政党は解散し，この組織に統合されていた。(5)個人の尊厳と男女の平等が改正の原則とされた。

**19 日本の民主化と国際社会への参加**

# 2 二つの世界とアジア

| 1600 | 1700 | 1800 | 1900 | 200 |

学習する年代 昭和時代

## 基本

**1** 次の文の□□□にあてはまる語句を，下の{ }から選んで書きなさい。

✓ チェック P109 **2** ③(各4点×8 32点)

(1) 朝鮮半島では，北緯38度線を境に，北には ①_____，南には
②_____ という国が第二次世界大戦後に誕生した。

(2) 1950年，(1)の二つの国の間で戦争が始まった。これを_____という。

(3) 第二次世界大戦後，アメリカを中心とする ①_____ 陣営と，ソ連を中心とする ②_____ 陣営の対立が続いた。

(4) (3)の両陣営は，米ソが直接戦火を交えず，経済面，軍事面で圧迫し合った。このような状態を「冷たい戦争」，または_____という。

(5) 東西両陣営の対立が厳しさをますと，アメリカは1949年，カナダや西ヨーロッパの国々と ①_____ を，ソ連は1955年に，東ヨーロッパの国々と
②_____ をつくり，それぞれ集団安全保障の体制を固めた。

{ 冷戦　朝鮮民主主義人民共和国　共産主義　ワルシャワ条約機構
北大西洋条約機構　資本主義　ベトナム戦争　朝鮮戦争　大韓民国 }

**2** 次の文の{ }の中から，正しい語句を選んで書きなさい。

✓ チェック P109 **2** ①，③(各7点×2 14点)

(1) 1945年，ニューヨークに本部を置く{ 連合国軍最高司令官総司令部　国際連盟　国際連合 }が発足した。_____

(2) 1949年，{ 孫文　毛沢東　蔣介石 }の率いる中国共産党が，中華人民共和国の成立を宣言した。_____

**得点UP コーチ**

**1** (1)北朝鮮，韓国の正式名称である。
(2)この戦争は，「冷たい戦争」が原因で起こった「熱い戦争」である。

**2** (1)アメリカ・イギリス・ソ連(現在はロシア)・中国・フランスが安全保障理事会の常任理事国となった。

② 二つの世界とアジア

19 日本の民主化と国際社会への参加

スタート
ドリル　書き込み
ドリル❶　書き込み
ドリル❷　書き込み
ドリル❸　まとめの
ドリル

学習日　　月　　日　得点　　　点

発展

**3** 次の文を読んで，下の問いに答えなさい。

✓ チェック P109 **2** ③(各6点×9　54点)

A　中国では1945年，ふたたび国民党と ①〔　　　　　　　　　〕との間に内戦が起こり，国民党は一時優勢であったが，ⓐ1949年になると，〔　①　〕が中国本土を手中におさめ，国民党は ②〔　　　　　　　　〕に逃れた。

B　第二次世界大戦後，東ヨーロッパ諸国に共産主義の思想が広がり，ソ連の勢力が拡大した。一方 ③〔　　　　　　　　　〕は西ヨーロッパ諸国を守るため，その復興を援助した。こうして，資本主義陣営と共産主義陣営が激しく対立するようになった。〔　③　〕は共産主義をおさえる政策を強化し，ⓑ1949年，西側諸国と軍事同盟を結んだ。ⓒ共産主義諸国も，その結束を強化して対抗したので，世界の多くの国は対立にまきこまれた。

(1)　上の文の □ にあてはまる語句を書きなさい。

(2)　Aの文の下線部ⓐについて，この年，中国本土に成立した国の正式名を書きなさい。

(3)　(2)の国の主席として，共産主義国家の建設を指導した人物はだれか。

(4)　Bの文について，次の問いに答えなさい。

①　下線部ⓑ，ⓒでつくられた軍事同盟を，それぞれ書きなさい。

ⓑ〔　　　　　　　　〕　　ⓒ〔　　　　　　　　〕

②　この二大勢力による戦火を交えない激しい対立を，何というか。

③　この対立が原因で東西に分裂した国はどこか。

得点UP
コーチ

**3** (1)①中国の共産主義(社会主義)政党。②終戦までは日本の植民地であった島。③群をぬく軍事力と経済力で，資本主義国の中心となった。(4)①ⓑ大西洋に面した国々が中心。③南北に分かれたのは，朝鮮半島。

書き込み
ドリル

19 日本の民主化と国際社会への参加

## ③ 国際社会に復帰する日本

| 1600 | 1700 | 1800 | 1900 | 200 |

学習する年代 昭和時代

### 基本

**1** 次の文の{ }の中から，正しい語句を選んで書きなさい。

✓ **チェック** P109 **2** ③，**3** ①(各8点×5　40点)

(1)　米ソの対立が激しくなり，1949年に中華人民共和国が誕生したころから，連合国軍最高司令官総司令部は，日本を経済的に自立させ，アジアの{　資本主義　共産主義　民主主義　}に対抗する勢力として育成する方向に占領政策を転換した。

[　　　　　　　　　]

必出 (2)　1950年，①{　ベトナム戦争　インドシナ戦争　朝鮮戦争　}が始まると，アメリカ軍を中心とした国連軍は南の国を，②{　ソ連　中国　イギリス　}の義勇軍は北の国を援助し，北緯③{　28　38　48　}度線を中心に激しい戦いが続いた。

①[　　　　　　　]　②[　　　　　　　]

③[　　　　　　　]

(3)　(2)の①の戦争により，日本では特需景気と呼ばれる好景気がおとずれ，戦後の復興が早まった。また，連合国軍最高司令官総司令部の指令で，{　警察予備隊　国連軍　奇兵隊　}がつくられた。

[　　　　　　　　　]

必出 **2** 次の文の[ ]にあてはまる語句を，下の{ }から選んで書きなさい。

✓ **チェック** P109 **3** ②，③(各8点×3　24点)

(1)　1951年，日本は，アメリカの[　　　　　　　　　]で開かれた講和会議で，48か国との間で平和条約に調印し，翌年独立を回復した。

(2)　1956年，日本は，ソ連との間で①[　　　　　　　　　]に調印し，国交を回復した。そして，同年，ソ連の支持も得て②[　　　　　　　　　]に加盟した。

{　国際連盟　日ソ共同宣言　サンフランシスコ　ニューヨーク　国際連合　}

**得点UP
コーチ**

**1** (1)アメリカは日本を，資本主義陣営の一員にしようとした。(2)南の国は資本主義国，北の国は共産主義国である。

**2** (1)アメリカの太平洋岸にある都市。(2)①両国の戦争状態の終結と，国交の回復が宣言された。

発展

**3** 右の写真と資料を見て，次の問いに答えなさい。

✅ チェック P109 3 (各7点×4　28点)

(1) 右の写真は，第二次世界大戦終結のための講和会議で，日本の首席全権（当時の内閣総理大臣）が，平和条約に署名しているところである。この首席全権にあたる人物を，次の{ }から一人選んで書きなさい。

{ 原敬　伊藤博文　吉田茂　犬養毅 }

（はらたかし）（いとうひろぶみ）（よしだしげる）（いぬかいつよし）

| 写真の首席全権の業績 |
| --- |
| • 戦後，五次にわたって組閣 |
| • 日本国憲法の制定 |
| • 経済再建に尽力（じんりょく） |
| • aサンフランシスコ平和条約に調印 |
| • b 警察予備隊設置 |

(2) 日本の安全と東アジアの平和を守るという目的で，資料中の下線部aと同時に，アメリカとの間で調印された条約は何か。

(3) 資料中の下線部bの設置のきっかけになったもので，1950年にアジアで起こったできごとは何か。その名称（めいしょう）を書きなさい。

(4) 下線部bは1954年，何に改組されたか。

**4** 日本が国際連合に加盟したことと最も関係の深いできごとを，次のア～エから一つ選び，記号を書きなさい。

✅ チェック P109 3 ③(8点)

ア 日本は，日ソ共同宣言に調印し，ソ連との国交を回復した。

イ 日本は，ワシントン会議において，海軍を縮小する条約に調印した。

ウ 日本は，ポーツマス条約に調印し，樺太（サハリン）の南半分を領土とした。（からふと）

エ 日本は，下関条約に調印し，遼東半島，台湾を領土とした。（しものせき）（りょうとう）（たいわん）（リアオトン）

得点UP
コーチ

**3** (1)原敬ははじめて本格的な政党内閣を組織した首相。伊藤博文は初代首相。犬養毅（ご・いちご）は五・一五事件で暗殺された首相。

(2)アメリカ軍の日本の駐留（ちゅうりゅう）や軍事基地の使用を認めた。

**4** ソ連の反対がなくなり，加盟できた。

# 日本の民主化と国際社会への参加

**1** 右の年表と下のグラフを見て，次の問いに答えなさい。

✅ チェック P108 **1**，P109 **2**，**3**（各5点×8　40点）

(1) 年表中Aの年に成立した，世界の平和を守る国際機構を何というか。

(2) 年表中Bの□は，東西両陣営の「冷たい戦争」の影響で起こったアジアのあるできごとがあてはまる。□にあてはまるできごとを書きなさい。

(3) 年表中Cの条約が結ばれた講和会議は，どこで開かれたか。都市名を書きなさい。

| 年代 | で　き　ご　と |
|---|---|
| 1945 | 第二次世界大戦が終わる……A |
| | ↕ ア |
| 1950 | □ が始まる…………B |
| | ↕ イ |
| 1951 | 平和条約が結ばれる………C |
| | ↕ ウ |
| 1956 | 日本の(1)への加盟が認められる…………D |

(4) 年表中Dについて，日本の(1)への加盟と最も関係の深いできごとを，次の□から選んで書きなさい。

　　日米安全保障条約　　　日米和親条約　　　ポツダム宣言　　　日ソ共同宣言

(5) 次の①～③は，年表中ア～ウのどの時期のできごとか。それぞれあてはまる記号を書きなさい。同じ記号を二度使ってもよい。

① 中華人民共和国の成立　　　　② 労働三法の制定

③ 警察予備隊の設置

(6) 右のグラフは，戦後行われたある改革の前後の様子を示したものである。この改革を何というか。

| | 自作 | 自小作 | 小作 |
|---|---|---|---|
| 1930年 | 31.1% | 42.1 | 26.8 |
| 1950年 | 61.9% | 32.4 | 5.1 |

その他 0.6

得点UP
コーチ

**1** (1)1920年に成立したのは国際連盟である。(2)第二次世界大戦後，南北二つに分かれて成立した国が戦った。

(3)アメリカの太平洋岸にある都市。
(4)ソ連の反対にあって，それまで加盟できなかった。

**2** 次の文を読んで，下の問いに答えなさい。

✅ **チェック** P108 **1**，P109 **2**，**3**（各10点×6　60点）

　第二次世界大戦後，わが国では連合国軍による⑦占領政策が始まり，さまざまな民主的な改革が行われた。その後，日本をとりまく国際情勢が変化すると，占領政策も変わっていった。アメリカは日本との戦後処理を急ぎ，1951年，①講和会議を開き，わが国は48か国との平和条約に調印した。翌年，条約が発効するとともに，わが国は主権を回復した。さらに1956年には，⑦国際連合への加盟が認められ，国際社会に復帰した。

(1)　下線部⑦に最も関係の深いことがらを，次のア～エから一つ選び，記号で答えなさい。

　ア　公務員のストライキが禁止された。

　イ　義務教育においては，男女共学と小中学校9年の義務教育となった。

　ウ　選挙法が改正され，満25歳以上の男女に選挙権が認められた。

　エ　すべての国民を国の政策に協力させるため，民間で隣組を組織させた。

(2)　下線部①について，□にあてはまる国名を，下の{ }から選んで書きなさい。

　□a□は講和会議には招かれず，□b□は条約に反対して会議に参加しなかった。また，□c□は条約の調印を拒否した。

{　アメリカ　　イギリス　　インド　　中国　　ソ連　}

a □□□□□□□□□　　b □□□□□□□□□

c □□□□□□□□□

(3)　下線部⑦について，次の文の□にあてはまる語句を書きなさい。

　国際連合の本部は□A□に置かれており，その最高機関である□B□は，全加盟国で構成され，国際連合憲章に定められているすべての問題について討議している。

A □□□□□□□□□　　B □□□□□□□□□

得点UP
コーチ↑

**2** (2)ビルマ（ミャンマー）やユーゴスラビアも不参加，ポーランドやチェコスロバキアは参加したが調印しなかった。

(3)Bは毎年1回，定期的に9月に召集される。

## 1 日本経済の発展　ドリル▶P124

### ①高度経済成長

- **重化学工業の発展**…技術革新，エネルギー資源の**転換**，国
  └→石炭から石油へ
  民総生産(GNP)が資本主義国で世界第2位の経済大国。
  └→1968年
- **国民生活の変化**…「三種の神器」や自動車の普及。
  └→テレビ・洗濯機・冷蔵庫
- **バブル経済とその崩壊**…株価・地価が異常に上昇し，一気
  └→1980年後半
  に下落 ■▶ 平成不況へ。

### ②社会問題の発生

- **公害問題**…四大公害病などの深刻な被害の発生に伴い，
  水俣病，新潟水俣病，イタイイタイ病，四日市ぜんそく←┘
  **公害対策基本法**を制定し，**環境庁**を設置した。
  └→1967年　　　　　　　　└→1971年，2001年より環境省
- **過密と過疎**…都市への人口の集中，農山漁村の過疎化。

### ③世界経済と日本

- **石油危機**…**石油輸出国機構**の原油価格引き上げ。
  └→オイル・ショック　└→OPEC　　└→第四次中東戦争がきっかけ
- **貿易摩擦**…アメリカ・ヨーロッパへの輸出拡大で相手国の
  産業が衰退し，貿易収支が不均衡に ■▶ 農産物輸入自由化。
- **世界金融危機**…アメリカの大手投資銀行の破綻から始まっ
  └→2008年
  た世界的な金融危機。

## 2 国際関係の変化　ドリル▶P126

### ①平和を求めて

- **アジア・アフリカ会議**…アジア・アフリカ諸国がバンドン
  └→1955年，バンドン会議ともいう　　　　　　　└→インドネシア
  で会議を開き**平和十原則**を発表 ■▶ 平和共存の訴え。
- **アフリカの年**…1960年，アフリカ17か国が独立。
- **ベトナム戦争**…ソ連・中国が支援する北ベトナムと，アメ
  └→1960〜1975年　　　　　　　└→1965年本格介入，1973年撤兵
  リカが支援する南ベトナムの戦争。反戦運動が起こる。
- **南北問題**…発展途上国と先進工業国との経済格差の問題。

### ②日本外交の変遷

- **新安保条約**…アメリカとの同盟関係強化 ■▶ **安保闘争**。
  └→1960年　　　　　　　　　　　　　└→激しい反対運動
- **日韓基本条約**…韓国を朝鮮半島唯一の合法政府と認める。
  └→1965年
- **沖縄返還**…広大なアメリカ軍基地が残る。
  └→1972年，佐藤栄作内閣

### 覚えると得

**現代日本の文化**
1953年にテレビ放送が始まると，スポーツの中でヒーローが生まれた。また，文学では，ノーベル賞を受賞した川端康成や大江健三郎，漫画やアニメでは手塚治虫などが優れた作品を生み出した。

**マスメディア**
新聞，雑誌，テレビなど多くの人々に多くの情報を送るための伝達手段のこと。

**石油危機**
アラブ諸国を中心とした石油輸出国機構は，第四次中東戦争でイスラエルよりの立場をとる，先進諸国向けの原油の輸出価格を引き上げるとともに，輸出量を大きく制限した。そのため，先進国の経済は打撃を受けたが，日本はいち早く不況をのり切り，自動車などの輸出を伸ばしたため，貿易黒字が拡大した。

- 日中国交回復…**日中共同声明**により国交正常化 ■≫ <u>日中</u>
  └→1972年, 田中角栄内閣
<u>平和友好条約</u>締結 ■≫ 経済的な強い結びつきが生まれる。
  └→1978年

## ③ 冷戦の終結

- **ソ連の解体**…1989年, <u>冷戦終結を宣言</u> ■≫ 1991年解体。
  └→1922に成立          └→マルタ会談
- **東西ドイツの統一**…<u>ベルリンの壁の崩壊</u>。ワルシャワ条約
  └→1990年        └→1989年
機構が解体し, 東ヨーロッパ諸国が民主化した。
- <u>ヨーロッパ連合(EU)</u> …政治的・経済的に統合をめざす,
  └→2020年8月現在27か国が加盟(同年1月イギリス離脱)
ヨーロッパ諸国の地域連合(1993年設立)。
- **アジア太平洋経済協力会議(APEC)** …貿易, 投資, 技術移
転でアジアや太平洋に面する国, 地域で協力。

## ④ 今日の世界と日本の課題

- **地域紛争**…ユーゴスラビア紛争。アフガニスタン内戦。同
  └→ふんそう        └→バルカン半島      └→1979～2001年
時多発テロ。<u>湾岸戦争</u>。イラク戦争。
  └→2001年  └→わんがん └→イラクのクウェート侵攻が原因 └→2003年
- **難民の発生**…戦争などで他国へのがれた人々。
- **解決の動き**…PKO(国連平和維持活動)やNGO(非政府組
           └→自衛隊の参加          └→平和, 人権問題などに
織)の働き。                        対して活動する
- **核兵器廃絶に向けて**…水爆実験による**第五福竜丸事件** ■≫
  └→かくへいき はいぜつ    └→すいばく    └→1954年 └→ふくりゅうまる
**原水爆禁止運動** ■≫ 核軍縮の進展。日本は**非核三原則**。
         1967年, 佐藤栄作首相の発表。核を「持たず, つくらず, 持ちこませず」←┘

## 3 21世紀の世界と日本
ドリル P128

## ① 持続可能な社会

- **地球温暖化**…京都議定書やパリ協定での合意。
  └→温室効果ガス(二酸化炭素)の増加
- **持続可能な開発目標(SDGs)** …2015年の国連で採択され
                                    └→さいたく
た2030年までに達成すべき17の目標のこと。

## ② 世界と日本の課題

- **防災とエネルギー**…**阪神・淡路大震災**, **東日本大震災**を経
           └→はんしん あわじ だいしんさい  └→2011年
  └→1995年
験 ■≫ 防災や再生可能エネルギーへの取り組み。
- **領土について**…**北方領土**は日本固有の領土だが, **ロシア**が
           └→択捉島, 国後島, 色丹島, 歯舞群島
不法に占拠している。**竹島**は日本固有の領土だが, **韓国**が
           └→たけしま
不法に占拠している。**尖閣諸島**は日本固有の領土で領土問
           └→せんかく
題はないが, **中国**, **台湾**が権利を主張している。
- **残された課題**…**少子高齢化**, 貧富や都市と地方の**格差**, 男
           └→こうれいか
女や部落**差別**, **拉致問題**の解決, **グローバル化**での共生。
  └→らち

---

## 覚えると得

### キューバ危機
1959年, キューバで共産主義政権が誕生。1962年, ソ連がキューバにミサイル基地を建設するとアメリカと対立, 核戦争の危機となった。

### 地域紛争
特定の場所で起こる武力紛争。異なる宗教や民族の対立が原因であることが多い。冷戦が終わり, 緊張が緩和されると紛争が増加した。

### 人権の発達
1948年, 国連で世界人権宣言が採択されると, 人権保障のグローバル化が進み, 日本でも法律が整備されていった。

### インターネットの普及
文字, 音声, 画像などの大量の情報を高速でやりとりできる技術。SNS(ソーシャル・ネットワーキング・サービス)やインターネット・ショッピングが広がり, 社会に大きな変化をもたらしている。

# スタートドリル

# 国際社会と日本

## 1　次の文の{ }から，正しい語句を選んで書きなさい。

(各6点×5　30点)

(1)　1955年，インドネシアのバンドンでアジア・{　アフリカ　　ヨーロッパ　}会議が開かれ，平和共存・植民地主義反対などの平和十原則が発表された。

(2)　日本は，核兵器に対して「持たず，つくらず，持ちこませず」の{　非核三原則　　平和主義　}を唱えている。

(3)　{　ポルトガル　　アフガニスタン　}の内戦など，世界の各地で民族対立，宗教対立から地域紛争が起こっている。

(4)　ベルリンの壁が崩壊し，1990年，東西の{　ドイツ　　ベトナム　}が統一した。

(5)　冷戦の終結を宣言した後，1991年，{　イタリア　　ソ連　}が解体した。

## 2　この時代の社会・経済について，次の文の{ }の中から，正しい語句を選んで書きなさい。

(各6点×5　30点)

(1)　四大公害病の中で，大気汚染による公害として{　イタイイタイ病　　四日市ぜんそく　}がある。

(2)　1980年代後半に起こった地価や株価の異常な上昇による好景気は，{　高度経済成長　　バブル経済　}といわれる。

(3)　日本製品の輸出が拡大し，相手国の産業へ悪影響をあたえるなど，{　貿易摩擦　　経済大国　}が問題となった。

(4)　2015年に国連で採択された，2030年までに達成する目標を{　ＮＧＯ　　ＳＤＧｓ　}という。

(5)　石油・石炭などの化石燃料の燃焼による二酸化炭素などの増加で，海面が上昇したり農作物が不作になったりすることを，{　地球温暖化　　オゾン層の破壊　}という。

**3** 次の略年表を見て，あとの問いに答えなさい。

(各5点×8　40点)

| 時代 | 年 | 外国の動き | 日本の動き |
|---|---|---|---|
| 昭和時代 | | | テレビ放送（1953） |
| | 1955 | ②[　　　　　　　]会議<br>↳平和共存の訴え | 55年体制<br>日ソ共同宣言（1956） |
| | 1960 | ③[　　　　　　]戦争（〜75）<br>↳各地で反戦運動が起こる | 新安保条約を結ぶ |
| | 1962 | ④[　　　　　]危機<br>↳核戦争が直前までせまる | ⑥[　　　　　　　]条約（1965）<br>↳朝鮮半島の唯一の政府として承認 |
| | 1963 | 部分的核実験禁止条約 | |
| | | | 公害対策基本法（1967） |
| | 1973 | アメリカ軍が③から撤退<br>第四次中東戦争→石油危機 | ⑦[　　　　　　　]（1972）<br>↳中国との国交回復 |
| | | | 沖縄返還（1972） |
| ①[　　　]時代 | 1989 | ベルリンの壁崩壊<br>⑤[　　　　　　]会談<br>↳冷戦終結の宣言 | 日中平和友好条約（1978）<br><br>バブル経済崩壊（1991） |
| | 1993 | ヨーロッパ連合（EU）に発展 | |

(1) 年表の①〜⑦にあてはまる語句を書きなさい。

(2) 世界の動きについて，次の文の（　）にあてはまる語句を書きなさい。

　1950年代になると，植民地から独立した国々を中心に，冷戦のもとで平和共存を訴えるようになり，この動きはアジア・アフリカ会議でも見られた。1960年には，アフリカ17か国が独立し，この年は（　　）と呼ばれた。

[　　　　　　　　]

123

# ① 日本経済の発展

## 基本

**1** 次の文の{ }の中から，正しい語句を選んで書きなさい。

> ✓ チェック P120 **1** ①(各6点×5　30点)

(1) 日本では，経済の高度成長が進み，{　軽工業　　重化学工業　　宇宙産業　}が発展した。

(2) 日本のエネルギー資源も，{　石油から石炭　　石炭から石油　　石油から原子力　}へと転換（てんかん）した。

必出 (3) 日本の国民総生産も1968年には資本主義国の中で世界第2位になり，{　軍事大国　　政治大国　　経済大国　}といわれるようになった。

(4) 国民生活も向上し，テレビ・洗濯機（せんたくき）・{　パソコン　　電子レンジ　　冷蔵庫　}の「三種の神器」が普及（ふきゅう）した。

(5) {　1970年代前半　　1980年代後半　　1990年代後半　}には，地価や株価が上昇（じょうしょう）し，バブル経済と呼ばれる好景気が起こった。

**2** 次の文の▯にあてはまる語句を，下の▱から選んで書きなさい。

> ✓ チェック P120 **1** ②(各6点×5　30点)

経済の発展につれて，河川・海，大気の汚染（おせん）など (1)▯▯▯▯▯▯▯ が深刻な問題となってきた。1967年，国は (2)▯▯▯▯▯▯ を制定するとともに，1971年，新しく (3)▯▯▯▯▯▯ を設置して対策を行った。また，都市への人口の集中は，大都市で (4)▯▯▯▯▯▯，農山漁村で (5)▯▯▯▯▯▯ という問題を引きおこした。

> 過疎（かそ）　　憲法　　防衛庁　　環境庁（かんきょうちょう）　　公害対策基本法　　公害　　過密

得点UP コーチ↑ **1** (1)軽工業とはせんいや食料品など，製品が比較的（ひかくてき）軽いもの。(5)バブル（泡（あわ））経済とは，実体以上にふくらんだ，異常な経済状態のこと。　**2** (2)1993年，この法律を発展的に引き継ぐ環境基本法ができる。(3)2001年に環境省になる。

学習日　　月　　日　得点　　　点

**発展**

**3** 世界経済と日本について，次の問いに答えなさい。

✔ **チェック** P120 **1** ③(各5点×8　40点)

(1) 右の写真は，あるできごとのときに人々が日用品の買いだめに走ったあとの様子である。1973年に起きたこのできごととは何か。

(2) (1)のできごとは，ある戦争が引き金になった。その戦争とは何か。

(3) 日本の貿易をめぐる問題について，{ }の中から正しい語句を選んで書きなさい。

①{ アフリカ　　アメリカ　　日本 }製品の輸出拡大→②{ アフリカ　　アメリカ　　日本 }の産業衰退→③{ 軍事力　　政治力　　貿易収支 }の不均衡

①　　　　　　　　②　　　　　　　　③

(4) (3)の問題を何というか。

(5) (3)の結果，日本の行ったことは何か，その記号を書きなさい。

　ア　欧米諸国への自動車などの輸出を増やした。

　イ　農産物の輸入を自由化した。

　ウ　アジア・アフリカ諸国への援助額を大きく減らした。

(6) 2008年の世界金融危機について，正しい文の記号を書きなさい。

　ア　アメリカの大手投資銀行が倒産した影響が世界に広がった。

　イ　ニューヨークの株価が突如暴落したことが世界に影響した。

　ウ　感染症が世界中に広がったことにより起きた。

**得点UP
コーチ**

**3** (1)原油価格の引き上げが先進国の経済を混乱させた。(2)イスラエルとアラブ諸国の戦争。(5)日本は輸入を増やすことで貿易収支の不均衡を正そうとした。(6)リーマンブラザーズ社が経営破綻した影響は大きく，リーマン・ショックと呼ばれた。

書き込み
ドリル

20 国際社会と日本
2 国際関係の変化

| | 1600 | 1700 | 1800 | 1900 | 200 |
|---|---|---|---|---|---|
学習する年代 昭和・平成・令和時代

## 基本

### 1 次の文の □ の中から，正しい語句を選んで書きなさい。

✓ チェック P120 **2** ①，P121 ③(各5点×5 25点)

必出 (1) 1955年，アジア・アフリカ諸国はインドネシアの①{ バンドン ジャカルタ ハノイ }で会議を開き②{ ポツダム宣言 国連憲章 平和十原則 }を発表した。

① _____ ② _____

(2) 1960年は，旧植民地だった多くの地域が独立し，{ アジアの年 アフリカの年 アメリカの年 }と呼ばれた。

_____

(3) ベトナムでの内戦に{ ソ連 フランス アメリカ }が介入し，国際的な反戦運動が起こった。

_____

必出 (4) { EU AU }はヨーロッパの国々が，政治的，経済的な統合をめざして組織している。

_____

### 必出 2 次の文の □ にあてはまる語句を，下の □ から選んで書きなさい。

✓ チェック P121 **2** ④(各5点×4 20点)

世界では，現代になっても多くの国や人々が争っている。ユーゴスラビアは複数の共和国が集まった国で，民族，宗教，言語などが違う人々がくらしていた。

(1) _____ が終わり，緊張が緩和されると，争いが勃発した。このような，国どうしの争いではなく，特定の場所でおこる争いを (2) _____ という。こうした問題の解決の一つに，国連の (3) _____ による働きかけや，平和・人権問題などに対して活動する民間団体である (4) _____ の活動が期待されている。

| 地域紛争 | 冷戦 | 熱戦 | PKO | SDGs | NGO |
|---|---|---|---|---|---|

得点UP
コーチ

**1** (1)「平和共存」「植民地主義反対」が唱えられた。(2)アフリカの17か国が独立した。(3)独立戦争ではない。

**2** (3)国連平和維持活動といい，日本からは自衛隊などが派遣されている。

発展

**3** 日本の外交の移り変わりについて，次の問いに答えなさい。

**✓ チェック** P120 **2**②(各5点×5　25点)

(1) 1960年，激しい国内の反対運動を押し切って，アメリカとの同盟関係を強化した条約は何か。

(2) 1965年，大韓民国との間で国交の正常化などを取り決めるために結ばれた条約は何か。

(3) 日本と中国の国交は，何が調印されて正常化したか。

(4) 1972年，佐藤栄作内閣の時アメリカから日本へ復帰した県はどこか。

(5) 1978年，中国との間で結ばれた平和条約を何というか。

**4** 今日の世界について，次の問いに答えなさい。

**✓ チェック** P121 **2**③，④(各6点×5　30点)

(1) 冷戦終結が宣言された会談を何というか。

(2) 東西ドイツ統一のきっかけとなった，1989年に起こったできごとは何か。

(3) バルカン半島で，ある国が解体し，民族対立や内戦が起こるようになった。この「ある国」とはどこか。

(4) 2001年にイスラム教過激派にハイジャックされた航空機が，アメリカの建物に突入した事件を何というか。

(5) 日本政府がとる核兵器に対する政策を何というか。

得点UP
コーチ↗

**3** (1)1951年にサンフランシスコ平和条約と同時に結ばれた条約。(4)現在でもアメリカ軍の基地問題が存在する。

**4** (3)宗教や民族の対立が内戦を招いた。(5)核兵器を「持たず，つくらず，持ちこませず」というもの。

書き込み
ドリル

20 国際社会と日本
❸ 21世紀の世界と日本

1600　　　1700　　　1800　　　1900　　　200

学習する年代 昭和・平成・令和時代

## 基本

### 1 次の文の{ }の中から，正しい語句を選んで書きなさい。

✅ チェック P121 ❸(各7点×5　35点)

(1) 石油，石炭の燃焼による①{ 酸素　　二酸化炭素　　フロンガス }の増加が原因で，
②{ 地球温暖化　　砂漠化　　熱帯林の破壊 }が起こり，海面の上昇や農作物の不足
などが発生する。　　　　　　　　　① ［　　　　　　　　　］　② ［　　　　　　　　　］

(2) 2015年に国連で採択された，2030年までの17の目標のことを，{ 持続可能な
安定成長する　　急速発展する }開発目標という。　　　［　　　　　　　　　　　　　］

(3) 発電する際に二酸化炭素を出さず，資源が枯渇しないなどの特長があるエネルギーを
{ 再生可能　　持続可能 }エネルギーという。　　　　　　［　　　　　　　　　　　　　］

(4) 日本固有の領土で，日本は領土問題は存在しないとしているが，中国，台湾が権利を
主張しているのは，{ 尖閣諸島　　竹島　　択捉島 }である。

［　　　　　　　　　　　　　　　］

### 2 次の文の ☐ にあてはまる語句を，下の ☐ から選んで書きなさい。

✅ チェック P121 ❸ ②(各5点×3　15点)

(1) 日本が抱える課題のうち，子どもの割合が減り，高齢者の割合が増えることを，
［　　　　　　　　　　］という。

(2) 日本固有の領土である，国後島，択捉島，色丹島，歯舞群島のことを，
［　　　　　　　　　　］という。

(3) ［　　　　　　　　　　］との間では，国交問題，拉致問題，核問題などが残されている。

```
少子高齢化　　大韓民国　　北方領土　　朝鮮民主主義人民共和国
```

---

得点UP
コーチ↑

1 (1)①温室効果ガスと呼ばれている。②
海面の上昇は，北極圏や南極圏の氷がとけ
るため。

2 (1)2018年の65歳以上の高齢者の人口
割合は，28.1%である。

③ 21世紀の世界と日本

学習日　　月　　日　得点　　点

20 国際社会と日本
スタート
ドリル | 書き込み
ドリル❶ | 書き込み
ドリル❷ | 書き込み
ドリル❸ | まとめの
ドリル

発展

**3** 地球環境問題や災害について，次の問いに答えなさい。

✓ チェック P121 **3**（各7点×5　35点）

(1) 右の図を見て，次の問いに答えなさい。

① 大気中に，何が増えたのか。

② ①が増えたことによって，どんな地球環境問題が起こっているか。

③ ②の防止のため，1997年に日本で行われた国際会議で採択されたものは何か。

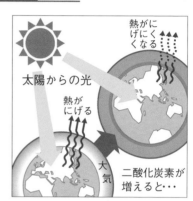

太陽からの光

熱がにげにくくなる

熱がにげる

大気

二酸化炭素が増えると…

(2) 持続可能な社会に向けて，日本でも研究が進められている，発電時に二酸化炭素を出さず，資源が枯渇しないエネルギーを何というか。

(3) (2)のエネルギーを使った発電を次の{ }から選んで書きなさい。

{ 火力発電　　風力発電　　原子力発電 }

**4** 次の問いに答えなさい。

✓ チェック P121 **3** ②（各5点×3　15点）

(1) 竹島は日本固有の領土だが，不法に占拠しているのは，どこの国か。

(2) 北朝鮮が，多数の日本人を不法に連れ去った問題を何というか。

(3) 文字，音声，画像などの大量の情報を高速でやりとりできる技術を何というか。

得点UP
コーチ↑

**3** (1)③1997年，地球温暖化防止京都会議で採決されたもの。

**4** (1)北方領土の帰属を解決し，平和条約を結ぶことを方針としている。

# 国際社会と日本

**1** 次の文を読んで，下の問いに答えなさい。

✓ **チェック** P120 **1** (各6点×5　30点)

　第二次世界大戦後，わが国の経済は，　**A**　戦争による好況(好景気)をきっかけに，1950年代後半から1970年代はじめにかけての①高度経済成長(高度成長)期には，鉄鋼・石油化学工業など，　**B**　が発達した。その後，②石油危機(オイル・ショック)や円高を乗りこえ，欧米諸国と③貿易摩擦を起こすなど，世界経済に大きな影響をあたえるようになった。

(1)　文中の　**A**　にあてはまる語句を書きなさい。

(2)　文中の　**B**　にあてはまるものを，{ }の中から選んで書きなさい。

{　軍事産業　　殖産興業　　軽工業　　重化学工業　}

(3)　下線部①の時期に多くの家庭に普及した電気製品を，{ }から選んで書きなさい。

{　テレビ　　　ビデオ　　　パソコン　　　電子レンジ　}

(4)　下線部②について，1973年の石油危機(オイル・ショック)のあとの様子についての説明としてあてはまるものを，次のア～エから一つ選び，記号で答えなさい。

　ア　日本は石油価格を下げるために，消費者保護基本法を定めた。

　イ　日本は公害の発生を防止するために，公害対策基本法を定めた。

　ウ　産油国で，OPEC(石油輸出国機構)が結成された。

　エ　日本は経営の合理化などでいち早く立ち直り，輸出を増やした。

(5)　下線部③について，わが国とアメリカとの間の貿易摩擦の原因の一つを，次のア～エから一つ選び，記号で答えなさい。

　ア　日本の工業製品の輸出が拡大したため。

- - - - - - - - - - - - - - - - - - - - - - - - - - - - - - - - - - - - - - - - -

**得点UP
コーチ↑**　**1**　(1)1950年に始まった戦争である。日本はこの戦争で，国連軍から物資の注文を受け，特需景気となった。　(2)オートメーションなど新しい技術をとり入れた。(3)三種の神器の一つ。

イ　日本からの農産物の輸出が拡大したため。

ウ　アメリカからの工業製品の輸入が拡大したため。

エ　アメリカからの農産物の輸入が拡大したため。

**2** 次の文を読んで，下の問いに答えなさい。

✓ **チェック** P120 **2**，P121 **3** (各10点×7　70点)

①ソ連や東ヨーロッパ諸国において，変革を求める動きが急速に進み，1989年11月には，「　②　の壁」が崩壊し，1990年10月に東西　③　の統一が実現した。また，1991年7月には，④NATOに対抗してつくられた軍事同盟が解体し，活動を停止した。そして，1991年12月，ついに⑤ソ連は解体した。

(1)　下線部①に関して，ソビエト社会主義共和国連邦が成立したのは何年か，{ }から一つ選んで書きなさい。{ 1922年　　1932年　　1945年 }

(2)　　②　にあてはまる都市名を書きなさい。

(3)　　③　にあてはまる国名を書きなさい。

(4)　下線部④について，この軍事同盟の名称を，次の{ }から一つ選んで書きなさい。

{ ヨーロッパ連合　　アジア太平洋経済協力会議　　ワルシャワ条約機構 }

(5)　下線部④に関して，NATOの正式名称を何というか書きなさい。

(6)　下線部⑤より少し前に，アメリカとソ連で冷戦の終結を宣言した会談を何というか。

(7)　下線部⑤に関して，現在，日本が北方領土の返還を求めて交渉を続けている国はどこか。国名を書きなさい。

**得点UP
コーチ**

**2** (1)第一次世界大戦中，ロシア革命が起き，その後ソビエト連邦が成立した。(2)旧東ドイツの首都であった。

## 日本の民主化と国際社会への参加／国際社会と日本

**1** 右の年表を見て，次の問いに答えなさい。

✔ **チェック** P109 **2**，P120 **2**（各7点×7　49点）

| 年代 | で　き　ご　と |
|------|------|
| 1945 | 国際連合が成立する |
| 1948 | a ベルリンが封鎖される |
| 1950 | ①　が起こる |
| 1951 | サンフランシスコ平和条約が結ばれる |
| 1955 | b アジア・アフリカ会議が開かれる |
| 1962 | ②　危機が起こる……A |
| 1972 | c 日本と中華人民共和国の国交が正常化する |
| 1989 | ベルリンの壁が崩壊する |
| 1990 | 東西ドイツが統一する |
| 1991 | ③　が起こる ソ連が解体する |

(1) 　①　について，サンフランシスコ平和条約は，このできごとが起こったことにより，アメリカが日本と急いで結んだ条約である。このできごとは何か。

(2) Aは，米ソ間で核戦争の危機が高まったできごとである。　②　にあてはまる国名を書きなさい。

(3) 　③　は，イラクがクウェートに侵攻したことから，アメリカを中心とする多国籍軍がイラクを攻撃したできごとである。この戦争を何というか。

(4) 下線部 a が直接のきっかけとなった，資本主義国家と共産主義国家の対立を何というか。

(5) 下線部 b に参加した国々の多くは発展途上国である。発展途上国と先進工業国との間の経済的な格差と，そこから生ずるさまざまな問題を何というか。

(6) 下線部 c について，日本と中華人民共和国の国交が正常化したのは，何によるか。次の{ }から一つ選んで書きなさい。

{　日ソ共同宣言　　日中平和友好条約　　日中共同声明　}

(7) 日本と中華人民共和国との国交が正常化した年に起きたできごとを，次の　　から選んで書きなさい。

> 日韓基本条約の調印　　沖縄の日本への復帰　　日米安全保障条約の調印
> オリンピック東京大会の開催　　日本の国際連合への加盟

**2** 次の文の〔 〕にあてはまる語句を書きなさい。

✓ チェック P108 1(各5点×6　30点)

　1945年8月，日本はポツダム宣言を受け入れ無条件降伏し，〔 ① 〕を最高司令官とする連合国軍最高司令官総司令部の指令に従うこととなった。総司令部は，戦争の原因は政治・経済両面における日本の非民主性にあると考え，民主化政策の実行に取りかかった。

　まず，経済面においては，農村の民主化を図るため〔 ② 〕を，産業界の民主化を図るため〔 ③ 〕を実行した。また，労使関係の民主化を図るため，1945年に〔 ④ 〕法，その翌年には労働関係調整法，さらにその翌年には労働基準法を成立させた。政治面においても，1947年5月3日に〔 ⑤ 〕が施行され，国の仕組みを根本的に変えるとともに，同じ年に〔 ⑥ 〕法と学校教育法を成立させ，学校の教育制度を大きく変えた。

| ① | | ② | |
|---|---|---|---|
| ③ | | ④ | |
| ⑤ | | ⑥ | |

**3** 次の文を読んで，下の問いに答えなさい。

✓ チェック P108 1，P121 2，3(各7点×3　21点)

　①第二次世界大戦で，わが国に投下された原子爆弾は，一瞬にして多くの人命をうばった。しかし，そのあとも核兵器は開発が進められ，想像もできないほどの破壊力を持つようになった。今日，②核兵器廃絶は，人類共通の課題である。

(1)　下線部①の末期の1945年，アメリカなど3国の名で_____宣言が発表された。この宣言は，軍国主義の除去，基本的人権の尊重，民主主義の確立など，戦後の日本の改革の方向を示したものである。_____にあてはまる語句を書きなさい。

| |
|---|

(2)　下線部②について，日本の核兵器に対する立場である非核三原則を書きなさい。

核兵器を | |
|---|

(3)　下線部②に関して，次のア～ウのできごとを古いものから順に，記号で答えなさい。

| | → | | → | |
|---|---|---|---|---|

　ア　キューバ危機　　イ　第五福竜丸事件　　ウ　非核三原則の発表

# 総合問題

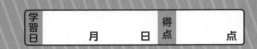
## 政治

**1** 右の略年表を見て，次の問いに答えなさい。

（各5点×10　50点）

| 年代 | お　も　な　で　き　ご　と |
|---|---|
| 1866 | 薩長同盟が成立する……………A |
| 1877 | 西南戦争が起こる………………B |
| 1889 | 大日本帝国憲法が発布される……C |
| 1894 | ◻D◻戦争が起こる |
| 1904 | 日露戦争が起こる………………E |
| 1912 | 中華民国が成立する……………F |
| 1917 | ロシア革命が起こる……………G |
| 1918 | 米騒動が起こる…………………H |
| 1932 | 五・一五事件が起こる…………I |
| 1941 | ◻J◻戦争が起こる |

(1) Aについて，これを仲介した土佐藩出身の人物はだれか。

(2) Bについて，この戦争を起こした中心人物はだれか。

(3) Cについて，この憲法はドイツの憲法を参考にしている。ドイツの憲法には，どんな特色があったか。

(4) Dにあてはまる語句を書きなさい。

(5) Eに関連して，この戦争の講和条約を何というか。

(6) Fについて，この結果ほろんだ，中国の王朝名を書きなさい。

(7) Gについて，この革命を指導した中心人物はだれか。

(8) Hのあと，日本ではじめての本格的な政党内閣が成立するが，そのときの首相はだれか。

(9) Iの事件で，暗殺された首相はだれか。

(10) Jにあてはまる語句を書きなさい。

**2** 次の問いに答えなさい。

（各4点×5　20点）

(1) ヨーロッパの国王は，議会を無視して専制的な政治を行った。これを何というか。

(2) 1649年，ピューリタン革命によって共和制が成立した国はどこか。

(3) アメリカの独立戦争のとき，自由と平等の権利をかかげたものを発表したが，これを何というか。

(4) 自由と平等の権利と，国民主権を宣言した，1789年に起こったできごとは何か。

(5) アメリカの南北戦争中に，「人民の，人民による，人民のための政治」を説いた人物は誰か。

## 3 右の地図を見て，次の問いに答えなさい。

(各6点×5　30点)

(1) Ａ国は内戦の結果，1949年に中華人民共和国となった。この国の主席となった人物を，次のア～エから一つ選び，記号を書きなさい。

ア　蔣介石　　イ　毛沢東
　　チャン チエ シー　　　マオ ツォ トン
ウ　袁世凱　　エ　孫文
　　ユワン シー カイ　　　スン ウェン

(2) Ａ国と日本との国交が正常化されたのと同じ年のできごとを，次のア～エから一つ選び，記号を書きなさい。

ア　東海道新幹線が開通した。　　イ　東京オリンピック・パラリンピックが開催された。
ウ　沖縄が返還された。　　　　　エ　大阪で万国博覧会が開催された。

(3) ＢとＣの国の間で起こった戦争の説明として正しいものを，次のア～ウから一つ選び，記号を書きなさい。

ア　この戦争の結果，一時，Ｃの国が朝鮮半島を統一した。

イ　この戦争により，日本の朝鮮支配が完全に終わった。

ウ　この戦争をきっかけに，日本の経済は好景気となった。

(4) 1960～1975年の間に，Ｄの国は南北に分かれて戦争をした。この戦争に介入し，南ベトナムを支援した国はどこか。

(5) Ｂ～Ｅの国のうち，日本が国交を結んでいない国を一つ選び，記号を書きなさい。

# 総合問題

## 経済

### 1　産業革命について，次の問いに答えなさい。

(各7点×5　35点)

(1)　最初に産業革命が起こった国はどこか。その国名を書きなさい。

(2)　(1)の答えの国の産業革命は，軽工業と重工業のどちらから始まったか。

(3)　(1)の答えの国は，産業革命によって他国を圧倒する生産力を持った。そのため，何と
呼ばれるようになったか。

(4)　産業革命によって，資本家が労働者をやとって生産を行い，利益を得る仕組みが広
まった。このような社会を何というか。

(5)　(4)の答えに対して，労働者の生活を守るため，すべての労働者が平等にくらせる社会
を理想とする考えがめばえてきたが，こうした考えを何というか。次のア～ウから一つ
選び，記号を書きなさい。

ア　自由主義　　イ　帝国主義　　ウ　社会主義

### 2　明治時代初期の社会の動きについて，次の問いに答えなさい。

(各5点×6　30点)

(1)　次の文の①，②にあてはまる数字と語句を書きなさい。

明治政府は，地価を定めて地券を発行し，1873年に地租改正条例を公布した。それ
により，土地の所有者が地租として地価の①［　　　　　　　　　　　］％を
②［　　　　　　　　　　　］で納めることになった。

(2)　殖産興業が進められていたころの生活の様子を示しているものを，次のア～ウから一
つ選び，記号を書きなさい。

ア　欧米の技術が取り入れられ，新橋・横浜間に鉄道が開通した。

イ　経済が急激に成長し，家庭に冷蔵庫などの電化製品が普及し始めた。

ウ　ラジオ放送が始まり，家庭に情報が早く伝わるようになった。

(3) 官営模範工場の富岡製糸場は，輸出向けのある製品を生産する民間企業の育成のために設立された。この製品を漢字二文字で書きなさい。

(4) 近代的な軍隊を育成するため，満何歳以上の男子に兵役の義務を課したか書きなさい。

(5) 学制を公布したが，就学率が低かった。その理由を書きなさい。

**3** 次の問いに答えなさい。

(各5点×3　15点)

(1) 日本の産業革命期の説明として誤っているものを一つ選び，記号を書きなさい。

　　ア　日露戦争の賠償金をもとにして，八幡製鉄所が建てられた。

　　イ　産業の発展とともに三井・三菱などが財閥に成長していった。

　　ウ　日清戦争前後に軽工業が，日露戦争前後に重工業がさかんになった。

(2) 19世紀末の渡良瀬川流域の公害について，次の問いに答えなさい。

　　①　公害の発生した鉱山を何というか。

　　②　公害の解決に取り組んだ中心的な人物はだれか。

**4** 次の問いに答えなさい。

(各5点×4　20点)

(1) 第二次世界大戦後，地主と小作の関係を改めるため，小作人に農地があたえられ，多くの自作農が生まれた改革のことを何というか。

(2) 次の文を読んで，あとの問いに答えなさい。

　　1950年代中ごろから（　あ　）と呼ばれる長期的な経済発展をとげた日本は，ⓘ公害問題に対しては環境庁の設置などで取り組みを強めた。1973年には（　う　）が起こったが，産業構造を変えながら安定成長の時代に入っていった。

　　①　文中の（　あ　），（　う　）にあてはまる語句を，次のア〜エから一つずつ選び，記号を書きなさい。　　　　　あ　　　　　　　　う

　　ア　特需景気　　イ　石油危機　　ウ　バブル崩壊　　エ　高度経済成長

　　②　下線部ⓘについて，新潟県の阿賀野川下流への工場排水が原因で起こった公害を何というか。

137

## 文化

**1** 明治時代の教育について，次の問いに答えなさい。

（各5点×4　20点）

(1) 1872年，すべての国民に小学校教育を受けさせることにした法令を定めた。この法令を何というか。

（　　　　　　　　　）

(2) 1886年，小学校を義務教育とする法令を定めた。この法令を何というか。

（　　　　　　　　　）

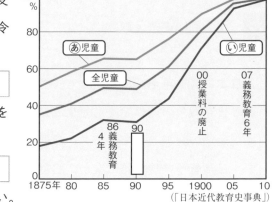

▲小学校の就学率の変化

（「日本近代教育史事典」）

(3) 右のグラフを見て，次の問いに答えなさい。

① （ あ ），（ い ）には，男子，女子のどちらかが入る。女子が入る方の記号を書きなさい。

（　　　　　）

② ⎿⎯⎯⎯⏌は，大日本帝国憲法の発布の翌年に出された，忠君愛国を基本とした，教育の柱となるものである。これを何というか。

（　　　　　　　　　　　　）

**2** 明治時代初期の様子について，次の問いに答えなさい。

（各8点×5　40点）

(1) 次の文にあてはまる人物名を書きなさい。

① 「学問のすゝめ」をあらわし，人間の平等と学問の大切さをわかりやすい表現で説いた。

（　　　　　　　　　　　　）

② ルソーの「社会契約論」を日本に紹介した。

（　　　　　　　　　　　　）

(2) 1875年に同志社英学校（今の同志社大学）をつくった人物を，次のア〜ウから一つ選び，記号を書きなさい。

（　　　　　）

ア　大隈重信　　イ　新島襄　　ウ　津田梅子

(3) このころ欧米の文化がとり入れられ，都市を中心に生活が変わった。これについて，次の問いに答えなさい。

① こうした世の中の動きを何というか。

② ①の答えの様子を正しく述べた文を，次のア〜エから一つ選び，記号を書きなさい。

ア 「ええじゃないか」といって踊る民衆のさわぎが全国各地に広がった。

イ 西洋の解剖書が翻訳され，「解体新書」として出版された。

ウ 発行部数が100万部をこえる新聞があらわれた。

エ 1日を24時間とし，太陽暦が使われるようになった。

---

**3** 次の問いに答えなさい。

(各8点×5 40点)

(1) アメリカにわたる前の野口英世が指導を受け，破傷風の血清療法を発見した医学者を，次のア〜エから一つ選び，記号を書きなさい。

ア 森鷗外　イ 長岡半太郎　ウ 杉田玄白　エ 北里柴三郎

(2) 1895年に代表作の「たけくらべ」を発表した小説家を，次のア〜エから一つ選び，記号を書きなさい。

ア 石川啄木　イ 小林多喜二　ウ 樋口一葉　エ 正岡子規

(3) 次の文の□□□に共通してあてはまる人物を，あとのア〜エから一つ選び，記号を書きなさい。

1900年のパリの万国博覧会において，□□□の美術作品が銀賞を受賞した。「読書」「湖畔」が代表作品である□□□は，日本の洋画発展の基礎を築いた。

ア 歌川広重　イ 黒田清輝　ウ 岡倉天心　エ 葛飾北斎

(4) 平塚らいてうの紹介文にあたるものを，次のア〜ウから一つ選び，記号を書きなさい。

ア 女性差別をなくすために青鞜社を結成し，雑誌「青鞜」を発行した。

イ 岩倉具視を代表とする使節団に同行し，外国に留学した。

ウ 「みだれ髪」などの歌集を発表した歌人である。

(5) 日本初のテレビアニメである「鉄腕アトム」を発表した人物を，次のア〜エから一つ選び，記号を書きなさい。

ア 手塚治虫　イ 川端康成　ウ 滝廉太郎　エ 大江健三郎

# さくいん

## あ

- □アジア・アフリカ会議 ————120
- □足尾銅山鉱毒事件 ——66
- □アフリカの年 ——120
- □アヘン戦争 ——14
- □安政の大獄 ——15
- □安全保障理事会 ——109
- □安保闘争 ——120
- □井伊直弼 ——15
- □板垣退助 ——40,41
- □伊藤博文 ——41
- □岩倉使節団 ——40
- □インド大反乱 ——14
- □ウィルソン ——78
- □内村鑑三 ——55
- □ABCD包囲陣 ——93
- □SDGs ——121
- □NGO（非政府組織）——121
- □エリザベス1世 ——4
- □袁世凱 ——55
- □王政復古の大号令 ——15
- □大隈重信 ——41
- □岡倉天心 ——67
- □沖縄戦 ——93
- □沖縄返還 ——120

## か

- □開拓使 ——29,40
- □学制 ——29
- □学徒出陣 ——93
- □学問のすゝめ ——29
- □合衆国憲法制定 ——5
- □過疎 ——120
- □樺太・千島交換条約 ——40
- □官営模範工場 ——29
- □環境庁 ——120
- □韓国併合 ——55
- □関税自主権の回復 ——54
- □ガンディー ——79
- □関東大震災 ——79
- □生糸 ——66
- □議会 ——41
- □議会政治 ——4
- □議会の権利 ——4
- □貴族院 ——41
- □北里柴三郎 ——67
- □北大西洋条約機構 ——109
- □基本的人権の尊重 ——108
- □義務教育 ——108
- □キューバ危機 ——121
- □教育基本法 ——108
- □教育勅語 ——41
- □恐慌 ——92
- □共和制 ——4
- □極東国際軍事裁判 ——108
- □義和団事件 ——55
- □勤労動員 ——93
- □黒田清輝 ——67
- □グローバル化 ——121
- □クロムウェル ——4
- □軍事同盟 ——109
- □経済復興 ——109

- □警察予備隊 ——109
- □啓蒙思想 ——4
- □原水爆禁止運動 ——121
- □憲政の常道 ——79
- □権利（の）章典 ——4
- □五・一五事件 ——92
- □公害対策基本法 ——120
- □公害問題 ——66,120
- □江華島事件 ——40
- □甲午農民戦争 ——54
- □洪秀全 ——15
- □幸徳秋水 ——55
- □高度経済成長 ——120
- □高等教育機関 ——29
- □抗日民族統一戦線 ——92
- □公武合体策 ——15
- □五箇条の御誓文 ——28
- □（ソ連の）五か年計画 ——92
- □国際連合 ——109
- □国際連盟 ——78
- □国際連盟脱退 ——92
- □国定教科書 ——67
- □国民皆兵 ——28
- □国民主権 ——108
- □国連加盟 ——109
- □小作争議 ——79,92
- □五・四運動 ——79
- □55年体制 ——109
- □国会開設の勅諭 ——41
- □国会期成同盟 ——40
- □国家総動員法 ——92
- □小村寿太郎 ——54

□米騒動————78

## [ さ ]

□西郷隆盛————40
□再生可能エネルギー
　　　　　　　　————121
□財閥————66
□財閥解体————108
□坂本龍馬————15
□桜田門外の変————15
□薩長同盟————15
□差別反対運動————108
□サラエボ事件————78
□三・一独立運動————79
□三角貿易————15
□産業革命————14,66
□三権分立————4
□三国干渉————55
□三国協商————78
□三国同盟————78
□サンフランシスコ平和条約
　　　　　　　　————109
□三身分————5
□三民主義————55
□ＧＨＱ————108
□自衛隊————109
□自然主義————67
□持続可能な開発目標————121
□渋沢栄一————29
□シベリア出兵————78
□資本主義————14
□四民平等————28

□下関条約————54
□社会契約論————4,29
□社会主義————14
□社会主義運動————79
□社会主義革命————78
□社会問題————14
□衆議院————41
□自由党————41
□自由民権運動————40
□少子高齢化————121
□昭和恐慌————92
□殖産興業————29
□植民地————5
□女性運動————79
□女性参政権————79
□女性の社会進出————79
□私立学校の設立————29,67
□新安保条約————120
□辛亥革命————55
□人権宣言————5
□真珠湾攻撃————93
□新婦人協会————79
□枢軸国————93
□征韓論————40
□青鞜社————79
□政党政治————79
□政党内閣————79
□西南戦争————40
□西洋風文化————79
□世界恐慌————92
□世界金融危機————120
□世界の工場————14

□石油危機(オイル・ショック)
　　　　　　　　————120
□石油輸出国機構————120
□絶対王政————4
□尖閣諸島————121
□全国水平社————79
□全体主義————92
□総力戦————78
□疎開————93
□ソビエト社会主義共和国連
　邦————78
□ソ連の解体————121
□尊王攘夷運動————15
□孫文————55

## [ た ]

□第一次護憲運動————79
□第一次世界大戦————78
□大逆事件————66
□第五福竜丸事件————121
□大衆娯楽————79
□大正デモクラシー————79
□大政奉還————15
□大西洋憲章————93
□大政翼賛会————92
□大戦景気————78
□第二次護憲運動————79
□第二次世界大戦————93
□大日本帝国憲法の発布————41
□太平天国の乱————15
□太平洋戦争————93
□太陽暦————29

台湾 — 54
滝廉太郎 — 67
竹島 — 121
田中正造 — 66
男女普通選挙 — 79
治安維持法 — 79
地域紛争 — 121
地価 — 28
地球温暖化 — 121
地券 — 28
地租改正 — 28
中華人民共和国 — 109
中華民国 — 55
朝鮮戦争 — 109
朝鮮総督府 — 55
徴兵制度 — 28
徴兵令 — 28
帝国議会 — 41
帝国主義 — 54
天皇機関説 — 79
ドイツの分裂 — 109
東京オリンピック・パラリンピック — 109
東京大空襲 — 93
東条英機 — 93
東西ドイツの統一 — 121
東西両陣営 — 109
徳川慶喜 — 15
特需景気 — 109
独占禁止法 — 108
独ソ戦 — 93
独ソ不可侵条約 — 93

独立宣言 — 5
独立戦争 — 5
隣組 — 92
富岡製糸場 — 29
奴隷解放宣言 — 14
屯田兵 — 40

【 な 】

内閣制度創設 — 41
中江兆民 — 29
ナチス（ナチ党） — 92
夏目漱石 — 67
ナポレオン — 5
成金 — 78
南京事件 — 92
南部と北部の対立 — 14
南北戦争 — 14
南北問題 — 120
難民 — 121
二十一か条の要求 — 78
日英同盟 — 55
日独伊三国同盟 — 93
日米安全保障条約 — 109
日米修好通商条約 — 15
日米和親条約 — 15
日露戦争 — 55
日韓基本条約 — 120
日清修好条規 — 40
日清戦争 — 54
日ソ共同宣言 — 109
日ソ中立条約 — 93
日中国交回復 — 121

日中共同声明 — 121
日中戦争 — 92
日中平和友好条約 — 121
日朝修好条規 — 40
日本労働総同盟 — 79
二・二六事件 — 92
日本国憲法 — 108
ニューディール（新規まき直し） — 92
農地改革 — 108
農民運動 — 79
野口英世 — 67

【 は 】

配給制 — 93
廃藩置県 — 28
バブル経済 — 120
原敬 — 79
パリ講和会議 — 78
バルカン半島 — 78
反差別運動 — 79
反自由主義 — 92
阪神・淡路大震災 — 121
版籍奉還 — 28
藩閥政治 — 28
反民主主義 — 92
PKO（国連平和維持活動） — 121
非核三原則 — 121
東日本大震災 — 121
樋口一葉 — 67
ビスマルク — 14

□ヒトラー————92
□ピューリタン(清教徒)——4
□平塚らいてう————79
□ファシズム————92
□フェノロサ————67
□福沢諭吉————29
□普通選挙制————14
□普通選挙法————79
□フランス革命————5
□ブロック経済————92
□文明開化————29
□平和十原則————120
□平和主義————108
□ベトナム戦争————120
□ペリーの来航————15
□ベルサイユ条約————78
□ベルリンの壁の崩壊——121
□貿易摩擦————120
□法の精神————4
□戊辰戦争————15
□北海道開拓使官有物払い下げ事件————41
□ポツダム会談————93
□ポツダム宣言————93
□北方領土————121
□ポーツマス条約————55

[ ま ]

□マグナ・カルタ————4
□マスメディア————120
□満州国建国————92
□満州事変————92

□南満州鉄道————55
□美濃部達吉————79
□民撰議院設立の建白書——40
□民族自決————78
□民法(ナポレオン法典)——5
□民法改正————108
□民本主義————79
□ムッソリーニ————92
□陸奥宗光————54
□明治維新————28
□明治の宗教————29
□名誉革命————4
□綿織物————14
□毛沢東————109
□森鷗外————67
□モンテスキュー————4

[ や ]

□八幡製鉄所————66
□ヤルタ会談————93
□横山大観————67
□与謝野晶子————67
□吉野作造————79
□ヨーロッパの火薬庫——78
□ヨーロッパ連合(EU)——121

[ ら ]

□ラジオ放送————79
□拉致問題————121
□立憲改進党————41
□立憲君主制————4
□立憲政友会————55

□琉球処分————40
□領事裁判権(治外法権)の撤廃————54
□遼東半島————54
□リンカン(リンカーン)——14
□ルイ14世————4
□ルソー————4
□冷戦————109
□レーニン————78
□連合国————93
□連合国軍最高司令官総司令部(GHQ)————108
□労働運動————79
□労働基準法————108
□労働組合法————108
□労働三法————108
□労働争議————92
□盧溝橋事件————92
□ロシア革命————78
□ロック————4

[ わ ]

□ワイマール憲法————79
□ワシントン————5
□ワシントン会議————79
□ワルシャワ条約機構——109

# 「中学基礎100」アプリで, スキマ時間にもテスト対策！

日常学習
テスト1週間前

『中学基礎がため100%』
シリーズに取り組む！

定期テスト直前！

テスト必出問題を
「4択問題アプリ」で
チェック！

## アプリの特長

『中学基礎がため100%』の
5教科各単元に
それぞれ対応したコンテンツ！
＊ご購入の問題集に対応した
コンテンツのみ使用できます。

テストに出る重要問題を
4択問題でサクサク復習！

間違えた問題は「解きなおし」で,
何度でもチャレンジ。
テストまでに100点にしよう！

＊アプリのダウンロード方法は, 本書のカバーそで（表紙を開いたところ）, または1ページ目をご参照ください。

中学基礎がため100%

# できた！ 中学社会
# 歴史　下

2021年3月　第1版第1刷発行

発行人／志村直人
発行所／株式会社くもん出版
　　　　〒108-8617
　　　　東京都港区高輪4-10-18　京急第1ビル13F
　　　　☎ 代表　　　03(6836)0301
　　　　　 編集直通　03(6836)0317
　　　　　 営業直通　03(6836)0305

印刷・製本／凸版印刷株式会社

デザイン／佐藤亜沙美(サトウサンカイ)
カバーイラスト／いつか
本文デザイン／笹木美奈子・岸野祐美(京田クリエーション)
編集協力／株式会社カルチャー・プロ

©2021　KUMON PUBLISHING Co.,Ltd. Printed in Japan
ISBN 978-4-7743-3127-0

落丁・乱丁本はおとりかえいたします。
本書を無断で複写・複製・転載・翻訳することは,法律で認められた場合を除き,禁じ
られています。
購入者以外の第三者による本書のいかなる電子複製も一切認められていません
のでご注意ください。　　　　　　　　　　　　　　　　　　　　CD57524

くもん出版ホームページ　　https://www.kumonshuppan.com/

＊本書は『くもんの中学基礎がため100%　中学社会　歴史編　下』を
　改題し,新しい内容を加えて編集しました。

# 公文式教室では、
# 随時入会を受けつけています。

KUMONは、一人ひとりの力に合わせた教材で、
日本を含めた世界50を超える国と地域に「学び」を届けています。
自学自習の学習法で「自分でできた!」の自信を育みます。

公文式独自の教材と、経験豊かな指導者の適切な指導で、
お子さまの学力・能力をさらに伸ばします。

お近くの教室や公文式
についてのお問い合わせは

ミンナニ　ヒャクテン
## 0120-372-100

受付時間 9:30〜17:30　月〜金（祝日除く）

都合で教室に通えないお子様のために、
通信学習制度を設けています。

通信学習の資料のご希望や
通信学習についての
お問い合わせは

## 0120-393-373

受付時間 9:30〜17:30　月〜金（祝日除く）

お近くの教室を検索できます　　　　公文式　　　検索

公文式教室の先生になることに
についてのお問い合わせは

0120-834-414

くもんの先生　　　検索

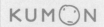　公文教育研究会

公文教育研究会ホームページアドレス
https://www.kumon.ne.jp/

# 歴史のまとめ

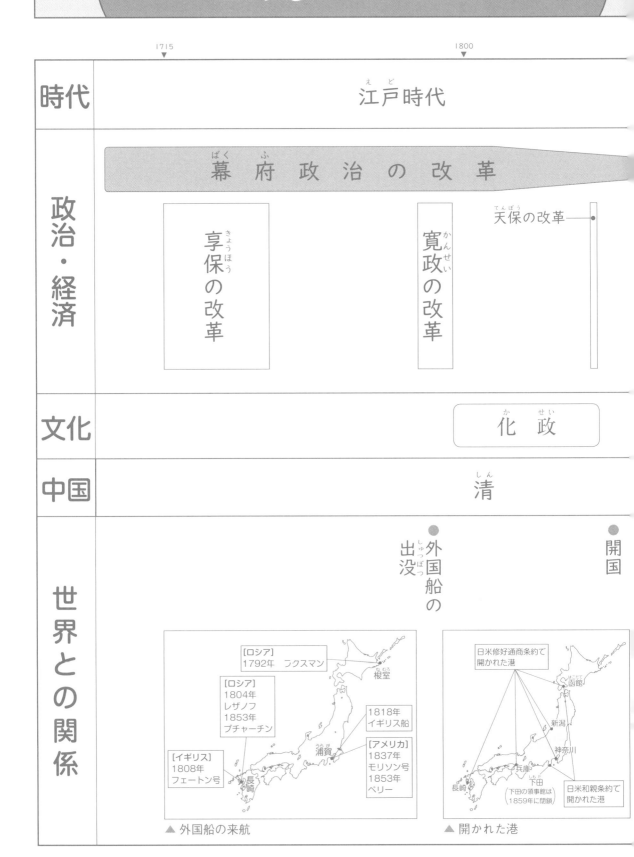

| | 1715　　　　　　　　　　　　　　　　1800 |
|---|---|
| 時代 | 江戸時代（えど） |
| 政治・経済 | 幕府政治の改革（ばくふ）<br>享保の改革（きょうほう）　　寛政の改革（かんせい）　　天保の改革（てんぽう） |
| 文化 | 化政（かせい） |
| 中国 | 清（しん） |
| 世界との関係 | ●外国船の出没（しゅつぼつ）　　●開国 |

**外国船の来航**

[ロシア]
1792年　ラクスマン

[ロシア]
1804年
レザノフ
1853年
プチャーチン

1818年
イギリス船

[イギリス]
1808年
フェートン号

[アメリカ]
1837年
モリソン号
1853年
ペリー

根室

浦賀（うらが）

長崎

▲ 外国船の来航

**開かれた港**

日米修好通商条約で
開かれた港

日米和親条約で
開かれた港

函館（はこだて）

新潟

神奈川

兵庫（ひょうご）

下田（しもだ）
下田の領事館は
1859年に閉鎖

長崎

▲ 開かれた港

中学基礎がため100%

# できた！中学社会

## 歴史 下

別冊
解答と解説

## スタートドリル

P.6,7

**1** (1) 絶対王政　(2) エリザベス1世
(3) ピューリタン革命　(4) 名誉革命
(5) 独立宣言　(6) フランス
(7) ナポレオン

考え方 (2) エリザベス1世は地主や成長した商人の支持を受け、国力を強めた。スペインの無敵艦隊を破り、東インド会社を設立してアジア貿易に進出し、イギリス絶対王政の全盛期をむかえた。
(4) イギリスではピューリタン革命で共和制が成立したが、クロムウェルが死ぬとすぐに王政が復活した。国王は議会を無視した政治を行ったため、議会は国王を追放し、オランダから新王とそのきさき(イギリス王女)をむかえ入れた。この革命は血を流さなかったので、名誉革命といわれる。
(5) アメリカの独立戦争は、単なる植民地の反乱ではなく、自由を得るための革命であった。

**2** (1) 国王
(2) モンテスキュー
(3) 社会契約説

考え方 (2) フランス人。『法の精神』をあらわし、三権分立を説いた。
(3) 社会契約説とは、社会は個人の契約で成り立っているという考え方。権力者は、人民の意思により権力を持っているととらえ、人民が拒絶すれば権力を失うという考え方。

**3** (1) ① 江戸　② ピューリタン

③ 名誉　④ 権利(の)　⑤ 独立
⑥ フランス　⑦ 人権
(2) 立憲君主

考え方 (1) ②ピューリタン(清教徒)の多い議会と国王の対立が続いていた。17世紀には内乱に発展し、議会派のクロムウェルが国王軍を破り、1649年に国王を処刑して共和政治を行った。
(2) 憲法に基づき、君主が政治を行うという体制のこと。憲法により君主の権力が制限される場合もあれば、憲法を用いてより中央集権を加速させる場合もある。

## ❶ 絶対王政とイギリスの革命

P.8,9

**1** (1) 絶対王政　(2) エリザベス1世
(3) ルソー　(4) クロムウェル

考え方 (1) 封建社会がくずれていく過程で、絶対的な権力を持つようになった国王による政治。イギリスのエリザベス1世、フランスのルイ14世のもとで特に発達した。

**2** (1) 三権分立
(2) ピューリタン革命
(3) 名誉革命　(4) ルイ14世

考え方 (1) 法律をつくる立法権、政治を行う行政権、裁判を行う司法権を三権という。この三権を分散させ、権力を集中させないという考えを三権分立という。

**3** (1) ① 国王　② スペイン
(2) 東インド会社
(3) ピューリタン(清教徒)

考え方 (1) 宗教をおさえ、強大な権力をにぎったイギリスの国王は、大商人と

組んで経済力をたくわえ，海外に勢力をのばしていこうとした。

**4** (1) ア　(2) 権利（の）章典
(3) 国王

考え方 (1) イギリスでは，カルバンの教えを信じる人々（ピューリタン）が，さらに宗教改革を進めようとしたため，国王から弾圧を受けた。

## ② アメリカの独立とフランス革命　P.10,11

**1** (1) イギリス　(2) ワシントン
(3) フランス革命　(4) 国民議会

考え方 (3) バスチーユ牢獄には多くの政治犯がとらえられており，圧政の象徴と考えられていた。

**2** (1) 独立戦争　(2) 独立宣言
(3) 人権宣言　(4) ナポレオン

考え方 (3) 革命前のフランスは三身分からなり，第一身分の聖職者と第二身分の貴族は，当時の総人口の2％にすぎないのに，全国の土地の半分近くを所有し，農民から地代をとりたて，重要な官職を独占していた。

**3** (1) 独立宣言　(2) スペイン
(3) 東海岸

考え方 (2) フランスはアメリカの独立戦争を支援したことも財政難になった一つの原因だった。

**4** (1) 1789年　(2) バスチーユ牢獄
(3) イ　(4) ナポレオン法典（民法）

考え方 (3) フランス人権宣言は，正式には「人間及び市民の権利の宣言」という。ナポレオン法典はこの宣言をもとに

つくられたと考えられている。

## まとめのドリル　P.12,13

**1** (1) 啓蒙
(2) ① ピューリタン革命
② 名誉革命　(3) バスチーユ牢獄
(4) エ　(5) 1776年

考え方 (1) 啓蒙思想は，イギリスのロックらに始まり，フランスのモンテスキュー，ルソーによって展開された思想。古い制度や慣習を批判し，市民社会に大きな影響をあたえた。

**2** ① ロック　② モンテスキュー
③ 法の精神　④ 人民主権

考え方 ① 抵抗権とは，人民が権力の乱用に抗議していいという考え。また，社会は個人の契約によって成り立っているため，民衆の意思に反した政策をとる権力者は，権力をうしなうという考えを社会契約説という。

**3** (1) ① エリザベス1世
② 独立宣言　③ フランス革命
④ ナポレオン
(2) A クロムウェル
B 絶対王政　C 人権宣言
(3) （例）ロシア遠征に失敗した。

考え方 (2) B 「太陽王」と呼ばれたルイ14世は，その富と権力の象徴として，パリ郊外にベルサイユ宮殿を建てた。

## 12 欧米の進出と日本の開国

## スタートドリル　P.16,17

**1** (1) フランス　(2) リンカン

3

（3）　南京<ruby>南京<rt>ナンキン</rt></ruby>　（4）　ムガル帝国<ruby>帝国<rt>ていこく</rt></ruby>

（5）　ペリー　（6）　日米和親条約

（7）　大政奉還<ruby>大政奉還<rt>たいせいほうかん</rt></ruby>　（8）　戊辰戦争<ruby>戊辰<rt>ぼしん</rt></ruby>

考え方　(1)　フランスでも産業革命が進み，都市に住む労働者が増加し，労働条件の改善や参政権を求める動きが大きくなった。1848年にパリで二月革命が起こり，世界に先がけて男子の普通選挙<ruby>普通<rt>ふつう</rt></ruby>制が実現した。
(4)　16世紀前半から19世紀半ばまでインドを支配していたイスラム教徒の帝国。

**2**　（1）　イギリス　（2）　蒸気機関

（3）　マルクス

考え方　(3)　ドイツの思想家で，マルクス経済学を唱えた人物。資本主義社会の不平等を科学的に解明し，社会主義を説いた。

**3**　（1）　①　日米和親　②　日米修好通商
③　桜田門外<ruby>桜田<rt>さくらだ</rt></ruby><ruby>門外<rt>もんがい</rt></ruby>　④　薩長同盟<ruby>薩長<rt>さっちょう</rt></ruby>
⑤　大政奉還　⑥　産業革命
⑦　アヘン　（2）　資本主義

考え方　(1)　④　薩摩藩<ruby>薩摩藩<rt>さつまはん</rt></ruby>は薩英戦争，長州藩<ruby>長州<rt>ちょうしゅう</rt></ruby>は下関戦争<ruby>下関<rt>しものせき</rt></ruby>を経験して，攘夷<ruby>攘夷<rt>じょうい</rt></ruby>の無謀<ruby>無謀<rt>むぼう</rt></ruby>をさとった。土佐藩出身の坂本龍馬<ruby>坂本龍馬<rt>さかもとりょうま</rt></ruby>の仲立ちで薩長同盟を結び，倒幕<ruby>倒幕<rt>とうばく</rt></ruby>へと動いていった。

## ① 産業革命と欧米諸国<ruby>欧米<rt>おうべい</rt></ruby>　P.18,19

**1**　（1）　イギリス　（2）　軽工業

（3）　世界の工場　（4）　資本主義

考え方　(1)　イギリスで世界で最初に産業革命が起こったのは，いち早く革命が起こり，経済活動の自由と私有財産制が確立したことと，豊富な労働力や資本に加え，海外に広い市場を

持っていたことがあげられる。

**2**　（1）　男子の普通選挙<ruby>普通<rt>ふつう</rt></ruby>　（2）　ビスマルク
（3）　南北戦争　（4）　リンカン

考え方　(1)　普通選挙とは，財産や納税額などによって制限されることのない選挙のこと。
(4)　北部出身の第16代大統領で，奴隷<ruby>奴隷<rt>どれい</rt></ruby>解放を宣言した。ゲティスバーグの演説で述べた「人民の，人民による，人民のための政治」は民主主義の政治の精神をあらわした言葉として有名。

**3**　（1）　㋐　18世紀　㋑　綿織物
　　㋒　蒸気機関　㋓　重工業
（2）　産業革命

考え方　(1)　㋑　このころ，日用品としての綿織物の優<ruby>優<rt>すぐ</rt></ruby>れた特色に人気が集まり，需要<ruby>需要<rt>じゅよう</rt></ruby>が高まった。また，綿織物工業は毛織物工業に比べて新興の産業であったために，新しい技術を導入しやすいという利点があった。

**4**　（1）　①　北部　②　南部
（2）　人民

考え方　北部と南部の主張の違<ruby>違<rt>ちが</rt></ruby>いをおさえておこう。

| 北部 | | 南部 |
|---|---|---|
| 反対 | 奴隷制 | 賛成 |
| 工業中心 | 経済 | 農業中心 |
| 資本家 | 中心 | 農場主 |
| 保護貿易 | 貿易 | 自由貿易 |

## ② ヨーロッパのアジア侵略<ruby>侵略<rt>しんりゃく</rt></ruby>　P.20,21

**1**　（1）　インド人兵士　（2）　ムガル
（3）　マレーシア　（4）　アヘン
（5）　香港<ruby>香港<rt>ホンコン</rt></ruby>

**考え方** (1) イギリスの支配に対する反乱は，インドの国土の3分の2までに広がり，インドの独立運動の出発点となった。
(4) インド産の麻薬とは，アヘンのこと。

**2** (1) A 清　B イギリス
C インド　(2) アヘン戦争

**考え方** 18世紀中ごろから，イギリスでは茶（紅茶）が大衆的な飲み物として流行し，イギリスは中国から大量の茶を輸入した。その代金としての銀を，中国へのアヘンの密貿易によって得ていた。

**3** (1) A ウ　B イ　(2) 産業革命
(3) インド大反乱

**考え方** (1) イギリスで大量生産されるようになった綿布がアジアに輸出されると，インドの手工業による綿布の生産が急速におとろえ，町には失業者があふれた。
(3) イギリスの東インド会社にやとわれていたインド人兵士が，反乱を起こしたのをきっかけに，インド全体に反乱が広がった。この反乱でイギリスはムガル皇帝を退位させ，ムガル帝国は滅亡する。

**4** (1) 洪秀全（ホンシウチュワン）　(2) ムガル
(3) 香港（ホンコン）

**考え方** (1) キリスト教の影響を受け，財産の平等，土地の均分，男女平等，民族の対等など，万人の平等な社会をめざした。

**3** **開国と江戸幕府の滅亡**　P.22,23

**1** (1) 日米和親　(2) 安政の大獄
(3) 薩摩　(4) 王政復古
(5) 戊辰戦争

**考え方** (2) 大老の井伊直弼は，幕府のやり方に反対する公家，大名，武士たちを厳しく処罰し，幕府の権威をもりかえそうとした。
(5) 京都の鳥羽・伏見に始まり，江戸や会津若松などのおもな戦いが，戊辰の年に起こったため，こう呼ばれる。

**2** (1) ペリー　(2) 井伊直弼
(3) 徳川慶喜　(4) 坂本龍馬

**考え方** (1) アメリカは，捕鯨と中国貿易を行っており，石炭や水を補給するため，船の寄港地として日本が必要だった。

**3** (1) A 日米修好通商条約
B 領事裁判権　C 関税自主権
(2) 尊王攘夷運動

**考え方** (1) C 国家が自主的に輸入品の関税を決めることができる権利。日本にはこの権利がなかった。そのため，安い輸入品が日本国内に出回り，国内の産業が大きな打撃を受けた。
(2) 国学の学者などによって唱えられ，武士や上層の農民，商人などの間に広まった。

**4** (1) イ・函館　(2) キ・鹿児島
(3) カ・下関

**考え方** (2) イギリス人殺傷事件とは，生麦事件のこと。1862年，薩摩藩の島津久光の行列が生麦村（今の横浜市）にさしかかったとき，イギリス人商

5

人らが騎馬で行列を横切ったため，薩摩藩士に切りつけられ，1名が死亡した事件。イギリスは謝罪と慰謝料を求めたが薩摩藩が応じなかったため，翌年薩英戦争が起こった。

## まとめのドリル　　P.24,25

**1** (1) 世界の工場
(2) ① 資本家　② 利益（利潤）

考え方 (2) 資本主義社会の中心となったのは，資本家と労働者である。資本家が利益を追求するあまり，労働者に低賃金・長時間労働などを課すと，労働者は団結して労働条件の改善を求め，資本家と対立した。

**2** (1) イギリス
(2) ⑦ 東インド　④ アヘン
(3) 産業革命　(4) ア

考え方 (3) イギリスは17世紀に，せんい，金属工業で工場制手工業が発達していた。また，石炭・鉄鉱石の資源にめぐまれていた。当時，多数の農民が土地を失い，安価な工場労働者となっていた。さらに海外に多くの植民地があり，原料や商品の市場を持っていた。このような背景のもとで，イギリスで世界最初の産業革命が起こった。

**3** (1) ① 日米和親　② 薩英戦争
(3) 薩長同盟　(2) ア・エ
(3) 西郷隆盛・大久保利通

考え方 (1) ① 函館・下田の二港を開いてアメリカ船の寄港を認めた。これによって日本は開国することになった。ただ，これは幕府が独断で行ったため，朝廷周辺を中心に，強く非難す

る声があがった。

**4** (1) 吉田松陰　(2) 井伊直弼
(3) 坂本龍馬　(4) 徳川慶喜

考え方 (1) 長州藩出身の尊王思想家。1854年に海外渡航をくわだてて，下田沖にいたペリーの軍艦に乗ろうとしたが拒否された。萩にあった松下村塾を叔父から受けつぎ，わずか二年半の間に，高杉晋作，久坂玄瑞，木戸孝允，山県有朋，伊藤博文らを育てた。1859年，安政の大獄で刑死した。

## 定期テスト対策問題　　P.26,27

**1** (1) ナポレオン
(2) インド大反乱　(3) 権利章典
(4) モンテスキュー　(5) ウ
(6) ビスマルク
(7) ピューリタン革命
(8) D

考え方 (6) プロイセンの地主貴族（ユンカー）の出身。国王の信任を得て首相となり，ドイツを統一した。かれが議会で行った有名な演説の言葉から「鉄血宰相」と呼ばれた。

**2** (1) アヘン
(2) 領事裁判権（治外法権）を認めた。（または，関税自主権がなかった。）
(3) （例）攘夷の方針を変え，薩長同盟を結んで，協力して倒幕運動にあたった。
(4) 南北戦争

考え方 (2) 日本が領事裁判権を認めたことにより，日本に住む外国人が罪を犯しても日本の法律に基づいた裁判ができなくなった。また，関税自主権がないことで，外国から輸入された

製品に税を自由にかけられず，国内の産業を守りにくくなった。明治新政府の当面の重要課題は，この不平等条約の改正であった。

**3** (1) 蒸気機関 (2) 産業革命
(3) 労働組合 (4) マルクス
(5) 世界の工場

考え方 (4) カール・マルクスは資本主義の行きづまりと労働者の団結を説き『資本論』を書いた。

## 13 明治維新（いしん）

### スタートドリル P.30,31

**1** (1) 五箇条の御誓文（ごかじょうのごせいもん） (2) 版籍奉還（はんせきほうかん）
(3) 廃藩置県（はいはんちけん） (4) 徴兵令（ちょうへいれい）

考え方 (1) 明治新政府成立当初の基本方針を示したもの。明治天皇が公家・大名を率いて神にちかう形で出した。
(2) 1869年，薩摩（さつま），長州（ちょうしゅう），土佐（とさ），肥前（ひぜん）の四藩主が版（土地）と籍（人民）を返したいと政府に願い出た。これは木戸孝允（きどたかよし）や大久保利通（おおくぼとしみち）らが中央集権国家体制をつくるため四藩主を説得したもので，他の諸藩主もこれにならって，版と籍を天皇に返した。
(3) 1871年，薩摩，長州，土佐の三藩の協力で兵を東京に集め，知藩事に対して藩を廃止し県を置くことを命じ，3府302県が成立した。

**2** (1) 解放令 (2) 地租改正（ちそ）
(3) 富岡製糸場（とみおか） (4) 福沢諭吉（ふくざわゆきち）
(5) 学制 (6) 文明開化

考え方 (1) 1871年，えた・ひにんの解放令が出された。これは，江戸時代（えど）に

おける身分としての呼び名を廃し，平民と同様にするというもの。しかし，差別は残り，兵役（へいえき）と納税の義務が課された。
(2) 江戸時代の負担とほとんど変わらなかった。各地で地租改正の反対運動が起き，1877年，地租を地価の2.5%に下げた。
(3) 群馬県富岡（現富岡市）に官営の製糸場がつくられ，1872年に操業を開始した。女工は，近県の士族の子女が多かった。

**3** (1) ① 明治 ② 五箇条の御誓文
③ 版籍奉還 ④ 廃藩置県
⑤ 学制 ⑥ 徴兵令 ⑦ 官営模範（もはん）
(2) 文明開化

考え方 (1) ⑤ 日本最初の近代的学校教育法。全国に5万以上の小学校をつくることにしたが，初期は寺院・民家を利用したものが多く，寺子屋とあまり変わりはなかった。
⑥ 国民を組織して常備軍をつくろうとする長州派と，士族兵にたよるべきだとする薩摩派とが対立したが，廃藩置県によって諸藩の兵がなくなったことなどもあって，国民皆兵（かいへい）の条件がつくられた。

### 1 新政府の成立 P.32,33

**1** (1) ① 版籍奉還 ② 廃藩置県
(2) 四民平等 (3) 明治維新

考え方 (2) 新政府は，天皇のもとに国民を一つにまとめようとして，身分制度を改めた。しかし，現実の差別は消えず，えた・ひにんは新平民などと呼ばれた。

**2** (1) 五箇条の御誓文 (2) 廃藩置県
(3) 解放令 (4) 藩閥政治

考え方 (4) 薩摩藩，長州藩，土佐藩，肥前藩（特に薩摩藩と長州藩）の出身者が中心となり，政治を動かした。

**3** (1) 会議 (2) イ

考え方 1868年3月には，庶民に対しても，一揆やキリスト教の禁止などをうながす五つの高札（五傍の掲示）が立てられた。

**4** (1) ① 皇族 ② 華族 ③ 平民
(2) 東京

考え方 (1) ③ 平民も名字を持つようになり，職業を自由に選択したり，華族や士族と結婚できるようになった。

---

**② 富国強兵・殖産興業** P.34,35

**1** (1) 満20歳以上の (2) 地租改正
(3) 富岡製糸場 (4) 開拓使

考え方 (1) 戸主（家長）やその相続者は兵隊にならなくてよいなどの免除規定があり，「国民皆兵」が実現したのは1889年だった。
(4) 北海道は近代産業の実験地，対ロシアの軍事的拠点として開発が進められることになった。1872年から10年間に1000万円を投入することが決定し，薩摩出身の黒田清隆がその責任者になった。

**2** (1) ① 3 ② 現金 (2) 徴兵令
(3) 鉄道 (4) 郵便制度

考え方 (1) ② それまでの収穫高に対する米による納入は，年によって不安定なものであったため，地価に対する現金による一定納税に切りかえられ，

---

政府の財政安定化が図られた。

**3** (1) ① 郵便 ② 貨幣 ③ 鉄道
④ 地租 (2) 官営模範工場
(3) 満20歳以上の男子

考え方 (1) ④ 土地の面積と収穫量を調べ，これに基づいて地価を決めた。その地価によって税額が算出された。

**4** ウ・エ

考え方 アは，奈良時代の荘園の起こりを示したもの。イの政府の収入を落とさないためには，地価は高く設定しなければならない。

---

**③ 新しい文化** P.36,37

**1** (1) 学制 (2) 外国人
(3) キリスト教 (4) 活版印刷
(5) 東京大学

考え方 (2) このような外国人はお雇い外国人と呼ばれた。

**2** (1) 福沢諭吉 (2) 中江兆民
(3) 渋沢栄一

考え方 (2) 土佐藩出身の明治時代の自由民権思想家。フランスのルソーの思想を日本に紹介したので，東洋のルソーと呼ばれている。
(3) 埼玉県の豪農の出身で，明治政府の大蔵省につとめ，税制等の改革にあたっていた。教育事業などにも貢献した。

**3** (1) 学制 (2) 旧開智学校
(3) イ

考え方 (3) 授業料が高く，働き手を失うこともあって，当初の就学率は男女平

均30%未満であった。

**4** (1) 太陽暦　(2) ガス灯・洋館
(3) 文明開化

考え方 (1) 地球が太陽の周りを一周する期間を一年とした暦。

## まとめのドリル　P.38,39

**1** (1) ① エ　② イ
(2) 中央集権

考え方 (2) 藩主にかえて，政府の役人を各県に配置した。天皇が直接人民を治める体制を整え，政府の方針が日本全国に行きわたるようにした。

**2** (1) 学制　(2) 神仏分離令
(3) 学問のすゝめ　(4) 中江兆民

考え方 (3) 福沢諭吉は，幕府の使節に従って三度の洋行を果たし，欧米の近代文明にふれて，学問の大切さを痛感し，自主独立の精神を説いた。

**3** (1) ① 五箇条の御誓文　② 藩
③ 平民　④ 徴兵令
⑤ 官営模範　(2) 解放令(賤称廃止令)
(3) 地租改正　(4) 地券　(5) イ

考え方 (1) ⑤ 群馬県につくられた。

## 14 近代日本のあゆみ

## スタートドリル　P.42,43

**1** (1) 日清修好条規　(2) ロシア
(3) 板垣退助　(4) 西郷隆盛
(5) 自由民権運動　(6) 自由党
(7) 秩父事件　(8) 内閣制度
(9) 大日本帝国憲法　(10) 貴族院

(11) 25

考え方 (2) 日露和親条約で千島列島の択捉島以南を日本領，ウルップ島以北をロシア領とし，樺太は日露両国民の雑居地とした。1875年には千島を日本領，樺太をロシア領とする交換条約が成立した。
(6) 自由党は，日本で初めて民主主義をかかげた全国的な政党であり，自由民権論に立って政府批判を行ったり，遊説活動を展開した。
(10) 予算先議権のほかは衆議院と対等とされた。

**2** (1) ① 明治　② 岩倉
③ 民撰議院　④ 西南
⑤ 国会期成　⑥ 内閣
⑦ 大日本　⑧ 樺太・千島
(2) 国会

考え方 (1) ③ 征韓論が敗れて政府を去った板垣退助が，1874年1月に提出するとともに，全文を当時最大の新聞に発表した。伊藤博文が中心となって作成した大日本帝国憲法は，天皇主権で国民の権利は法律で制限されるものではあったが，当時のアジアでは初めての近代憲法であった。

## 1 国際関係　P.44,45

**1** (1) 日清修好条規　(2) 樺太・千島交換
(3) 朝鮮　(4) 小笠原諸島
(5) 沖縄県

考え方 (5) 琉球は，江戸初期に薩摩藩に征服されたが，中国に対しても従属関係であったので，明治政府は領有を明らかにするため，沖縄県とした。

**2** (1) 征韓論　(2) 岩倉具視

9

（3） 屯田兵

考え方 （2） 欧米との国力の差を痛感した使節団のメンバーは，帰国後，征韓論に傾きかけた政府と対立した。
（3） 開拓が進むと，先住民であるアイヌの人々に対して同化政策を進め，北海道旧土人保護法を制定した。しかし，アイヌの人々への差別はあまり解消されなかった。

**3** （1） 江華島事件 （2） ① 樺太
② ウルップ （3） 小笠原諸島

考え方 （3） 現在の東京都に属する。大小30余の島々から成り立っている。

**4** （1） 板垣退助・西郷隆盛
（2） ① 日清修好条規
② 日朝修好条規

考え方 （1） 西郷らは，朝鮮に武力で不平等条約をおしつける形で国交を開こうとした。しかし，岩倉らの強い反対で征韓者は政府を去った。

## ② 専制政治への不満 P.46,47

**1** （1） 民撰議院設立の建白書
（2） 自由民権 （3） 西南戦争
（4） 国会期成同盟
（5） 国会開設

考え方 （5） 北海道開拓使官有物払い下げ事件とは，開拓使長官の薩摩藩出身の黒田清隆が，同じ薩摩出身の商人五代友厚に，投資総額1500万円にのぼる官営事業をわずか38万円で払い下げようとした事件。

**2** （1） 大久保利通 （2） 板垣退助
（3） 大隈重信

考え方 （2） 遊説途中の岐阜で暴漢におそわれたとき「板垣死すとも自由は死せず」と言ったと伝えられている。

**3** （1） ① 征韓論 ② 西南戦争
（2） ① 国会開設 ② 植木枝盛
（3） 東洋大日本国 （日本国）

考え方 （1） ② 中世以降，戦いの専門集団であった武士たちと，農民や商人などから集められた徴兵軍の戦い。

**4** （1） 西南戦争 （2） 藩閥政治
（3） 板垣退助 （4） 大隈重信
（5） 秩父事件

考え方 （5） 秩父は埼玉県西部の地名。福島事件は福島県，加波山事件は茨城県。事件の起こった土地の名称が，そのまま事件の名称となったものが多い。

## ③ 立憲制国家の成立 P.48,49

**1** （1） ドイツ （2） 伊藤博文 （3） 天皇
（4） 教育勅語 （5） 衆議院
（6） 1.1

考え方 （5） 皇族や華族，国家功労者などの中から任命された貴族院と，選挙で選ばれた衆議院とは，しだいに対立するようになった。

**2** A・D

考え方 C 内閣制度は1885年，憲法は1889年である。
D 第一回衆議院議員総選挙では，制限選挙であったにもかかわらず，自由民権運動の流れをくむ人たち（民党）が多く当選した。

**3** （1） 大日本帝国憲法 （2） 天皇
（3） イ （4） 伊藤博文

▲おもな士族の反乱

---

考え方 (2) 大日本帝国憲法では，主権は天皇にあった。

**4** (1) 衆議院　(2) 満25歳以上の男子
(3) 民党　(4) 華族

考え方 (2) 現在のように男女に選挙権があたえられたのは，第二次世界大戦後である。

## まとめのドリル　P.50,51

**1** (1) 教育勅語　(2) 自由民権運動
(3) ウ　(4) 自由党　(5) 1889年
(6) 制限選挙　(7) 貴族院　(8) C

考え方 (2) 国会開設を求める自由民権運動は，都市の知識人，地方の有力な農民，地主や商工業者の間に広まり，全国的な高まりを見せた。

**2** A エ　B ア
C ウ

考え方 Bの絵は衆議院議員総選挙の投票風景，Cの絵は明治天皇から内閣総理大臣黒田清隆に憲法が手わたされる様子をえがいたもの。

**3** (1) 西郷隆盛・西南戦争
(2) 伊藤博文・ドイツ（プロイセン）
(3) 自由党・板垣退助
(4) 立憲改進党・大隈重信

考え方 (1) 士族の特権を次々にうばう政府に対して，士族は各地で反乱を起こしたが，西南戦争以降は終息し，もっぱら言論による政府批判が行われるようになった。

## 定期テスト対策問題　P.52,53

**1** (1) 自由民権運動　(2) 板垣退助
(3) 西南戦争　(4) 立憲改進党
(5) B　(6) 伊藤博文
(7) （例）ドイツの憲法は君主権が強く，中央集権をめざす政府の考えと一致したから。
(8) イ　(9) 貴族院

考え方 (7) 大日本帝国憲法は，君主権の強いドイツ（プロイセン）の憲法を参考にしてつくられたため，それに基づく立法機関である帝国議会も，議会の権限はおさえられ，民主的な機能はたいへん低かった。

**2** (1) フランス革命
(2) 中江兆民

考え方 (2) 中江兆民は普通選挙の実施や部落解放なども主張した。

**3** (1) ① 版籍奉還　② 廃藩置県
(2) 地租改正　(3) 官営模範工場
(4) 福沢諭吉　(5) 渋沢栄一

考え方 (2) 写真は地券である。地券には土地の所有者名・地価などが記載されていた。

11

# 15 日清・日露戦争

## スタートドリル　　　P.56,57

**1** (1) 帝国主義　(2) 領事裁判権
　(3) 甲午農民戦争　(4) 台湾
　(5) 遼東半島　(6) ポーツマス条約
　(7) 南樺太　(8) 韓国併合

考え方 (1) 広大な植民地を持っているイギリス・フランスに対して，新興のドイツ・アメリカ・ロシア・日本などが植民地再分割を求めて，列強間の紛争がたびたび起こるようになった。
(3) 甲午農民戦争が起こると，日清両国は出兵し，反乱の鎮圧後も朝鮮の内政改革に干渉して対立を深めた。
(4) 台湾を植民地とした日本は，台北に台湾総督府を置いて統治した。
(6)・(7) ロシアからの賠償金を得られなかったため，怒った国民が日比谷焼き打ち事件を起こした。
(8) 伊藤博文が満州で暗殺されたこと等が契機となる。

**2** (1) 辛亥革命
　(2) 孫文

考え方 (2) 中国革命の父といわれる人物。中華民国で袁世凱の独裁政治が始まると日本に亡命し，ひき続き革命運動を指導した。

**3** (1) ① 明治　② 甲午農民
　③ 日清　④ 下関　⑤ 日英
　⑥ 日露　⑦ ポーツマス
　(2) 帝国

考え方 (1) ④ 1895年，日清戦争の講和会議が山口県下関市で開かれ，日本側全権は伊藤博文・陸奥宗光であっ

た。この会議で，清は日本に台湾などをゆずり，賠償金として日本に2億両を支払うことなどが決められた。

## ① 欧米の侵略と条約改正　　P.58,59

**1** (1) 岩倉具視　(2) 欧化
　(3) 領事裁判権　(4) 関税自主権

考え方 (2) 諸外国は，日本がまだ近代国家としての形を整えていないという理由で，条約改正に応じなかったため，政府はヨーロッパ風の建物や，服装など形をまねようとした。鹿鳴館は東京都千代田区内幸町の現在の帝国ホテルのとなりに建てられた。

**2** (1) フランス　(2) イギリス
　(3) アメリカ　(4) ロシア

考え方 (3) フィリピンは，16世紀ごろからスペインの植民地だったが，1898年の米西(アメリカ・スペイン)戦争でアメリカが勝ち，アメリカの植民地となった。

**3** (1) A フランス　B イギリス
　(2) エチオピア　(3) 帝国主義

考え方 (1) アフリカはそのほとんどがヨーロッパ列強の植民地となったが，特に広大な植民地を持ったのは，イギリスとフランスである。イギリスは南北に，フランスは東西に植民地を広げた。
(2) アフリカ北東部の国。

**4** (1) 日米修好通商条約
　(2) 日英通商航海条約
　(3) 領事裁判権 (治外法権)
　(4) 小村寿太郎

考え方 (1) 戊辰戦争などのさい，明治政府は，幕府が結んだ条約の引きつぎを欧米に約束し，かわりに中立を守るように要求した。このため不平等条約を引きつぐことになり，政府にとって条約改正は，最重要課題であった。

(4) 飫肥藩(宮崎県)出身の外交官。日清戦争のときは駐清国代理公使，1901年に外務大臣となり，日英同盟を結び，ポーツマス講和会議には全権として出席した。

## 2 日清戦争　P.60,61

**1** (1) 朝鮮　(2) 甲午農民戦争
(3) 日清戦争　(4) 台湾

考え方 (3) 朝鮮を支配下に置いて，大陸への足がかりにしようとした日本は，朝鮮を完全な独立国だと主張したが，清は朝鮮を自国の属国とみなし，両国の対立は深まっていた。

**2** (1) ロシア　(2) 遼東半島
(3) 三国干渉　(4) 租借権

考え方 (3) 日清戦争を終えたばかりの日本には，三国に対抗するだけの軍事力も経済力もなかった。これをきっかけに，日本とロシアの対立は表面化した。

**3** (1) 三国干渉　(2) 鉄道
(3) 伊藤博文・陸奥宗光
(4) 軍備の拡張　(5) 朝鮮
(6) 甲午農民戦争　(7) 清(中国)
(8) ②

考え方 (4) 下関条約による賠償金として約3億1000万円，遼東半島返還の還付金として約5000万円，約3億6000

万円があった。そのうち，軍備拡張費が約63%，臨時軍備費が約22%であった。

(8) 1876年に結ばれたDの不平等条約により，朝鮮は開国され，1894年に外国人を排斥するEの反乱が起こった。それをきっかけに始まった日清戦争の結果(C)，Aの干渉が行われた。Bは，戦争に敗れた清に対する列強の中国分割の様子。

## 3 日露戦争　P.62,63

**1** (1) 内村鑑三　(2) ポーツマス
(3) 韓国　(4) 孫文(スンウェン)

考え方 (1) 幸徳秋水，堺利彦は社会主義者の立場から反対した。

**2** (1) 義和団事件　(2) 韓国
(3) イギリス　(4) 日英同盟

考え方 (1) 義和団の動きにあわせて清は列強に宣戦布告した。
(3) 領事裁判権(治外法権)の撤廃を最初に認めた国。

**3** (1) 義和団　(2) 扶清滅洋
(3) 日英同盟　(4) 韓国
(5) ポーツマス条約　(6) アメリカ

考え方 (3) イギリスは他国と同盟を結ばずに，「名誉ある孤立」を守っていたが，日英同盟ではじめて他国と同盟を結んだ。
(5) ポーツマスは，アメリカのニューハンプシャー州の大西洋岸にある都市。1905年にこの地で日露戦争の講和条約が結ばれた。

**4** (1) 辛亥革命　(2) 中華民国
(3) 孫文　(4) 三民主義

(1) 義和団事件ののち，清は多額の賠償金を支払うために，国民に重税を課した。また，鉄道を担保に外国から資金を借りるなど，外国に接近する態度をとるようになった。一方，国民の間には，外国から国内の権益をとりもどそうとする動きが起こった。このような情勢の中で，革命の気運が高まり，武昌（武漢）での軍隊の蜂起をきっかけに，中南部の多くの省が清からの独立を宣言した。

## まとめのドリル　P.64,65

**1** (1) 朝鮮（半島）　(2) 下関
(3) 帝国主義　(4) 台湾
(5) 三国干渉　(6) イ
(7) （例）関税自主権を回復した。

考え方 (4) 日本の植民地となることが決まると独立運動が起こったが，日本は軍隊を派遣してこれをおさえた。
(7) 領事裁判権の撤廃のほうが先に達成され，関税自主権の回復はあとに残された。

**2** (1) 遼東半島　(2) 日英
(3) 南樺太　(4) 辛亥革命

考え方 (1) 旅順，大連といった天然の良港があり，満州や朝鮮に進出しようとしていたロシアにとっては，日本がこの地域を領有するのは不都合であった。

**3** (1) 陸奥宗光　(2) 幸徳秋水
(3) 小村寿太郎　(4) 孫文

考え方 (1) 1892年に第二次伊藤博文内閣の外務大臣に就任し，イギリスとの間で領事裁判権の撤廃に成功，1895年には下関講和会議の全権となる。
(2) 堺利彦らとともに「平民新聞」を発刊

し，日露戦争開戦後も反戦論を主張した。日露戦争に反対を唱えた人物は，かれらのほかにキリスト教徒の内村鑑三などがいる。

## 16　近代産業の発達

## スタートドリル　P.68,69

**1** (1) 軽工業　(2) 八幡製鉄所
(3) 財閥　(4) 小作人　(5) 足尾

考え方 (1) 1897年の輸出額の約3分の1は生糸で，大部分がアメリカに輸出されていた。
(3) 三井は江戸時代初期に京都と江戸で越後屋呉服店（三越デパートの前身）を開き，両替商も営んで土台を築いた。三菱は岩崎弥太郎の海運業（西南戦争で大利益をあげる）に始まり，明治政府の保護を受けた。住友は江戸時代中ごろから別子銅山と両替商で富を得た。安田は江戸時代に両替商を始めた。
(5) 足尾銅山は江戸時代はじめに採掘が始まり，江戸幕府が直轄とした。1877年から古河市兵衛によって経営されていた。

**2** (1) 福沢諭吉　(2) 二葉亭四迷
(3) 樋口一葉　(4) フェノロサ
(5) 北里柴三郎

考え方 (2) 東京都出身の小説家。坪内逍遙の指導で小説を書き，話し言葉と一致した文学（言文一致）で「浮雲」を発表した。
(5) 熊本県出身の細菌学者。東京大学医学部を卒業し，内務省に入る。ドイツに留学してコッホの研究所に

入り，破傷風の血清療法を発見し，北里の名は全世界に広がった。帰国後に伝染病研究所を設置し，ペスト菌を発見する。のちに私財で北里研究所を設置し，ここがのちの北里大学となる。

**3** (1) ① 軽　② 田中正造　③ 八幡
④ 樋口一葉　⑤ 志賀潔
⑥ 滝廉太郎　⑦ 夏目漱石
(2) 産業革命

考え方 (1) ④ 東京都生まれの小説家。20歳で小説を書き始め，「たけくらべ」や「にごりえ」などの代表作があるが，結核のため24歳でなくなる。

## ① 産業革命の進展　P.70,71

**1** (1) 八幡製鉄所　(2) 財閥
(3) 大逆事件　(4) 田中正造

考え方 (4) 古河財閥が経営する足尾銅山の鉱毒事件を帝国議会でうったえ，再三にわたり政府を追及したが，効果はなかった。そこで衆議院議員を辞職すると，1901年に天皇への直訴をくわだてた。

**2** (1) 産業革命　(2) 生糸
(3) 養蚕業　(4) 八幡製鉄所
(5) 重工業

考え方 (1) 日本の産業革命が始まったのは，明治中期の1880年代半ば。日清戦争の前後に紡績業を中心とするせんい工業で本格化し，1901年の八幡製鉄所の操業開始によって重工業部門にもおよんだ。18世紀後半に始まったイギリスの産業革命から，ほぼ100年おくれている。

**3** (1) 軽工業（せんい工業）　(2) 財閥
(3) 小作　(4) ストライキ

考え方 (3) 明治の末には，小作地が全耕地の45％をこえるようになった。小作料として収穫高の半分くらいを地主に納めていたので生活は苦しかった。小作人の中には，都市に出て労働者となる者も多かった。

**4** (1) 八幡製鉄所　(2) 足尾銅山
(3) 田中正造

考え方 (1) 日清戦争後，鉄鋼の自給をめざして北九州につくられた官営模範工場。石炭は近くの筑豊炭田からとり，鉄鉱石は中国から輸入した。

## ② 近代文化の形成　P.72,73

**1** (1) 6年　(2) 大隈重信
(3) 北里柴三郎

考え方 (1) 1886年の学校令では，義務教育は4年であった。1907年に小学校令が改正され，義務教育は6年となった。
(3) 志賀潔は赤痢菌を発見した。野口英世は黄熱病の研究にとり組んだが，西アフリカで黄熱病にかかってなくなった。

**2** (1) 滝廉太郎　(2) 二葉亭四迷
(3) 長岡半太郎　(4) 夏目漱石
(5) 黒田清輝

考え方 (4) イギリス留学ののち，豊かな教養と人生観を作品にあらわし，新聞連載の「三四郎」をはじめ「坊っちゃん」，「それから」など，数多くの作品を残した。
(5) パリに留学して法律を学んだが，絵画に情熱を持つようになり，セザ

ンヌ・ルノアール・ゴッホなどの印象派の影響を受けた。代表作「読書」は，フランス留学中の作品。

**3** (1) 学制　(2) 4
(3) 6　(4) 家

考え方 政府の熱心な教育政策と国民の教育熱の高まりによって，義務教育の就学率とともに，進学率も高まった。

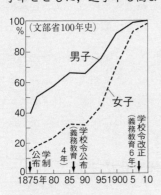

▲義務教育の就学率

**4** (1) 志賀潔　(2) ○
(3) フェノロサ　(4) 石川啄木
(5) 森鷗外

考え方 (3) 政府に招かれて来日し，東京大学で哲学などを講義するかたわら，日本美術に関心を持ち，その復興に努めた。
(5) ヨーロッパの文学を日本に紹介するとともに，知的で客観的な作風をうちたてた。「阿部一族」「雁」などが代表的作品。

## まとめのドリル　P.74,75

**1** (1) 八幡　(2) 幸徳秋水
(3) 製糸業　(4) 鉄鉱石
(5) 田中正造　(6) アメリカ
(7) D　(8) 日清戦争

考え方 (2) 当時の刑法に「天皇とその近親

者に危害を加えた者，および危害を加えようとした者」に関する規定があり，この罪を大逆罪といった。大逆罪を犯した者は死刑と定められ，幸徳秋水ら社会主義者たちも，この罪に問われて死刑となったが，その多くは無実であったといわれる。

**2** (1) 学制　(2) 教育勅語
(3) 6　(4) 福沢諭吉

考え方 (1) 学制が出された当時，就学率が低かったのは，授業料が高かったことや，一家の働き手である子どもが学校へ行ってしまうと困る親がいたから。子守奉公で義務教育を受けられない子どものために，各地に特別学級がつくられた。

**3** (1) 横山大観　(2) 二葉亭四迷
(3) 滝廉太郎　(4) 北里柴三郎
(5) 津田梅子

考え方 (1) フェノロサや岡倉天心にみいだされた日本画の横山大観は，洋画の手法を取り入れてすぐれた作品を残した。
(3) ライプチヒ王立音楽院に留学したが，肺結核のために24歳という若さでなくなった。作品には「荒城の月」，「お正月」（もういくつねるとお正月……）などがある。

## 定期テスト対策問題　P.76,77

**1** (1) 義和団　(2) 領事裁判権
(3) ロシア　(4) 幸徳秋水　(5) エ
(6) （例）ロシアから賠償金が得られなかったから。
(7) 韓国併合　(8) 中華民国

考え方 (6) 多大な犠牲を払った国民にとって，ロシアから賠償金を取れなかっ

たことは大きな不満であった。しかし，現実には，日本には戦争を継続する国力がなかったため，日本のたび重なる譲歩(じょうほ)によって，ようやくポーツマス条約が成立した。

**2** (1) 帝国主義(ていこく)　(2) 三国干渉(かんしょう)
(3) 与謝野晶子(よさのあきこ)　(4) 三民主義

考え方 (4) 中国(ちゅうごく)の革命運動の基本理論とされた。孫文(スンウェン)は革命が成功すると，臨時政府の臨時大総統となったが，間もなく，清(しん)をほろぼした軍閥(ぐんばつ)(実際に実力を持った勢力)である袁世凱(ユワンシーカイ)に大総統の地位をゆずった。

**3** (1) イ　(2) 財閥(ざいばつ)　(3) くわ
(4) 八幡製鉄所(やはた)　(5) 足尾銅山(あしお)

考え方 (4) 日清戦争後，清からの賠償金(ばいしょうきん)で，鉄鋼の自給をめざしてつくられた官営工場。政府は，三国干渉に屈(くっ)したことを反省し，鉄鋼業を中心とした重工業を発展させて，軍備を増強しようとした。

## 17 第一次世界大戦とアジア・日本

### スタートドリル　P.80,81

**1** (1) 三国協商　(2) ロシア
(3) 五・四運動(ご・し)　(4) 吉野作造(よしのさくぞう)
(5) 米騒動(こめそうどう)　(6) 原敬(はらたかし)
(7) 治安維持法(いじほう)

考え方 (1) 1882年，ドイツ・オーストリア・イタリアが三国同盟を結んだ。これに対して，1891年にロシア・フランスの同盟，1904年にイギリス・フランスの協商，1907年にイギリス・ロシアの協商が成立し，ド

イツ・オーストリアに対する三国協商ができた。
(3) 1919年5月4日，北京(ペキン)の学生が日本の対中国政策に反対してデモ運動を行い，これをきっかけに国民の間に広まった運動のこと。学生たちは街頭でビラをまき，国産品を売って歩き，日本商品のボイコットをうったえた。
(6) 爵位(しゃくい)を持たなかったことから「平民宰相(さいしょう)」と呼ばれた。1921年，東京駅で一青年に暗殺された。

**2** (1) 全国水平社　(2) 関東大震災(だいしんさい)
(3) ラジオ

考え方 (2) 1923年9月1日，相模湾(さがみわん)を震源(しんげん)とする大地震が起こり，関東全域・静岡・山梨の一部に大きな被害(ひがい)をあたえた。このとき，朝鮮人(ちょうせん)が放火した，暴動を起こすなどの流言が伝わり，各地で多くの朝鮮人が殺された。また，社会主義者の大杉栄(おおすぎさかえ)が憲兵大尉(たい)らに殺された。
(3) 1925年3月1日にラジオ放送が開始され，東京・愛宕山(あたごやま)に専属の放送局がつくられた。

**3** (1) ① 日英同盟　② シベリア
③ ベルサイユ　④ 国際連盟
⑤ 米騒動　⑥ 原敬
⑦ 普通選挙(ふつう)　(2) 女性

考え方 (1) 対外的には第一次世界大戦への関わりと国際協調，国内ではデモクラシーの流れを理解しよう。

### 1 第一次世界大戦と日本　P.82,83

**1** (1) ① 三国同盟　② 三国協商
(2) イタリア　(3) ① バルカン
② オスマン帝国

(2) 連合国とは三国協商側に立った
国々。第一次世界大戦が始まると，
イタリアはイギリス・フランス側に
立って参戦した。

(3) バルカン半島は複雑な民族構成
と，イスラム教，キリスト教など宗
教上の対立もあって，20世紀には数
度にわたる戦争が起こった。

**2** (1) 火薬庫　(2) ① セルビア
② オーストリア　(3) 飛行機
(4) ヨーロッパ

考え方 (3)・(4) それまでの戦争は，職業軍
人同士が戦うことが主で，民間人は
戦場付近以外では被害にあうことは
少なかったが，第一次世界大戦では，
兵器が格段に進歩したこともあって，
多数の民間人や民間施設が巻きこま
れて被害を受けた。

**3** (1) イ　(2) イギリス　(3) ウ
(4) 成金

考え方 (1) ドイツが中国に租借していた青
島やドイツ領の南洋諸島を攻撃した。
(4) 将棋で，「歩」が敵陣に入ると，
「金」に変わって強い力を持つことに
なるのにたとえた言葉。

**4** (1) アメリカ
(2) 二十一か条の要求　(3) レーニン
(4) ソビエト社会主義共和国連邦（ソ連）

考え方 (1) ドイツの無制限潜水艦作戦で中
立国の船も攻撃するようになると，
中立を守っていたアメリカは連合国
側に立って参戦した。
(2) 日本の強い圧力で要求の大部分
を袁世凱政府が認めると，中国全土
で反日運動が起こった。

---

## ② 国際協調の時代　　P.84,85

**1** (1) パリ　(2) ウィルソン
(3) ベルサイユ　(4) 日本

考え方 (2) リンカンは南北戦争のとき，ワ
シントンはアメリカ独立戦争後の初
代のアメリカ大統領。
(3) パリで講和会議が開かれ，パリ
郊外にあるベルサイユ宮殿で講和条
約が結ばれた。

**2** (1) ① 国際連盟　② 常任理事国
③ アメリカ　④ ドイツ
(2) ワシントン会議

考え方 (1) ③ アメリカは，ヨーロッパ諸
国のアメリカ大陸への干渉を排除す
るために，ヨーロッパのことには干
渉しないという立場を取ってきた。
これは第5代大統領モンローが宣言
したのでモンロー主義といわれる。
この孤立政策によって，国際連盟へ
の加盟は議会で否決された。
(2) この会議で日英同盟の廃止が決
められた。また，海軍の主力艦の保
有数を制限する条約も結ばれた。

**3** (1) 民族自決
(2) フランス・イギリス　(3) ウ

考え方 (2) オーストリアは敗戦国，中国は
中立国。アメリカはウィルソン大統
領の下に平和外交を展開した。
(3) ベルサイユ条約では，ドイツに
対して厳しい制裁措置がとられ，ド
イツには多額の賠償金の支払いが課
せられた。

**4** (1) ジュネーブ　(2) 日英同盟
(3) 日本　(4) ワシントン海軍軍縮条約

考え方 (2) 日本はこの同盟を口実に，第一

次世界大戦に参戦した。

(4) 主力艦の総トン数の比率を定めた条約。英：米：日：仏：伊＝5：5：3：1.67：1.67と規定した。

## ③ 民主主義と民族運動　P.86,87

**1** (1) アジア　(2) ウィルソン
(3) 中国　(4) 日本　(5) イギリス

考え方 (2) 大戦中にアメリカ大統領ウィルソンは，十四か条の平和原則で民族自決を提唱した。
(3) パリ講和会議で二十一か条の要求の解消が認められなかった5月4日に，中国全土で激しい反日運動が始まった。五・四運動という。
(4) 1919年3月1日に，日本の植民地支配に対して独立宣言が発表され，朝鮮全土で独立運動が起こった。これを三・一独立運動という。

**2** (1) ロシア　(2) 参政権
(3) アメリカ　(4) イギリス
(5) 普通

考え方 (1) ロシア革命は史上はじめての社会主義革命で，世界各国で社会主義運動がさかんになった。

**3** (1) ア　(2) ① 五・四運動
② 三・一独立運動　(3) ガンディー
(4) ① 非　② 不

考え方 (1) 戦場となったヨーロッパの帝国主義諸国は，戦争であれ果てて国力がおとろえた。
(3)・(4) 大戦中イギリスは，戦後の自治を約束してインド兵をつのった。しかし，この約束は一部しか守られなかった。

**4** (1) ワイマール憲法　(2) ウ
(3) イ

考え方 (2) 多くの連邦から成っていたドイツは，1871年にプロイセンを中心にドイツ帝国として統一されたが，大戦末期に革命が起こり，皇帝が退位して共和国となった。

## ④ 大正デモクラシー　P.88,89

**1** (1) 大正デモクラシー　(2) 米騒動
(3) 関東大震災　(4) 普通選挙法

考え方 (2) 富山県魚津町(今の魚津市)の漁民の主婦たちが大挙して米屋におしかけたことをきっかけに，全国に波及した。
(4) 普通選挙といっているが，女性には参政権がなく，本当の意味での普通選挙制度ではない。

**2** (1) 民本主義　(2) 原敬
(3) 治安維持法

考え方 (1) 日本は天皇主権の国であるので，民主主義では天皇に背くことになるのと，民衆の幸福を根本に考えるという意味で「民本主義」と唱えた。
(2) 米騒動の直後に，非立憲的であると非難された寺内正毅内閣に代わって組閣した。外務・陸軍・海軍以外の大臣をすべて政党員から選んだ。
(3) 国体の変革や私有財産制を否定する動き，すなわち社会主義運動や共産主義運動を取りしまるために定められた。

**3** (1) 桂太郎　(2) 立憲政友会
(3) 4

考え方 (1) 第一次護憲運動にはジャーナリストや都市に住む市民なども加わった。

19

(2) 伊藤博文が1900年に結成した政党。

(3) 普通選挙法によって選挙権の納税額による制限がなくなり，有権者数は大幅に増えた。

**4** (1) ① 小作争議　② 日本共産
(2) 全国水平社　(3) 新婦人協会

考え方 (1) ① 地主に対し，小作人が小作条件の改善を求める闘争。
(2) 明治初期に出された解放令で，部落差別は制度としては禁止されたが，差別は根強く残った。

## まとめのドリル　　　　P.90,91

**1** (1) A オーストリア　B イタリア
C ドイツ　　D ロシア
E フランス　　F イギリス
(2) ワイマール憲法（ドイツ共和国憲法）
(3) レーニン　(4) シベリア出兵
(5) 国際連盟　(6) 日英同盟

考え方 (1) B国は，大戦後に戦勝国としてイギリス・フランス・日本とともに国際連盟の常任理事国となった。
(3)・(4) Dの革命とは，ロシア革命のこと。
(5) Eの講和会議とは，パリ講和会議のこと。

**2** (1) ① 二十一か条の要求
② 政党内閣　③ 治安維持法
(2) 米騒動　(3) 25

考え方 (1) ② 政党の党首が内閣を組織した例は，1898（明治31）年の第一次大隈重信内閣がある。板垣退助が内務大臣となったので隈板内閣といわれたが，憲政党の党内抗争で四か月で崩壊した。　③ 普通選挙法と同

年に制定されていることに注目する。
(3) 年齢制限は，第一回総選挙のときと変わっていない。

**3** (1) 輸出　(2) 不景気になった。
(3) 日本労働総同盟

考え方 (2) 大戦後に輸入・輸出とも減少している。このことから，大戦景気といわれた好景気が終わって，日本が不景気にみまわれていたことがわかる。

## 18 第二次世界大戦とアジア

## スタートドリル　　　　P.94,95

**1** (1) ブロック経済　(2) ヒトラー
(3) 満州事変　(4) 犬養毅
(5) 第二次世界大戦　(6) 太平洋戦争
(7) ポツダム宣言

考え方 (1) イギリス，フランスは広大な植民地を持つため，この政策が可能であった。
(4) 五・一五事件後，軍部は政党内閣では青年将校らをおさえられないとして，海軍大将斎藤実を首相とした。
(6) 同時にイギリス領のマレー半島にも上陸した。

**2** (1) 国家総動員法
(2) 学徒出陣　(3) 疎開

考え方 (1) 労務，物資，施設などの経済部門や国民生活のすべてを，勅令で政府の統制下におくことを認める法律であった。
(2) 理工系を除いて学生の徴兵猶予が廃止され，1943年12月，最初の学徒が戦場へ向かった。

**3** (1) ① 昭和 ② 五・一五事件
③ 二・二六事件
④ ポツダム ⑤ 世界恐慌
⑥ 満州事変 ⑦ ドイツ
(2) 東条英機

考え方 国内の政党政治が，経済面でも外交面でも追い詰められていく中で，日本はどのように戦争に向かっていったのか，諸外国との関係とも合わせて理解しておきたい。

## ① 世界恐慌とブロック経済 P.96,97

**1** (1) ニューヨーク (2) ① イギリス
② ブロック経済 (3) ① アメリカ
② ニューディール

考え方 (1) 第一次世界大戦後，世界経済の中心はヨーロッパからアメリカに移った。
(2) ブロック経済をとった国は，イギリスとともに多くの海外植民地を持っていたフランスである。
(3) ニューディール(新規まき直し)では，大規模な公共事業や政府による農作物の買い入れなどが行われた。

**2** (1) ヒトラー (2) 独裁
(3) ベルサイユ (4) イタリア
(5) エチオピア

考え方 (1) 国民社会主義ドイツ労働者党はナチス(ナチ党)と呼ばれた。(3) ベルサイユ条約は，ドイツに多額の賠償金支払いを義務づけるとともに，軍備を禁止していた。

**3** (1) ソ連 (2) 五か年計画
(3) ウ (4) 財閥

考え方 (2) 経済の発展計画を五か年ごとに区切って継続的に実施したもの。農

業の集団化，工業の重工業化が進められたが，計画の過程で多くの反対者が粛清された。
(3) 世界恐慌から派生した昭和恐慌によって社会不安が広がった。
(4) 多くの中小銀行が倒産したが，財閥系の大銀行はこれらを吸収して，日本経済を支配するような大きな資本力を持つようになった。

**4** (1) ローズベルト (2) ムッソリーニ
(3) ナチス (4) ファシズム
(5) 昭和恐慌

考え方 (1) ローズベルトというアメリカ大統領は二人いる。日露戦争の講和を仲介したセオドア・ローズベルトと，ニューディールを推進したフランクリン・ローズベルトである。
(4) イタリアのムッソリーニは，1919年に「戦闘ファッショ」を結成し，1921年に「ファシスト党」に改めた。

## ② 日本の中国侵略 P.98,99

**1** (1) 蔣介石 (2) ① 満州国
チャンチェシー
② 国際連盟 (3) 日中戦争
(4) 中国共産党

考え方 (1) 孫文は中国国民党の創設者で，スンウェン
1925年に死去している。毛沢東は
マオツォトン
中国共産党の指導者。
(2) ① 満州国の執政には清朝最後の皇帝の宣統帝溥儀がつき，のちに
プイ
皇帝となった。 ② リットン調査団の報告を受けて，国際連盟総会は反対が日本のみという圧倒的多数で，日本軍の撤兵勧告を議決した。

**2** (1) 満州事変 (2) 五・一五事件
(3) 抗日民族統一戦線

(2) この事件以降，軍人や官僚を首相とする内閣がつくられるようになり，政党政治は戦後まで行われなかった。

**3** (1) ① 五・一五 ② 二・二六
(2) ① ウ ② ア (3) 清（朝）
(4) ア (5) 北京 (6) 議会（国会）
(7) 政党 (8) 隣組

考え方 (1) ① 政党政治に不満を持った海軍の青年将校らは，政府の指導者をたおせば政治が改まると考え，首相を暗殺した。 ② 陸軍の青年将校らが部隊を率いて反乱を起こし，東京の中心部を占領して多数の要人を殺傷するなどした。
(3) 清朝はもともと満州族が建国した。
(7) 議会で政府の方針に反対する政党はなくなった。

## ③ 第二次世界大戦  P.100,101

**1** (1) ① ポーランド
② 第二次世界大戦
(2) ① ハワイ ② 太平洋戦争

考え方 (1) ① イギリス・フランスはドイツに対して妥協的であり，ドイツのチェコスロバキア西部の併合やオーストリア併合を認めてきたが，ドイツのポーランド侵入にはポーランドと同盟を結んでいたことから，ドイツに宣戦布告をした。 ② 戦局ははじめ枢軸国（ドイツなど）が優勢で，ドイツは1940年にフランスを降伏させ，イギリスを除くヨーロッパのほとんどの国を枢軸国が支配下に置いた。
(2) アメリカは当初，第二次世界大

戦に中立の立場をとっていた。日本がアメリカに宣戦布告するとドイツ・イタリアもアメリカに宣戦した。

**2** (1) 独ソ不可侵条約
(2) 日独伊三国同盟
(3) ① 大東亜共栄圏
② 日ソ中立条約

考え方 (2) 日本は，ヨーロッパでドイツ軍が優勢なのを見て，ドイツ・イタリアとの間で軍事同盟を結んだ。
(3) ① 日本は，アジアから欧米の勢力を排除し，アジア民族だけで繁栄する新しい秩序を築こうと主張したが，実際には，欧米諸国に代わって日本がアジアを支配するのが目的であった。

**3** (1) イ (2) ポーランド (3) イ
(4) ① 日中 ② フランス
(5) ① 真珠湾 ② マレー

考え方 (4) ② 1940年，ドイツ軍に首都パリを占領され，降伏した国。
(5) ② マレー半島の南端には，イギリスのアジア政策の根拠地となっていたシンガポールがあった。日本軍は，1942年2月にシンガポールを占領した。

## ④ 戦争の終結  P.102,103

**1** (1) ミッドウェー (2) 疎開
(3) ① ヤルタ ② ソ連

考え方 (1) この海戦で日本海軍は優秀なパイロットを多く失うなどの大打撃を受け，太平洋の制海権はアメリカに移った。
(2) アメリカ軍の空襲は，大都市や軍需工場のある都市が目標とされた

ため，都市の児童は地方に避難させられた。

(3) 第二次世界大戦の戦後処理をめぐって，アメリカ・イギリスの資本主義国と，社会主義国であるソ連の間で，多くのかけひきが行われた。

**2** (1) ドイツ　(2) ポツダム宣言
(3) 広島　(4) 中立条約

考え方 (1) ドイツは首都ベルリンが占領され，ヒトラーが自殺して，連合国に無条件降伏した。
(2) 第二次世界大戦の終結が間近になると，連合国はベルリン郊外のポツダムで会談を開き，日本の降伏条件などを示した宣言を発表した。これに対して日本は，ポツダム宣言を無視する方針をとった。
(3) 広島には1945年8月6日，長崎には3日後の8月9日に原子爆弾が投下された。

**3** (1) ① ヤルタ会談　② 沖縄
③ ポツダム宣言　(2) 原子爆弾(原爆)
(3) (日ソ)中立条約

考え方 (1) ② 沖縄では高校生や女学生なども動員され，民間人にも多くの死者が出た。

**4** ウ

考え方 徴兵によって労働者が不足したため，学生や女学生が勤労に動員され，軍需工場で働いた。また，学徒出陣といって，文科系の学生を中心に徴兵されて戦場へ向かった。

## まとめのドリル　P.104,105

**1** (1) 世界恐慌

(2) ① ニューディール
② ブロック経済　(3) ① ヒトラー
② エチオピア　③ 満州事変
④ ABCD包囲陣

考え方 (2) ① 失業者対策として，テネシー川の総合開発などの公共事業が行われた。
(3) ① ドイツは世界恐慌の影響で，空前のインフレーションにみまわれ，経済が破綻状態になった。このような中で，ヒトラーはベルサイユ条約の破棄やユダヤ人の陰謀を主張して大衆の支持を受け，選挙によって政権をにぎった。　③ 満州は日本の重要な市場であり，原料供給地であった。また，南満州鉄道は巨額の利益を生み出していた。日本からは，恐慌の影響で苦しい生活をしていた農村の人々を中心に，開拓団が組織されて満州にわたった。

**2** (1) 五・一五事件　(2) エ
(3) 大東亜共栄圏　(4) 国家総動員法
(5) ポーランド
(6) 日本・ドイツ・イタリア
(7) アメリカ　(8) ポツダム宣言

考え方 (2) 満州事変の後，日本は満州からの撤退を勧告され，1933年，国際連盟を脱退した。以後，日本は国際的に孤立し，軍縮条約を破棄して軍備の拡大に進んでいった。
(3) 日本の南進政策は，東南アジアの石油・すず・ゴム・米などの獲得をめざすもので，アメリカやイギリスの利益と衝突するものであった。日本は，大東亜共栄圏の建設を主張し，南進を進めた。

## 定期テスト対策問題　P.106,107

**1** (1) バルカン　(2) シベリア
(3) ① 民族自決
② 三・一独立運動　(4) イ
(5) 関東大震災
(6) ① 25　② 治安維持法
(7) 憲政の常道

考え方 (1) 複雑な民族・宗教の対立があり，「ヨーロッパの火薬庫」と呼ばれた。
(2) 絵は米騒動をえがいた絵である。各地の米騒動に対し，政府は軍隊を動員して鎮圧に努めた。
(3) ① 第一次世界大戦後は，この原則に基づいて民族運動が活発になった。東ヨーロッパでは，ベルサイユ条約などによって多くの民族国家が承認された。アジアやアフリカでも民族の独立を求める運動がさかんになったが，これらの地域を植民地としていた列強は，独立を認めなかった。なお，十四か条の平和原則などで世界平和に貢献したとして，ウィルソンは1919年にノーベル平和賞を受賞している。

**2** (1) ウ　(2) ① 五・一五
② ポーランド
(3) ニューディール（新規まき直し）

考え方 (1) ベルサイユ条約は，第一次世界大戦における連合国とドイツとの講和条約であるから，Aはドイツである。また，国内の大規模な公共事業を行ったという記述からBはアメリカである。Cは人名などから日本であることは確実である。Dは「イギリスとともに…宣戦」「1940年，枢軸国に降伏」から，フランスであることがわかる。

**3** (1) 広島：8月6日　長崎：8月9日
(2) ヤルタ会談
(3) イ　(4) 玉音放送

考え方 (3) ポツダム宣言の内容は，日本の軍国主義の排除，軍隊の武装解除，領土の制限，民主化の促進などであった。日本政府は天皇の地位がおびやかされると考えて，ポツダム宣言を無視する態度をとった。

## 19 日本の民主化と国際社会への参加

## スタートドリル　P.110,111

**1** (1) マッカーサー　(2) 日本国憲法
(3) 国際連合　(4) 中華人民共和国
(5) 朝鮮戦争　(6) 警察予備隊
(7) 平和条約

考え方 (2) 日本国憲法は，国民主権，基本的人権の尊重，平和主義の三つの柱がある。大日本帝国憲法で主権者とされた天皇は，日本国と国民統合の象徴とされ，統治権を失った。
(7) アメリカとソ連の対立が深まると，アメリカは日本をアメリカ側にとめておきたいという考えが強まり，講和を急ぐことになった。1951年，アメリカのサンフランシスコに52か国の代表が集まり，日本との講和会議が開かれた。ソ連など3か国が条約に反対したが，日本は48か国とサンフランシスコ平和条約を結び，翌年の4月に独立をとりもどした。

**2** (1) 財閥　(2) 労働基準法
(3) 農地改革

考え方 (3) 農地改革以前の日本の農民は，4分の3以上が小作農などであった。

24

小作農は地主に収穫の半分以上の小
作料を支払っていた。

**3** (1) ① 日本国　② 教育基本法
③ 民法　④ サンフランシスコ平和
⑤ 日ソ共同宣言
⑥ 国際連合　⑦ 朝鮮　(2) 民主

考え方 (1) ⑥ 1945年2月～6月のサン
フランシスコでの連合国全体会議で，
51か国の代表により国際連合憲章
が採択された。1945年10月24日，
51か国の過半数の26か国が批准を
終わり，国際連合憲章と，これに基
づく国際連合が正式に成立した。

---

## ❶ 占領と日本の民主化　P.112,113

**1** (1) マッカーサー　(2) ポツダム宣言
(3) 財閥　(4) 農地改革

考え方 (1) 日本の占領政策は，連合国の代
表で構成される極東委員会が最高議
決機関であったが，実質的にはアメ
リカ軍中心の連合国軍最高司令官総
司令部（GHQ）が強い力を持ち，最
高司令官はアメリカ陸軍元帥のマッ
カーサーだった。
(3) 戦前，日本の経済を支配したの
は，三井，三菱，住友，安田といっ
た財閥だった。
(4) 本州では不在地主の農地の全部
と，在村地主の一町歩以上の農地を
国が強制的に買い上げ，小作人に安
く売りわたした。

**2** (1) 1946　(2) 国民
(3) 基本的人権　(4) 平和
(5) 象徴　(6) 教育基本
(7) 労働基準

考え方 (1) 公布は1946年11月3日，施行

---

は1947年5月3日。11月3日は文化
の日，5月3日は憲法記念日として
国民の祝日になっている。
(6) 教育勅語の忠君愛国に代わり，
民主的な教育の原則が示された。こ
れに従って学校教育法が制定され，
6・3・3・4制の教育が始まった。

**3** (1) ① 軍隊　② 日本共産党
③ 自作農　(2) 治安維持法
(3) 大政翼賛会　(4) ① 20
② 男女　(5) 民法　(6) 独占禁止法

考え方 (2) 共産主義運動を取りしまるため
の法律だったが，戦時体制下ではキ
リスト教徒や自由主義者も取りしま
りの対象となった。
(4) ② 女性参政権が認められ，戦
後第一回の総選挙では多くの女性議
員が当選した。
(5) 憲法に規定された「両性の本質
的平等」の原則に従って新民法が制
定された。

---

## ❷ 二つの世界とアジア　P.114,115

**1** (1) ① 朝鮮民主主義人民共和国
② 大韓民国　(2) 朝鮮戦争
(3) ① 資本主義　② 共産主義
(4) 冷戦　(5) ① 北大西洋条約機構
② ワルシャワ条約機構

考え方 (1) 朝鮮半島は日本の無条件降伏後，
二つの国に分かれて独立していった。
(2) 国際連合の安全保障理事会は，
ソ連が欠席している間に，朝鮮戦争
を北朝鮮の侵略と認定し，韓国を援
助するために国連軍の派遣を決めた。
(5) ① 略称をNATOという。

▲朝鮮戦争

**2** (1) 国際連合　(2) 毛沢東（マオツォトン）

考え方 (1) 国際連盟が第二次世界大戦を防ぐことができなかったことを反省し，新たにつくられた国際組織。大国に国際平和についての責任を負わせ，大国の一致によって平和を守ろうとした。敗戦国の日本は，最初加盟を認められなかった。

(2) 日中戦争の開始以後，統一戦線を組んでいた国民党と共産党は，日本の降伏後に対立が再燃して，再び内戦が始まった。やがて共産党が優勢になると，国民党は台湾に逃れ，中国本土は共産党によって統一された。

**3** (1) ① （中国）共産党　② 台湾
③ アメリカ　(2) 中華人民共和国
(3) 毛沢東
(4) ① ⓑ 北大西洋条約機構（NATO）
ⓒ ワルシャワ条約機構
② 冷戦（冷たい戦争）　③ ドイツ

考え方 (4) ① ワルシャワ条約機構は，ポーランドの首都ワルシャワで結ばれた条約で成立した軍事同盟。
③ 第二次世界大戦末期，ドイツは，東からソ連，西からアメリカを中心とした連合軍によって攻撃され，それぞれの占領地が戦後も固定されていた。ソ連の占領地にはドイツ民主

共和国（東ドイツ），アメリカ・イギリスなどの占領地にはドイツ連邦共和国（西ドイツ）が成立した。

## ③ 国際社会に復帰する日本　P.116,117

**1** (1) 共産主義　(2) ① 朝鮮戦争
② 中国　③ 38　(3) 警察予備隊

考え方 (2) 北朝鮮と韓国の統一をめぐる争いから起こった戦争。北緯38度線を境に戦局は一進一退が続いた。1953年に休戦協定が結ばれて戦闘は停止したが，現在でもこの状態が続いている。
(3) 日本に駐留していたアメリカ軍が朝鮮戦争に出動する留守に，警察予備隊によって日本を守ることを目的とした。1952年に保安隊，1954年に自衛隊と改称・拡大され，現在に至っている。

**2** (1) サンフランシスコ
(2) ① 日ソ共同宣言　② 国際連合

考え方 (1) ソ連はサンフランシスコ平和条約に調印せず，中国は会議に招かれなかった。日本国内では，ソ連・中国をふくめたすべての交戦国と講和を結ぶべきだという全面講和論も唱えられたが，政府は調印を進めた。
(2) ソ連は日ソ共同宣言までは，国連の安全保障理事会で拒否権を行使して，日本の国連加盟に反対していた。

**3** (1) 吉田茂　(2) 日米安全保障条約
(3) 朝鮮戦争　(4) 自衛隊

考え方 (2) この条約によって，アメリカ軍は占領の終結後も，日本に駐留し続けることになり，日本は西側陣営にはっきりと組みこまれることになった。

(4) 自衛隊の存在は，戦力の保持を禁じた日本国憲法第9条との関係で，多くの議論を生んだ。日本政府は，自衛隊は憲法が禁じる戦力にはあたらないという立場を取っている。

**4** ア

考え方 ワシントン会議は，大正後期に当時の有力国が海軍の主力艦などの軍縮を進めるために開催された。ポーツマス条約は，日露戦争の講和条約である。下関条約は，日清戦争の講和条約である。

## まとめのドリル P.118,119

**1** (1) 国際連合　(2) 朝鮮戦争
(3) サンフランシスコ
(4) 日ソ共同宣言　(5) ① ア
② ア　③ イ　(6) 農地改革

考え方 (1) 総会・安全保障理事会を中心機関として，多くの専門機関がある。本部はニューヨークに置かれている。
(2) この戦争が起こると，日本は国連軍への物資供給地となり，特需景気と呼ばれる好景気が起こった。その結果，日本の復興が進み，工業生産は戦前の水準に回復した。
(3) 平和条約の名称に，講和会議の開かれた都市名がついている。この平和条約によって，日本は朝鮮の独立を承認し，台湾・南樺太・千島などの権利を放棄した。また，沖縄と奄美群島・小笠原諸島は，引き続きアメリカの統治下に置かれることになった。
(5) ① 1949年成立。　② 労働三法とは，労働基準法・労働組合法・労働関係調整法のこと。1945〜47

年に制定された。　③ 朝鮮戦争が始まった2か月後のことで1950年。
(6) 自作農が増えて小作農が減っていることを読みとる。

**2** (1) イ　(2) a 中国　b インド
c ソ連　(3) A ニューヨーク
B 総会

考え方 (2) a 中国が招かれなかったのは，中華人民共和国政府と台湾に逃れた中華民国政府のどちらが中国を代表する政府であるかをめぐって，連合国の間に対立があったため。

## 20 国際社会と日本

## スタートドリル P.122,123

**1** (1) アフリカ　(2) 非核三原則
(3) アフガニスタン　(4) ドイツ
(5) ソ連

考え方 (1) 1955年，インドネシアのバンドンに29か国の代表が集まった。アジア・アフリカだけの国際会議ははじめてであった。会議では，すべての植民地の解放，民族の独立，原水爆禁止，戦争反対などが決められた。
(2) 1967年，当時の佐藤栄作首相が衆議院予算委員会で，核兵器を「持たず，つくらず，持ちこませず」の三原則を表明し，政府の基本政策とした。1971年には，衆議院本会議で決議を採択した。
(4) 1989年，ベルリンを東西に分断していたベルリンの壁が崩壊した。翌年，西ドイツが東ドイツを吸収する形でドイツが統一した。

**2** (1) 四日市ぜんそく　(2) バブル経済
(3) 貿易摩擦　(4) SDGs
(5) 地球温暖化

考え方 (1) 三重県四日市市で，石油化学コンビナートから出された硫黄酸化物によって発生したぜんそくで，大気汚染による公害病。イタイイタイ病は，鉱山から流れ出たカドミウムが原因で，水質汚濁である。水俣病，新潟水俣病もメチル水銀が原因の水質汚濁。
(5) 二酸化炭素などの温室効果ガスの増加により，地球の気温が高まること。南極や北極圏の氷がとけ，標高の低い島国，低地などでは居住が困難になるおそれがある。また，農林業にも大きな影響をあたえる。

**3** (1) ① 平成　② アジア・アフリカ
③ ベトナム　④ キューバ
⑤ マルタ　⑥ 日韓基本
⑦ 日中共同声明　(2) アフリカの年

考え方 (1) ④ キューバは1959年，共産主義革命に成功した。1962年にソ連と武器援助協定を結び，ミサイル基地の建設を開始したが，アメリカの抗議があって撤去した。　⑦ 当時の田中角栄首相が北京を訪れ，毛沢東首席と会談し，日中の国交が回復した。

## ① 日本経済の発展　P.124,125

**1** (1) 重化学工業　(2) 石炭から石油
(3) 経済大国　(4) 冷蔵庫
(5) 1980年代後半

考え方 (1) 1960年代から国民総生産の対前年の比率は二けたの増加を続けるようになり，史上例を見ないと言わ

れた経済発展を達成した。
(4) 白黒テレビ，洗濯機，冷蔵庫を三種の神器，カラーテレビ，自動車，クーラーを新三種の神器（英語の頭文字をとって3C）と呼ぶこともある。
(5) バブルとは「泡」のこと。見かけの価値だけがどんどん上がって，実体がついていかない様子をさす。地価（土地の値段）はこの時期に数倍にも上がったが，バブルがはじけると，たちまち下落した。

**2** (1) 公害　(2) 公害対策基本法
(3) 環境庁　(4) 過密　(5) 過疎

考え方 (1) 公害とは産業活動などで生じる①騒音，②振動，③悪臭，④大気汚染，⑤水質汚濁などをいう。
(2) 公害対策基本法は1967年に制定され，1993年これを引き継ぎ，環境に関する日本の方針を示す環境基本法ができた。
(4)・(5) 「過密」とは，人口が集中することによって，人々の生活に支障が出るような状態。「過疎」とは，人口の減少によって，社会的なサービスができにくくなるような状態をいう。

**3** (1) 石油危機（オイル・ショック）
(2) （第四次）中東戦争　(3) ① 日本
② アメリカ　③ 貿易収支
(4) 貿易摩擦　(5) イ　(6) ア

考え方 (2) 第二次世界大戦後，パレスチナにイスラエルが建国したことから続いている争い。ユダヤ民族の悲願だったイスラエル建国によって土地を追われたパレスチナ人（アラブ民族）と，それを支援するアラブ諸国は，イスラエルとたびたび戦火を交えたが，アメリカの援助などで軍事力に

まさるイスラエルが占領地を拡大し、多数のパレスチナ人の難民が出た。現在でも平和は達成されていない。

(5) 日本の農業は，土地がせまいために外国と比べて生産性が低く，農産物の価格は高くなっている。国は日本の農業を守るために，外国産の安い農産物の輸入を制限してきた。

## ② 国際関係の変化　P.126,127

**1** (1) ① バンドン　② 平和十原則
(2) アフリカの年　(3) アメリカ
(4) EU

考え方 (1) アジア・アフリカ会議は，バンドン会議とも呼ばれる。
(2) アフリカは，ほとんどがヨーロッパ諸国の植民地にされていたが，戦後，独立の動きが高まっていた。
(3) アメリカ軍の大規模な軍事介入には，国内だけでなく国際的な反戦運動が起こり，1973年，アメリカ軍は撤退した。
(4) AUはアフリカ連合の略称。

**2** (1) 冷戦　(2) 地域紛争
(3) PKO　(4) NGO

考え方 (2) 地域紛争は，人種，民族，宗教，価値観，貧富の格差などいろいろな要因で起こる。また，以前他国に支配されていたなどの歴史的背景が原因の場合もある。
(3) PKO(国連平和維持活動)は，治安維持や選挙の監視を目的として，国際連合が部隊を派遣する活動のこと。日本も1992年にPKO協力法(国連平和維持活動等に協力する法律)の成立後には，自衛隊が派遣されている。

**3** (1) 新安保条約　(2) 日韓基本条約
(3) 日中共同声明　(4) 沖縄県
(5) 日中平和友好条約

考え方 (2) 日本の植民地であった韓国では反日感情が強く，戦後も長い間，正式な国交は開かれていなかった。
(3) アメリカのニクソン大統領の中国訪問によって，米中間の接近が図られたことが背景にあった。

**4** (1) マルタ会談
(2) ベルリンの壁の崩壊
(3) ユーゴスラビア
(4) 同時多発テロ　(5) 非核三原則

考え方 (2) ソ連は東ドイツの崩壊と西ドイツによる吸収を黙認した。
(3) 第一次世界大戦の原因の一つとなった民族・宗教の対立が，ユーゴスラビアの解体によって再燃した。

## ③ 21世紀の世界と日本　P.128,129

**1** (1) ① 二酸化炭素　② 地球温暖化
(2) 持続可能な　(3) 再生可能
(4) 尖閣諸島

考え方 (3) 再生可能エネルギーは，天候などの環境に左右されやすいなどの課題もある。

**2** (1) 少子高齢化　(2) 北方領土
(3) 朝鮮民主主義人民共和国

考え方 (3) 拉致問題とは，1970年代後半以降，北朝鮮が日本国内で日本国民を拉致し，北朝鮮へ連れ去った問題。

**3** (1) ① 二酸化炭素　② 地球温暖化
③ 京都議定書　(2) 再生可能エネルギー
(3) 風力発電

考え方 (2)(3) 再生可能エネルギーには，太陽光，風力，水力，バイオマスなどがあげられる。

**4** (1) 韓国（大韓民国）　(2) 拉致問題
(3) インターネット

考え方 (3) インターネットとスマートフォンの普及により，いろいろな種類のSNSが利用されるなど，生活が目まぐるしく変化している。

## まとめのドリル　P.130,131

**1** (1) 朝鮮　(2) 重化学工業
(3) テレビ　(4) エ　(5) ア

考え方 (1)国連軍に軍需物資を供給し，特需景気と呼ばれる好景気が訪れた。この結果，日本の工業生産は戦前の水準にまで回復し，その後の高度経済成長の基礎となった。
(3) テレビは，1959年の皇太子ご成婚に際してパレードを中継して爆発的に普及し，1964年の東京オリンピックに際しては，カラーテレビが普及した。

**2** (1) 1922年　(2) ベルリン
(3) ドイツ　(4) ワルシャワ条約機構
(5) 北大西洋条約機構　(6) マルタ会談
(7) ロシア（連邦）

考え方 (2) 第二次世界大戦で，ドイツの首都だったベルリンは，アメリカ・イギリス・フランス・ソ連に分割占領され，戦後東西の対立からアメリカなどが占領していた西ベルリンと，ソ連が占領していた東ベルリンに一つの都市が分裂していた。その境界線に東ドイツの手でつくられたのがベルリンの壁である。1989年にベ

ルリンの壁が崩壊し，1990年に東西ドイツが統一された。
(7) 国際連合では旧ソ連の地位を継承して，安全保障理事会の常任理事国となっている。

## 定期テスト対策問題　P.132,133

**1** (1) 朝鮮戦争　(2) キューバ
(3) 湾岸戦争　(4) 冷たい戦争（冷戦）
(5) 南北問題　(6) 日中共同声明
(7) 沖縄の日本への復帰

考え方 (2) キューバでは独裁者による圧政が続いていたが，カストロが指導する革命が成功し，共産主義国家への道を進んだ。ソ連はこのキューバを援助して，キューバにミサイル基地を建設しようとした。アメリカは，キューバの海上封鎖を行って，ミサイル基地の建設資材がキューバに運びこまれるのを阻止しようとした。
(3) 翌年日本ではPKO（国連平和維持活動）協力法が制定された。
(5) 先進工業国は北半球の中緯度地域に多く，発展途上国はその南に多いことから，南北問題といわれる。
(7) 日韓基本条約の調印は1965年，日米安全保障条約の調印は1951年，オリンピック東京大会の開催は1964年，日本の国際連合への加盟は1956年のこと。

**2** ① マッカーサー　② 農地改革
③ 財閥解体　④ 労働組合
⑤ 日本国憲法　⑥ 教育基本

考え方 ④ 労働三権とは，労働者の団結権（労働組合をつくる権利），団体交渉権（会社側と交渉する権利），団体行動権（ストライキなどを行う権利）の

ことである。

**3** (1) ポツダム
(2) 持たず，つくらず，持ちこませず
(3) イ→ア→ウ

考え方 (1) 日本の降伏条件を定めたもので，日本はこの宣言を受諾して降伏した。
(3) アは1962年，イは1954年，ウは1967年。

# 総合問題（政治）
P.134,135

**1** (1) 坂本龍馬 (2) 西郷隆盛
(3) （例）君主権が強かった。 (4) 日清
(5) ポーツマス条約 (6) 清
(7) レーニン (8) 原敬
(9) 犬養毅 (10) 太平洋

考え方 (2) 西南戦争は1877年，旧薩摩藩を中心とする士族が西郷隆盛を擁して起こした，明治の最大にして最後の士族の反乱。
(5) 日露戦争の講和会議は，アメリカの仲介でアメリカの都市ポーツマスで行われた。

**2** (1) 絶対王政 (2) イギリス
(3) 独立宣言 (4) フランス革命
(5) リンカン（リンカーン）

考え方 (3) 1776年，アメリカが独立を内外に宣言したもの。この宣言の日の7月4日がアメリカ建国の日とされている。

**3** (1) イ (2) ウ (3) ウ
(4) アメリカ（合衆国） (5) B

考え方 (2) 日中共同声明によってA国と日本との国交が正常化されたのは1972年のこと。この年に，沖縄が

日本に返還された。
(4) Dの国はベトナム。ベトナム戦争は南・北ベトナムの戦いに，アメリカが介入し，長期化した。

# 総合問題（経済）
P.136,137

**1** (1) イギリス (2) 軽工業
(3) 世界の工場 (4) 資本主義社会
(5) ウ

考え方 (2) 紡績機の改良・発明によって，工場で安い綿布を大量に生産できるようになった。

**2** (1) ① 3 ② 現金
(2) ア (3) 生糸 (4) 満20歳以上
(5) （例）授業料が高く，また，子どもは貴重な労働力だったため。

考え方 (2) イは太平洋戦争後，ウは大正の末期。
(3) 製糸とは，生糸をつくること。

**3** (1) ア (2) ① 足尾銅山
② 田中正造

考え方 (1) 日露戦争では賠償金を得られなかった。八幡製鉄所は，日清戦争の賠償金の一部を使って建てられた。

**4** (1) 農地改革 (2) ① あ エ
う イ ② 新潟水俣病

考え方 (2) ① 1950年代半ばから始まった高度経済成長は，1973年の石油危機（オイル・ショック）で終わった。
② 工場から阿賀野川に流れ出たメチル水銀が原因で，手足がしびれ，目や耳が不自由となり，死ぬ人も出た。

## 総合問題（文化） P.138,139

**1** (1) 学制　　(2) 学校令

(3) ① ⓘ

② 教育勅語

> 考え方 (1) 全国に約5万4000の小学校を
> つくる計画で，小学校から大学まで，
> 近代的な学校制度の確立を図った。
> (3) ② 正式名称は「教育ニ関スル
> 勅語」。天長節（天皇誕生日）などは
> 特に重要な国民的祝日とされ，御真
> 影（両陛下の写真）の前で教育勅語を
> 読むことになっていた。

**2** (1) ① 福沢諭吉　　② 中江兆民

(2) イ

(3) ① 文明開化　　② エ

> 考え方 (1) ② 東洋のルソーと呼ばれた。
> (3) ② これまでの太陰暦をやめて
> 太陽暦を採用し，1日を24時間とし
> た。

**3** (1) エ　　(2) ウ

(3) イ　　(4) ア　　(5) ア

> 考え方 (3) 鹿児島市出身の洋画家。法律の
> 研究のためにフランスに留学するが，
> 同時に絵画も修業する。パリの万国
> 博覧会に「智・感・情」を出品して銀
> 賞を受ける。日本にはじめて印象派
> の絵画を紹介したことでも有名。

2103R1